普通高等教育“十二五”规划教材
电工电子基础课程规划教材

数字电路与系统实践教程

于海霞　王鲁云　李美花　许少娟　编著

電子工業出版社
Publishing House of Electronics Industry
北京·BEIJING

内 容 简 介

本书是辽宁省精品课程配套教材，是省级优秀教学团队的教学成果。全书共6章，主要内容包括：数字电路与系统实验基础知识、数字电路与系统课程实验、VHDL语言介绍、EDA软件介绍、数字电路与系统课程设计基本知识、数字系统课程设计实例。本书提供配套电子课件、程序代码和思考题答案等。

本书可作为高等学校电子、电气、通信、自动化、机械等专业相关课程的教材，也可作为自学考试和成人教育的自学教材，还可供相关电子工程技术人员学习、参考。

图书在版编目（CIP）数据

数字电路与系统实践教程 / 于海霞等编著．—北京：电子工业出版社，2015.5
电工电子基础课程规划教材
ISBN 978-7-121-25646-2

I．①数…　II．①于…　III．①数字电路－系统设计－高等学校－教材　IV．①TN79

中国版本图书馆 CIP 数据核字（2015）第 045372 号

策划编辑：王晓庆
责任编辑：王羽佳　　文字编辑：王晓庆
印　　刷：北京虎彩文化传播有限公司
装　　订：北京虎彩文化传播有限公司
出版发行：电子工业出版社
　　　　　北京市海淀区万寿路 173 信箱　　邮编：100036
开　　本：787×1092　1/16　印张：14.75　字数：426 千字
版　　次：2015 年 5 月第 1 版
印　　次：2024 年 7 月第11次印刷
定　　价：32.00 元

凡所购买电子工业出版社图书有缺损问题，请向购买书店调换。若书店售缺，请与本社发行部联系，联系及邮购电话：(010) 88254888，88258888。

质量投诉请发邮件至 zlts@phei.com.cn，盗版侵权举报请发邮件至 dbqq@phei.com.cn。

本书咨询联系方式：(010) 88254113，wangxq@phei.com.cn。

前 言

数字电路与系统是计算机工程学院与电子与自动化学院等相关各专业学生非常重要的一门专业基础课，与之相关的实验则是对该门课程学习成果的实践和检验，也是把理论运用到实践中进行再体会、再思索和再提高的必要环节，是学生硬件实验技能的重要训练课程。

本书是辽宁省精品课程配套教材，是省级优秀教学团队的教学成果。本书以易读、可操作性强为根本出发点，按照"注重基础、精选内容、强化概念、侧重集成、融入实际、重视实践"的原则，将数字电路与系统中的基本单元实验与具体电路设计实现相结合，重视逻辑电路设计分析，并与EDA（Electronic Design Automation，电子设计自动化）技术有机结合，结构合理，重点突出。通过基础性实验、设计性实验，将若干小的子单元串接成一个小型系统，从而培养学生的自学能力、创新能力和动手能力，为后一阶段的数字电路与系统课程设计及其他硬件课程打下坚实的基础，做好技术和知识上的铺垫。

本教材具有如下特点。

（1）总体结构设计思想清晰，注重预习和自学能力的培养。通过明确具体的预习要求引导及相应的思考练习，使学生能充分地预习，提高自学能力。

（2）注重基础和基本技能训练。根据数字电路与系统这门课程的重点内容编写相应的实验指导内容，强化学生基本实验技能的训练。通过最简单的单元电路，了解数字实验仪上的开关、指示灯、信号源和电源等，使学生能掌握逻辑门的基本功能，具备利用逻辑门设计简单逻辑电路的能力；掌握中规模集成电路的功能和应用，具备利用中规模集成电路设计组合逻辑电路的能力。

（3）注重学生创新能力的培养，拓宽学生的知识面。实验由浅入深、由易到难，将大系统拆分成几个实用电路，作为单独项目练习，逐步提高学生动手能力并培养其设计思维，为后续系统设计做好充分的铺垫。通过具体实例练习，使学生能熟练使用Quartus II等EDA开发工具软件。

（4）具备基本的开发能力，为后续学习打下坚实的基础。掌握CPLD/FPGA芯片的基本使用方法，能用现代数字系统的设计方法进行基本的数字系统设计；掌握原理图编辑和VHDL文本编辑两种设计方法，重点是VHDL文本编辑。

全书共6章，各章节安排如下：第1章为数字电路与系统实验基础知识；第2章为数字电路与系统课程实验，分为基本性实验、提高性实验和设计性实验，理论与实验相结合，培养学生从分立元件到集成电路基本设计和搭建调试的能力；第3章的VHDL语言介绍；第4章为EDA软件介绍；第5章为数字电路与系统课程设计基本知识；第6章为数字系统课程设计实例。教师可根据学生所学专业、课程学时及不同层次、不同类型的教学要求，对本书的内容进行选择性使用。**本书提供配套电子课件、程序代码和思考题答案等，请登录华信教育资源网（http://www.hxedu.com.cn）注册下载。**

本书由于海霞、王鲁云、李美花、许少娟编著。第1章由李美花编写，第2章由于海霞、李美花、许少娟和刁立强编写，第3、4章及全部附录由于海霞编写，第5章由许少娟编写，第6章由王鲁云编写，于海霞负责全书的统稿工作。

本书的编写是电子技术基础教研室全体教师从事数字电路与系统实验、实践教学工作的一个阶段总结，限于作者水平有限，书中难免有错误和不足之处，真诚地期望广大读者提出宝贵的意见。

作 者

2015年5月

前　言

目　　录

第1章　数字电路与系统实验基础知识

随着数字技术日新月异的发展，数字电路与系统实验已成为高等学校电类相关专业重要的专业基础课程，具有较强的实用性、创造性和实践性。数字电路与系统实验依据教学、科研的具体要求设计实验项目，要求学生实现电路设计、安装和调试，从基本逻辑功能的实现到复杂数字系统的设计，逐步掌握具有特定功能数字电路的设计方法，从而达到巩固基本理论知识、培养实践能力的目的。千里之行，始于足下。掌握基础知识，是做好数字电路与系统实验的第一步。

1.1　数字电路与系统实验基本知识

1.1.1　数字电路与系统实验的特点

与电路实验和模拟电子电路实验相比，数字电路与系统实验具有以下特点。

1．所有电路和系统的输入量和输出量都是二值化的数字量

数字量具有在时间和数值上均离散的特点，在数字电路与系统实验中，一般输入量外接逻辑开关，输出量外接指示灯，实验结果直观、易判断，实验数据的处理较为简单，复杂计算极少，容易激发学生的学习兴趣，培养逻辑思维的能力。

2．实验器件都是集成芯片

数字电路与系统实验中采用的器件主要是半导体集成芯片，而非独立元件。在基本数字电路的设计中，一般采用中、小规模集成电路，在复杂系统的设计中，一般采用大规模甚至超大规模集成电路。这一特点使得数字电路与系统实验的硬件连线大大减少，电路调试和排查错误的难度大大降低。

3．实践性很强

优秀的数字电路与系统的设计需要丰富的实践经验，而这些实践经验来源于大量实际电路的设计和调试。因此，在最基本的实验项目中，就应开始注重实践经验的积累。

1.1.2　数字电路与系统实验的基本过程

独立、成功地完成一次实验课的基本过程如下。

1．课前预习

在进入数字电路实验室之前，充分的课前预习对顺利完成所有实验项目具有举足轻重的作用。课前预习的内容包括本次实验项目中涉及的基本理论知识、所需集成芯片的逻辑功能、每个实验任务的设计方案和具体的电路图，以及记录数据的表格和波形坐标系。

2．基本性实验项目

每次实验课中都设计了基本性实验项目，其主要目的是测试和验证实验电路的基本逻辑功能，掌握基本器件的使用方法，锻炼电路连接能力，掌握实验数据的观察和处理方法。

3．设计性实验项目

这一环节是在验证基本性实验项目的基础之上，进行具有特定功能的数字电路的设计和调试。设计性实验项目大多来自具体的应用领域，具有一定的趣味性和实用性，实验项目若顺利完成，可大大增强学生的学习成就感，从而进一步激发自我学习的动力。

4．实验总结

实验总结环节主要是针对本次实验内容进行数据分析和处理，总结数字电路设计的方法，积累实践经验，并形成书面总结报告。

1.1.3　数字电路与系统实验的基本要求

1．通过预习，具备检查本次实验所用芯片好坏的能力

由于接线错误或者调试过程中的误操作，集成芯片较易损坏。若在实验进行之前，不能检查芯片好坏，则有可能增加电路调试障碍。因此，在每次实验开始之前，学生都应该通过预习掌握所用芯片的功能，并能对芯片进行检查。

2．掌握数字电路实验电路搭建过程中的布线原则

正确、合理的布线不仅能够消除或减少电路故障，而且能够使搭建好的电路直观，易于调试和修改。因此，数字电路实验的布线应该遵循以下原则。

（1）集成芯片的引脚编号

集成芯片的封装多采用双列直插式，在面包板或数字电路实验箱上插芯片时，一定要保证芯片表面缺口方向朝左，引脚编号从左下方第一个引脚为 1 开始，按照逆时针方向依次递增至左上方的第一个引脚。另外，特别要注意的是，对于崭新的芯片，其两列引脚之间的间距大多较宽，故应先对其进行校准，使之与面包板或实验箱上两排插孔之间的间距对应，再轻轻将芯片插入，并稍稍用力压下，避免造成芯片引脚弯曲或断裂。

（2）连接导线的选择和使用

数字电路实验的导线选择直径为 0.6～0.8mm 的单股导线，一般电源线选红色，地线选黑色，其他颜色的导线，可按照电路设计的要求，自行区分用途。布线要有序进行，切忌随意乱接，造成错接和漏接。通常的做法是：先接电源和地，再接芯片的闲置输入端和使能信号等，最后按照输入、输出的顺序依次布线。导线长度的选择要适当，不宜过长，否则会在集成芯片上方跨接；也不宜过短，导致两端接线不牢。另外，整个实验电路中，尽量避免过多的导线重叠交错，切忌把多根短导线直接拧到一起当作长导线使用。

（3）采用模块化设计理念

若所设计的电路或系统较为复杂，采用的芯片较多，则在进行总体方案的设计时，应采用模块化设计理念，即将总电路划分成若干独立的子模块，对每个子模块进行布线和调试，然后再将各模块连接起来。

3．数字电路实验的操作要做到正确和规范

正确、规范的操作是数字电路与系统实验顺利进行的有力保障，基本要求如下。

（1）选取能够满足电压要求的直流电源和交流电源。

（2）遵循正确的基本步骤：实验开始时，先接线后通电；实验结束时，先断电后拆线。实验过程中，若需插拔芯片，必须先断电，切忌带电插拔。

（3）实验过程中，准确、完整地记录实验数据，并进行简单分析。

（4）实验结束后，整理实验仪器和实验台。

1.2　集成逻辑门

集成逻辑门是构成数字电路的基本逻辑器件，目前所用的数字集成电路主要分为 CMOS 型和双极型两大类。

1.2.1　逻辑门的分类和特点

CMOS 电路是在早期的 PMOS 电路和 NMOS 电路基础上发展起来的，并因为具有功耗低的显著特点而获得广泛应用，PMOS、NMOS 和 CMOS 统称为 MOS 电路。MOS 电路都是由 MOS 场效应管作为开关元件的，PMOS 电路由 P 沟道 MOS 管构成，NMOS 电路由 N 沟道 MOS 管构成，而 CMOS 电路由 PMOS 管和 NMOS 管互补构成。从 20 世纪 80 年代中期开始，CMOS 电路大大提高了其应用的主要限制——工作速度，与 TTL 电路相比，CMOS 电路具有低功耗、高抗扰能力和高集成度等优点，工作速度的提高进一步扩大了其应用范围。到 20 世纪 90 年代，传统的 TTL 电路已基本被新型高速的 CMOS 电路所取代。目前，几乎所有的大规模集成电路，如微处理器、存储器及 PLD 器件，都采用 CMOS 电路，甚至原来采用 TTL 电路的中、小规模集成电路，也逐渐采用 CMOS 电路。目前 CMOS 电路已经成为占主导地位的逻辑器件。

双极型数字集成电路是指由双极型晶体三极管构成的一大类逻辑电路，主要包括 TTL 和 ECL 两种类型。TTL 电路是在 CMOS 电路应用之前技术最为成熟、应用最为广泛的逻辑电路。制约 TTL 电路进一步发展最主要的原因是其功耗比较大，而现代数字集成电路的发展方向是体积小、容量大、性能高，其大功耗严重限制了集成电路制造的尺寸和密度。尽管 TTL 电路制造工艺也不断地进行技术更新和改造，但由于目前 CMOS 电路制造工艺的进步及其低功耗的显著特点，TTL 电路已无法与之匹敌。目前 TTL 电路仅在较高速的中、小规模数字集成电路方面有所应用，应用范围比较小。

ECL（Emitter-Coupled Logic，射极耦合逻辑）电路也是双极型数字集成电路的一类电路，其显著特点是工作速度非常高，是目前数字集成电路中、工作速度最高的一类器件。但 ECL 电路的功耗很大，商品价格也相当昂贵，一般仅在特殊需要的高速或超高速应用场合下使用。

1.2.2　常用 COMS 逻辑门

数字电路与系统实验中常用的 CMOS 逻辑门有非门、与非门、传输门、三态门、漏极开路门和施密特整形电路等，如表 1.2.1 所示。

表 1.2.1　常用的 CMOS 逻辑门

名　称	电路图和真值表	内　容	
CMOS 非门	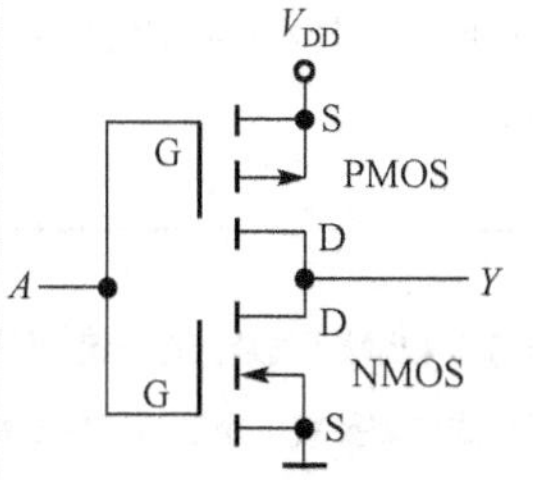 V_{DD}, S, G, PMOS, D, A, Y, D, G, NMOS, S A｜Y 0｜1 1｜0	开关模型	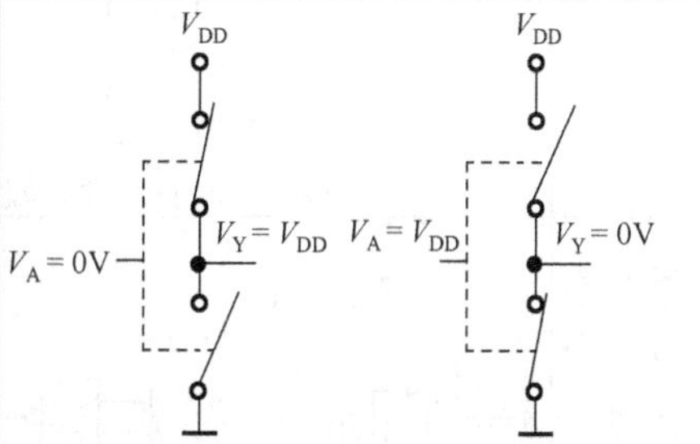 V_{DD}　V_{DD} $V_A = 0V$　$V_Y = V_{DD}$　$V_A = V_{DD}$　$V_Y = 0V$
		特点	由一个 NMOS 管和一个 PMOS 管以互补对称的方式构成
		表达式	$Y = \overline{A}$

续表

名 称	电路图和真值表	内 容	
二输入CMOS与非门	V_{DD}, A, B, VT_1, VT_3, VT_2, VT_4, Y A B Y 0 0 1 0 1 1 1 0 1 1 1 0	特点	其中，VT_1、VT_3是两个并联的PMOS管，VT_2、VT_4是两个串联的NMOS管，A、B是两个输入端，分别连接到一个PMOS管和一个NMOS管的栅极
		表达式	$Y=\overline{A \cdot B}$
CMOS传输门（Transmission Gate，TG）	$\overline{C}$, VT_P, 5V, 0V, VT_N, A, B, C, TG	CMOS传输门由一个PMOS管VT_P和NMOS管VT_N并联构成，VT_P和VT_N的源极相连作为输入端A，漏极相连作为输出端B，栅极作为一对互补的控制端C和$\overline{C}$。VT_P和VT_N结构对称，两者的漏极和源极可以互换，因此CMOS传输门的输入端和输出端可以互换，即CMOS传输门是一个双向器件	
	$\overline{C}$, VT_P, +5V, 5V, 0V, VT_N, A, B, C, TG, 1 CMOS传输门和非门构成的模拟开关	传输门的应用较为广泛，不仅可以作为逻辑电路的基本单元电路，进行数字信号的传输，还可以构成模拟开关，在模数转换和数模转换、取样-保持等电路中传输模拟信号。当C=1时，开关闭合，A、B之间进行数据传送；当C=0时，开关断开，A、B之间不通，不能进行数据传送	
三态输出门电路（Tristate Logic，TSL）	V_{DD}, A, &, B, VT_P, Y, ≥1, C, VT_N, EN, 1, ▽	当EN为高电平时，电路处于正常逻辑状态，Y=A；当EN为低电平时，电路处于高阻状态	
	A_1, EN_1, A_2, EN_2, A_n, EN_n, 1位总线 多个三态门构成的1位总线	三态输出门电路主要用于总线传输，如计算机或微处理机系统。任意时刻只能有一个三态门电路被使能，把相应的信号传到总线上，而其他三态门均处于高阻状态。由此可实现总线数据的分时传送	
漏极开路门电路（Open Drain，OD）	V_{DD}, Y, A, B, &	普通CMOS逻辑门的输出端不能连接在一起，漏极开路门电路可以解决工程实践中需要将多个逻辑门输出端相连的问题。所谓漏极开路，是指CMOS门电路中只有NMOS管，并且其漏极是开路的	

续表

名　称	电路图和真值表	内　　容
	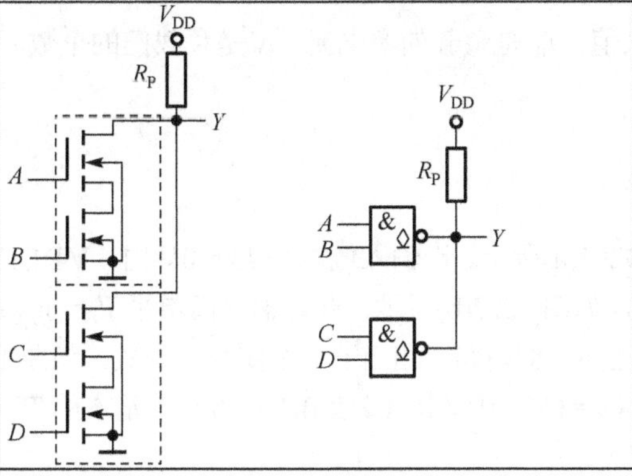	漏极开路门电路的输出端相连，可实现逻辑与的功能：$Y=\overline{AB}\cdot\overline{CD}$。这种通过输出端线相连形成的逻辑与，称为"线与"，电阻 R_P 称为上拉电阻。 此电路只有当两个与非门的输出全为 1 时，输出 Y 才为 1；只要其中一个为 0，输出就为 0
施密特整形电路（施密特触发器）	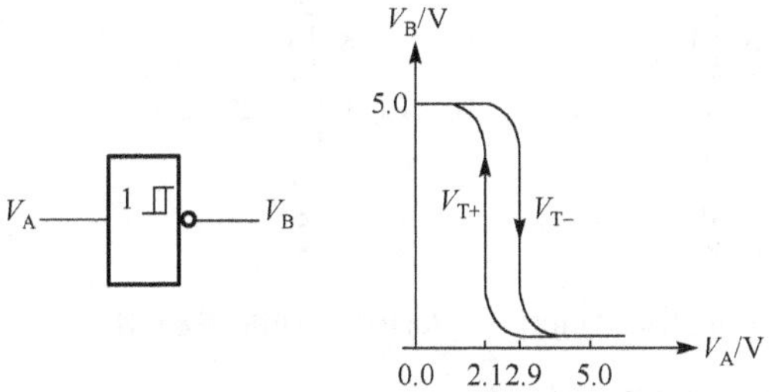	施密特整形电路主要用于工作场合干扰较大，输入信号波动较大且不规则的情况下，通过内部特殊的电路结构对信号进行处理，以完成规定的逻辑功能。施密特整形电路的商品器件是以门电路的形式供应的，较常用的器件是施密特反相器。当施密特反相器输入电压由 0V 增加至 2.9V 时，输出才由高电平变为低电平；如果输出为低电平，那么输入电压要降到 2.1V 时，输出低电平才能变为高电平。这个 2.9V 电压称为输入信号的正向阈值电压 V_{T+}，这个 2.1V 电压称为反向阈值电压 V_{T-}，两者之差称为"滞后电压"，施密特反相器的滞后电压约为 0.8V

注：漏极开路门电路上拉电阻 R_P 大小选择的原则为当全部 OD 门截止时，应保证 OD 门输出高电平不低于其最小值 V_{OHmin}；当一个或一个以上 OD 门导通时，要保证输出低电平不高于其最大值 V_{OLmax}。图 1.2.1(a)中，n 个 OD 门输出端直接相连，驱动 N 个负载门，共接入 m 个输入端，当所有 OD 门均输出高电平时，上拉电阻最大值 R_{Pmax} 可按下式计算。

$$R_{Pmax}=\frac{V_{DD}-V_{OH\min}}{nI_{OH}+mI_{IH}}$$

式中，I_{OH} 是 OD 门输出高电平时流入每个 OD 门的漏电流；I_{IH} 是负载门的输入高电平电流。

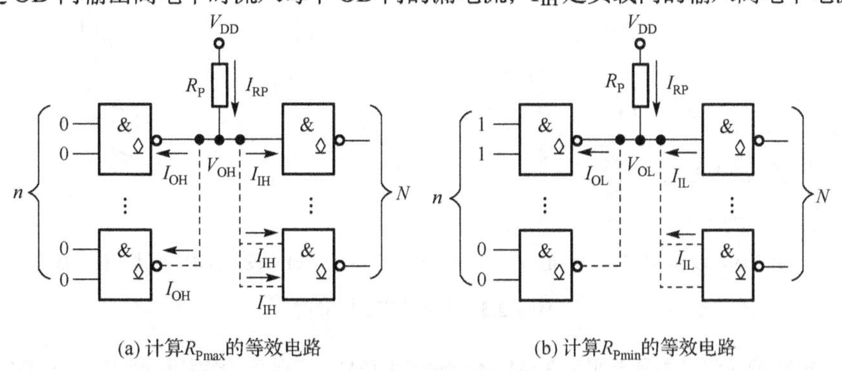

(a) 计算 R_{Pmax} 的等效电路　　(b) 计算 R_{Pmin} 的等效电路

图 1.2.1　OD 门上拉电阻的计算

图 1.2.1(b)中，在 n 个并联的 OD 门中，若仅有一个 OD 门导通，输出端为低电平，其他门截止，并忽略截止管的漏电流，这时的上拉电阻最小值 R_{Pmin} 可按下式计算。

$$R_{\mathrm{Pmin}}=\frac{V_{\mathrm{DD}}-V_{\mathrm{OL\,max}}}{I_{\mathrm{OL\,max}}-NI_{\mathrm{IL}}}$$

式中，I_{OLmax}是驱动门输出低电平时电流的最大值，I_{IL}是负载的灌电流，N是负载门的个数。

1.2.3 TTL 集成逻辑门电路

1. 基本的 TTL 反相器电路

由 NPN 型硅三极管构成的开关电路如图 1.2.2(a)所示。当输入低电平 $V_{\mathrm{A}}=0\mathrm{V}$ 时，VT 的集电极和发射极之间近似开路，相当于一个断开的开关，如图 1.2.2(b)所示，此时输出高电平 $V_{\mathrm{B}}=V_{\mathrm{CC}}$；当输入为高电平 $V_{\mathrm{A}}=+5\mathrm{V}$ 时，VT 的集电极和发射极之间近似短路，相当于一个闭合的开关，如图 1.2.2(c)所示，忽略三极管的饱和压降，此时输出低电平 $V_{\mathrm{B}}=0\mathrm{V}$。因此图 1.2.2(a)所示为一个基本的 TTL 反相器电路。

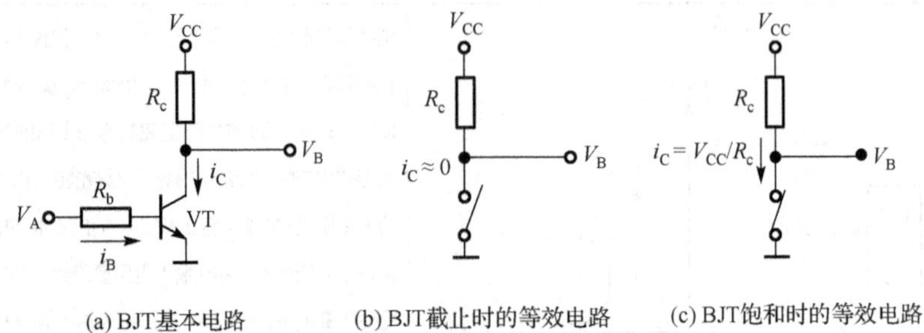

图 1.2.2 基本的 BJT 开关电路

2. 基本 TTL 与非门

二输入端基本 TTL 与非门的电路结构如图 1.2.3(a)所示，由输入级、中间级和输出级三部分组成。输入级由多发射极三极管 $\mathrm{VT_1}$ 和二极管 $\mathrm{VD_1}$ 和 $\mathrm{VD_2}$ 构成。其中 $\mathrm{VT_1}$ 的发射结可看成是与集电结背靠背的两个二极管，如图 1.2.3(b)所示。$\mathrm{VD_1}$ 和 $\mathrm{VD_2}$ 为输入保护二极管，限制输入负脉冲。中间级由 $\mathrm{VT_2}$ 构成，其集电极和发射极的信号相位相反，分别驱动 $\mathrm{VT_3}$ 和 $\mathrm{VT_4}$。$\mathrm{VT_3}$、$\mathrm{VT_4}$ 和 $\mathrm{VD_3}$ 构成推拉式输出。

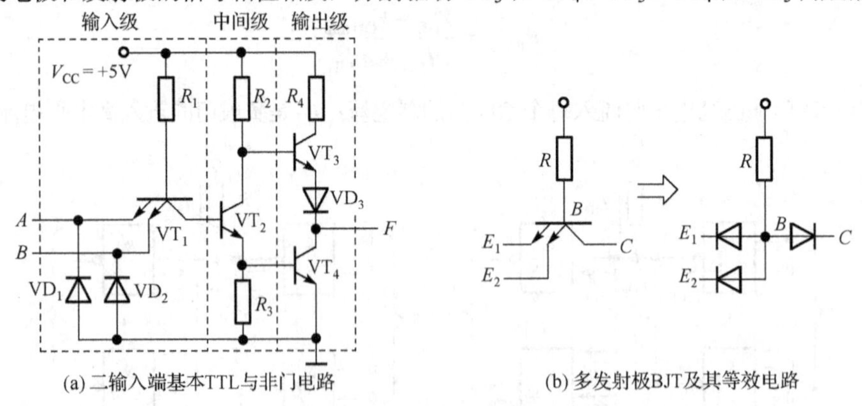

图 1.2.3 基本 TTL 与非门

假定 TTL 电路输入信号的高电平为 3.6V，低电平为 0.3V，三极管的饱和压降 $V_{\mathrm{CES}}=0.3\mathrm{V}$。当 $V_{\mathrm{A}}=V_{\mathrm{B}}=3.6\mathrm{V}$ 时，电源 V_{CC} 通过电阻 R_1 使 $\mathrm{VT_1}$ 的集电结和 $\mathrm{VT_2}$、$\mathrm{VT_4}$ 的发射结导通，故 $V_{\mathrm{B1}}=0.7+0.7+0.7=2.1\mathrm{V}$，$\mathrm{VT_1}$ 的两个发射结反向偏置，多发射极管 $\mathrm{VT_1}$ 处于倒置运用状态。倒置运用时，三极管的电流放大倍数近似为 1，因此 $I_{\mathrm{B2}}\approx I_{\mathrm{B1}}$，基极电流较大，使 $\mathrm{VT_2}$ 处于饱和状态。由此 $\mathrm{VT_2}$ 集电极电位 $V_{\mathrm{C2}}=V_{\mathrm{CES2}}+V_{\mathrm{BE4}}=$

$0.3+0.7 = 1.0\text{V}$，故 VT_3 和 VD_3 截止，使 VT_4 的集电极电流近似为零，VT_4 处于饱和状态，输出低电平 $V_F=V_{CES4}=0.3\text{V}$。

若 V_A 和 V_B 中任意一个为低电平 0.3V 时，VT_1 的两个发射结至少有一个导通，$V_{B1}= 0.3+0.7 = 1\text{V}<2.1\text{V}$，故 VT_2 和 VT_4 都处于截止状态。电源电压 V_{CC} 通过电阻 R_2 使 VT_3 和 VD_3 导通，输出电压为 $V_F \approx V_{CC}-I_{B3}R_2-V_{BE3}-V_{D3}$。由于 I_{B3} 很小，故电阻 R_2 上的压降很小，可忽略不计，V_{BE3} 和 V_{D3} 都为 0.7V，故输出高电平 $V_F \approx 5-0.7-0.7 =3.6\text{V}$。

由以上分析可知：当输入信号中有一个或两个为低电平时，输出为高电平；当输入全为高电平时，输出为低电平。因此，该逻辑门可实现与非的逻辑运算：$F = \overline{A \cdot B}$。

1.2.4 ECL 逻辑门

在 TTL 逻辑门中，由于 BJT 在饱和与截止两种状态之间转换需要一定的时间，因此 TTL 逻辑门的工作速度受到了一定的限制。射极耦合逻辑门电路（ECL）是一种非饱和型的门电路，电路中的 BJT 工作在非饱和状态，即截止与放大，状态之间转换加快，从而从根本上提高了逻辑门的开关速度。ECL 逻辑门的平均传输延迟时间可达 2ns 以下，是目前双极型电路中速度最高的，主要应用于高速或超高速数字系统中。

目前应用较为广泛的 ECL 逻辑器件通常标记有“10×××”（如 10102、10181、10209），称为 ECL10K 系列。图 1.2.4 所示为二输入端 10K ECL 或/或非门的基本电路。X 和 Y 是两个输入端，VT_1、VT_2 和 VT_3 组成发射极耦合电路，VT_4 是构成偏置电路的主要器件，设置合适的元件取值，使得参考电压 $V_{BB}= -1.3\text{V}$。VT_5 和 VT_6 是两个互补的射极跟随器，起到电平匹配、提高输出负载能力的作用。P 和 M 是两个互补的输出端。ECL 逻辑电路的输入高电平 $V_{IH}= -0.9\text{V}$，输入低电平 $V_{IL}= -1.75\text{V}$。

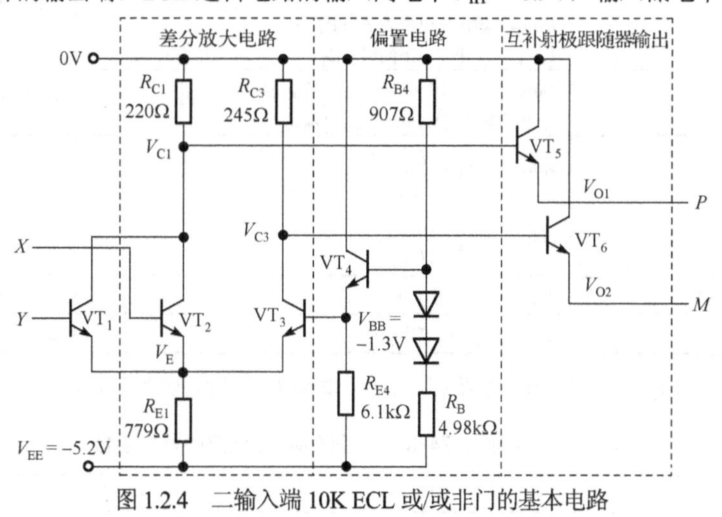

图 1.2.4　二输入端 10K ECL 或/或非门的基本电路

当 X 和 Y 都输入低电平时，因 VT_3 的基极电位比 VT_1、VT_2 的基极电位高，所以 VT_3 先导通，使差分放大器的射极电位 $V_E=V_{BB}-V_{BE3}= -2\text{V}$，故 VT_1 和 VT_2 同时截止。若忽略 VT_5 的基极电流在 R_{C1} 上的电压降，可得 $V_{C1}= 0\text{V}$，$V_{O1}=V_{C1}-V_{BE5}= -0.7\text{V}$，即 P 端输出为高电平。由于 VT_3 导通，流过 R_{E1} 的电流是 VT_3 的射极电流 $i_E=(V_E-V_{EE})/R_E \approx 4.1\text{mA}$。忽略 VT_6 的基极电流，VT_3 的集电极电位 $V_{C3}= -i_E R_{C3}= -1\text{V}$，$V_{O2}=V_{C3}-V_{BE6}= -1.7\text{V}$，即 M 端输出为低电平。导通的 VT_3 管集电结反偏，所以其工作在放大状态，而并非饱和状态。

当输入 Y 接高电平时，由于 $V_Y>V_{BB}$，故 VT_1 先导通，使得 $V_E=V_Y - V_{BE1}= -1.6\text{V}$，所以 VT_3 截止。忽略 R_{C3} 上的电压降，$V_{O2}= -0.7\text{V}$，即 M 端输出为高电平。VT_1 导通，使 R_{E1} 的电流 $i_{E1}= (V_E-V_{EE})/R_{E1} \approx 4.6\text{mA}$，利用该电流在 R_{C2} 上产生的压降求得 VT_1 的集电极电位 $V_{C1}= -i_{E1} \cdot R_{C2}= -1\text{V}$，$V_{O1}=V_{C1}-V_{BE5}= -1.7\text{V}$，即 P 端输出为低电平。同样，VT_1 的集电结接近零偏，也并非饱和状态。

由于 VT_1 和 VT_2 并接，X 和 Y 中只要有一个输入高电平，都将使得 M 输出为高电平，P 输出为低电平，因此 $M = X + Y$，$P = \overline{X + Y}$，即 ECL 门同时输出或/或非逻辑，称为互补逻辑输出。

由以上分析可知，ECL 逻辑门电路中，BJT 均工作在放大或截止状态，避免了由于饱和而引起的电荷存储，而且其逻辑 1（–0.9V）和逻辑 0（–1.75V）之间的电平摆幅很小，仅为 0.85V，有利于电路状态的转换，并使得 BJT 势垒电容充、放电速度极快，因此 ECL 门电路的平均延迟时间极短，通常为 1～2ns。

ECL 电路的缺点是功耗大、高低电平摆幅小、抗干扰能力差。

1.3 数字电路与系统实验中应注意的问题

1.3.1 掌握集成逻辑门的特性参数

1. CMOS 电路的特性参数

CMOS 电路特性主要分为静态和动态两方面，其中，静态特性是指输入和输出信号不变时的电路特性，主要性能参数有逻辑电平、噪声容限和扇出系数等；动态特性是指输入和输出信号发生变换时的电路特性，主要性能参数有平均传输延迟时间 t_{pd} 和功耗 P_D 等，总结如表 1.3.1 所示。

表 1.3.1 CMOS 电路的特性参数

类 别	参数名称	含 义	说 明
静态参数	逻辑电平	V_{ILmax}：输入低电平的最大值； V_{IHmin}：输入高电平的最小值； V_{OHmin}：输出高电平的最小值； V_{OLmax}：输出低电平的最大值	逻辑门高、低电平的偏离范围
	噪声容限	高电平噪声容限 $V_{HN}=V_{OHmin}-V_{IHmin}$； 低电平噪声容限 $V_{LN}=V_{ILmax}-V_{OLmax}$	逻辑门的抗干扰能力
	扇出系数	拉电流：$N_H = \left\| \dfrac{I_{OHmax}}{I_{IHmax}} \right\|$； 灌电流：$N_L = \left\| \dfrac{I_{OLmax}}{I_{ILmax}} \right\|$	逻辑门的负载能力
动态参数	平均传输延迟时间 t_{pd}	$t_{pd} = (t_{pHL} + t_{pLH})/2$	逻辑门的工作速度
	动态功耗	$P_D = (C_{PD} + C_L)V_{DD}^2 f$	逻辑门的功率消耗

表 1.3.2 所示为商用 74HC、74HCT 系列 CMOS 电路主要性能参数的典型值。

表 1.3.2 74HC、74HCT 系列 CMOS 电路的特性参数

参 数	符号/单位		74HC	74HCT
输入高电平	V_{IHmin}/V		3.5	2
输入低电平	V_{ILmax}/V		1.5	0.8
输入高电平电流	I_{IHmax}/μA		1	1
输入低电平电流	I_{ILmax}/μA		–1	–1
输出高电平	V_{OHmin}/V	CMOS 负载	4.9	4. 9
		TTL 负载	3.84	3.84
输出低电平	V_{OLmax}/V	CMOS 负载	0.1	0. 1
		TTL 负载	0.33	0.33
输出高电平电流	I_{OHmax}/mA	CMOS 负载	–0.02	–0.02
		TTL 负载	–4	–4

续表

参　数	符号/单位		74HC	74HCT
输出低电平电流	I_{OLmax}/mA	CMOS 负载	0.02	0.02
		TTL 负载	4	4
平均传输延迟时间	t_{pd}/ns		9	10
功耗	P_D/mW		0.56	0.39

注：本表参数值的测量条件为 V_{DD}=5V，C_L=15pF，T=25℃，测试频率 f=1MHz。

2. TTL 电路的特性参数

TTL 电路的特性参数与 CMOS 电路的特性参数类似，下面以典型 74LS 系列 TTL 电路（工作电压为 5V）为例，简单介绍相关参数指标。

（1）逻辑电平和噪声容限

输出高电平最小值 V_{OHmin}=2.7V，输入高电平最小值 V_{IHmin}=2.0V，输入低电平最大值 V_{ILmax}=0.8V，输出低电平最大值 V_{OLmax}=0.5V。

高电平噪声容限：$V_{HN}=V_{OHmin}-V_{IHmin}=2.7-2.0=0.7V$

低电平噪声容限：$V_{LN}=V_{ILmax}-V_{OLmax}=0.8-0.5=0.3V$

因此 74LS 系列 TTL 电路的噪声容限为 0.3 V。

（2）扇出系数

输出低电平最大灌电流 I_{OLmax}：8mA。

输出高电平最大拉电流 I_{OHmax}：–0.4mA。

输入低电平时的最大电流 I_{ILmax}：–0.4mA。

输入高电平时的最大电流 I_{IHmax}：0.02mA。

拉电流负载扇出系数：$N=\left|\dfrac{I_{OH\max}}{I_{IH\max}}\right|=\dfrac{0.4\text{mA}}{0.02\text{mA}}=20$ 。

灌电流负载扇出系数：$N=\left|\dfrac{I_{OL\max}}{I_{IL\max}}\right|=\dfrac{8\text{mA}}{0.4\text{mA}}=20$ 。

（3）平均传输延迟时间与功耗

目前 TTL 电路与新型高速 CMOS 电路相比，尽管其平均传输延迟时间 t_{pd} 稍小，但已无明显优势，而功耗却很高。因此，从 20 世纪 90 年代开始，普通 TTL 电路已基本被新型高速 CMOS 电路所取代。表 1.3.3 所示为 74LS、74ALS 系列 TTL 电路的主要性能参数的典型值。

表 1.3.3　74LS、74ALS 系列 TTL 电路的特性参数

参　数	符号/单位	74LS	74ALS
输入高电平	V_{IHmin}/V	2	2
输入低电平	V_{ILmax}/V	0.8	0.8
输入高电平电流	I_{IHmax}/mA	0.02	0.02
输入低电平电流	I_{ILmax}/mA	–0.4	–0.1
输出高电平	V_{OHmin}/V	2.7	3
输出低电平	V_{OLmax}/V	0.5	0. 5
输出高电平电流	I_{OHmax}/mA	–0.4	–0.4
输出低电平电流	I_{OLmax}/mA	8	8
平均传输延迟时间	t_{pd}/ns	9	4
功耗	P_D/mW	2	1.2

注：本表参数值的测量条件为 V_{DD}=5V，C_L=15pF，T=25℃。

1.3.2 正确选择和使用集成逻辑门

在数字电路与系统设计过程中，特定功能集成逻辑门电路的正确选择和使用至关重要。

1. 数字集成电路型号的命名方法

（1）CMOS 数字集成电路

目前国内外 CMOS 数字集成电路型号命名方法已完全一致，产品都有形如“54/74FAMnnte”的型号表示形式，其中各字母与数字的含义如下。

① 74 代表民品，54 代表军品。

② FAM 为按字母排列的系列标记。例如，HC 代表高速系列，HCT 代表高速、TTL 兼容系列，VHC 代表甚高速系列，VHCT 代表与 TTL 兼容的甚高速系列，AHC 代表先进的 HC 系列，AHCT 代表先进的、与 TTL 兼容的 HC 系列，LVC 代表低电压逻辑系列，AUC 代表超低电压逻辑系列。

③ nn 为用数字标记的功能编号，且 nn 相同的不同系列器件具有相同的逻辑功能。例如，74HC00、74HCT00、74HAHC00、74AHCT00 等都是二输入端 4 与非门。

④ t 用字母表示工作温度范围，一般 C 表示工作温度 0℃～70℃，属民品范畴；M 表示工作温度 –55℃～125℃，属军品范畴。

⑤ 最后一位 e 表示芯片的封装形式，可取 F、B、H、D、J、P、S、K、T、C、E、G 等字母，如 B 表示塑料扁平封装，D 表示陶瓷双列直插封装，J 表示黑陶瓷双列直插封装，P 表示塑料直插封装等。

（2）TTL 数字集成电路

与 CMOS 电路一样，国内外 TTL 器件的型号也标记为上述 54/74FAMnnte 形式，如 74S 代表民用肖特基 TTL，74LS 代表低功耗肖特基系列，74AS 代表先进的肖特基系列，74ALS 代表先进的低功耗肖特基系列，74F 代表快速 TTL 系列等。

2. CMOS/TTL 电路的电压/电流匹配

在数字电路的实际应用中，出于对器件的工作速度、功耗等实际问题的考虑，往往会出现 CMOS 电路和 TTL 电路混合使用的情况。由于两者之间的电平和电流并不能完全兼容，因此相互连接时必须解决匹配问题。一是电平匹配，驱动门的输出高电平必须高于负载门的输入高电平，而驱动门的输出低电平必须低于负载门的输入低电平，即 $V_{OHmin} \geqslant V_{IHmin}$，$V_{OLmax} \leqslant V_{ILmax}$。二是电流匹配的问题，驱动门的输出电流必须大于负载门的输入电流，即 $I_{OHmax} \geqslant I_{IHmax}$（拉电流负载），$I_{OLmax} \geqslant I_{ILmax}$（灌电流负载）。

表 1.3.4 所示为采用 5V 工作电压的 74HC、74HCT 系列 CMOS 电路和 74LS 系列 TTL 电路相关的电压和电流参数，下面将利用该表中的数据讨论两种电路相互连接的接口问题。另外，CMOS 器件逐渐向低电源电压方向发展，此处也进行简要介绍。

表 1.3.4 CMOS 电路和 TTL 电路相关电压和电流参数

参数名称		CMOS 电路		TTL 电路
		74HC	74HCT	74LS
电源电压/V		5	5	5
输出电平	V_{OHmin}/V	3.84	3.84	2.7
	V_{OLmax}/V	0.33	0.33	0.5
输入电平	V_{IHmin}/V	3.5	2	2
	V_{ILmax}/V	1.5	0.8	0.8

续表

参数名称		CMOS 电路		TTL 电路
		74HC	74HCT	74LS
输出电流	I_{OHmax}/mA	–4	–4	–0.4
	I_{OLmax}/mA	4	4	8
输入电流	I_{IHmax}/mA	0.001	0.001	0.02
	I_{ILmax}/mA	–0.001	–0.001	–0.4

（1）CMOS 电路驱动 TTL 电路

由表 1.3.4 所示数据可以看出，74HC、74HCT 系列 CMOS 电路和 74LS 系列 TTL 电路的电压、电流参数满足匹配关系，因此前者可以直接驱动后者。

（2）TTL 电路驱动 CMOS 电路

当表 1.3.4 中列出的 74LS 系列 TTL 电路驱动 74HCT 电路时，由于高、低电平兼容，无须另加接口电路；但其 V_{OHmin} 小于 74HC 系列的 V_{IHmin}，所以前者不能直接驱动后者，可采用图 1.3.1 所示的电路，在 TTL 电路输出端和+5V 电源之间接一个上拉电阻 R_P，来提高 TTL 电路的输出高电平。上拉电阻的值取决于负载器件的数目及 TTL 和 CMOS 电路的电流参数。

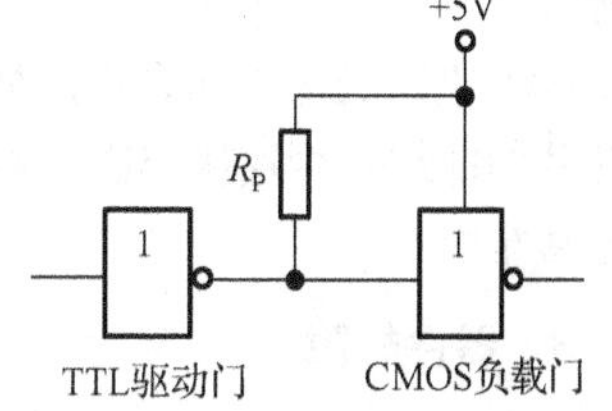

图 1.3.1　TTL 电路驱动 CMOS 电路的连接图

（3）低电压 CMOS 电路及其接口

CMOS 电路的动态功耗为 CV^2f 的形式，因此减小电源电压可大大降低功耗。另外，晶体管的尺寸趋向于更小化，MOS 管栅源、栅漏之间的绝缘氧化物层越来越薄，难以承受高达 5V 的供电电压。因此，IC 行业已经向低电源电压方向发展，JEDEC 规定了 3.3V、2.5V、1.8V 的标准逻辑电源电压及相应的输入/输出逻辑电平，生产厂家也已经推出了一系列的低电压集成电路。不同供电电压的逻辑器件之间也存在接口问题。

采用 3.3V 供电电源的 74LVC 系列 CMOS 电路的输入端可以承受 5V 输入电压，因此可以与 HCT 系列 CMOS 电路或 TTL 电路直接相连；74LVC 系列的输出高电平低于 HC 系列的输入低电平，因此当前者驱动后者时，需要采用电平变换电路或上拉电阻。

采用 2.5V 或 1.8V 供电电源的 CMOS 电路与其他系列的逻辑电路接口时，则需要专用的电平转换电路，如 74ALVC164245 可用于不同 CMOS 系列或 TTL 系列之间的电平转移。

1.3.3　常见故障及排除方法

数字电路与系统实验中不可避免会出现各种故障，造成实验故障的原因主要有以下几个方面：

（1）电路设计方案不当，如组合电路的竞争冒险问题；

（2）操作不当，如布线错误；

（3）集成芯片损坏或使用不当，如电源和地接反；

（4）实验仪器故障或使用不当。

实验过程中出现故障，不能盲目泄气甚至把整个电路推翻重新连接，只要细心操作、不断积累经验，实验故障是不难排除的。

下面将介绍数字电路与系统实验中通常遇到的三种典型的故障及排除方法。

1. 设计错误

除了组合电路的竞争冒险问题需要在电路设计阶段特别注意之外，器件选择及器件之间互相配合也是需要重视的方面。例如，电路动作的边沿选择与电平选择，电路延迟时间引起的误动作，复杂集成芯片的控制信号对时钟脉冲状态要求，多个控制信号之间的协作关系等，都应在方案设计时引起足够的重视。

2．布线错误

约70%的实验故障来自于布线错误，因此在保证设计方案无误的前提下，重点应研究如何在布线时避免带来故障、隐患。

（1）布线一定要规范，布线全部结束后，不要急于通电，要进行一遍仔细的复查，重点检查集成芯片是否安装正确、电源线和地线有没有接反、是否有漏线和跳线、是否有多个输出端错误地接在一起。

（2）用万用表的×10Ω 挡，测量电源端和地线端之间的电阻值，排除电源线与地线之间开路或短路的情况。

（3）用万用表实际测量供电电源的输出电压是否满足集成芯片的要求（如 TTL 电路要求+5V 供电电源）。

（4）电路通电工作之后，如果无论输入信号怎么变化，输出一直保持高电平不变，应及时检查集成芯片的地线是否连接牢固；若输出信号和输入信号变化规律相同，应及时检查集成芯片的电源线是否连接牢固。

3．器件故障

（1）若实验中使用了具有多个输入端的器件，在排查故障时可调换多余输入端试用。若不能排除集成芯片损坏的可能，可直接替换芯片，便于判断故障来源究竟是芯片损坏还是布线错误。

（2）TTL 电路工作时可能产生电源电流尖峰，并通过电源耦合破坏电路，应采取必要措施加以避免。

（3）若电路工作频率较高，应尽量减少电源内阻，选用线径较粗的电源线和地线，扩大底线面积或采用接地板，利用电源线和地线进行信号屏蔽；各逻辑信号线尽量远离时钟脉冲线；尽量采用短导线；多路同步电路的时钟脉冲信号之间的延时时间尽可能短。

（4）CMOS 电路的锁定效应（也称为可控硅效应）是指器件内部的正反馈使得工作电流越来越大，直接导致发热烧毁的现象。当 CMOS 电路工作在较高电源电压或输入/输出信号电平高于电源电压时，就有可能出现锁定效应。因此在电路搭建过程中，应采取以下措施进行预防：注意电源的去耦，地线尽可能粗，以减小其阻值；在保证电路正常工作的前提下，尽量降低 V_{DD} 的值；保证电路在一定工作速度的前提下，使电源电流小于器件的锁定电流（如 40mA）；对输入信号进行钳位。

1.4 小　　结

本章主要介绍了数字电路与系统实验的基础知识，包括数字电路实验的特点、基本过程及基本要求；详细介绍了常用的 CMOS 集成逻辑门的电路结构、工作原理和逻辑符号；简单介绍了 TTL 逻辑门和 ECL 逻辑门的电路结构和工作原理；介绍了 CMOS 逻辑门和 TTL 逻辑门的特性参数，以及实际使用中应该注意的问题等。作为数字电路与系统实验的开篇，本章旨在为初次接触的学习者提供一定的理论和实践基础。

1.5 问题与思考

1．数字电路与系统实验有哪些基本特点？

2．数字电路与系统实验的基本过程是什么？
3．数字电路与系统实验的基本要求是什么？
4．数字集成电路主要有哪两大类？目前占市场主要份额的是哪一类？
5．构成 CMOS 集成逻辑门的主要器件是什么？请描述其开关特性。
6．构成 TTL 集成逻辑门的主要器件是什么？请描述其开关特性。
7．常用的 CMOS 集成逻辑门有哪些？
8．CMOS 集成逻辑门有哪些特性参数？
9．CMOS 集成逻辑门的逻辑电平是怎么定义的？
10．CMOS 集成逻辑门的噪声容限是怎么定义的？其表征了逻辑门的什么特性？
11．CMOS 集成逻辑门的负载能力是怎么定义的？
12．CMOS 集成逻辑门的动态特性参数有哪些？各自是怎么定义的？
13．目前常用的 CMOS 集成逻辑门都有哪些系列？
14．与 TTL 电路相比，CMOS 电路的主要优势是什么？
15．CMOS 电路和 TTL 电路的电压、电流匹配条件是什么？
16．请简述 CMOS 电路低电压化趋势的原因。
17．目前低电压 CMOS 电路的标准逻辑电源电压都有哪些？其接口电路应注意哪些问题？
18．造成数字电路与系统实验故障的原因都有哪些？
19．实际使用中，逻辑门的多余输入端应怎么处理？
20．一般集成电路的输出端是否可直接接地或电源？是否可直接并接？

第2章　数字电路与系统课程实验

本章是对数字电路与系统理论课程有益的补充，属于实验应用部分。本章共包含9个实验，涉及数字电路与系统10章知识和内容，需要读者具有相应的知识背景。

2.1　基本逻辑门功能验证及组合逻辑电路设计实验

一、实验目的

1．了解数字逻辑实验仪的原理，掌握其使用方法。

2．熟悉基本逻辑门的逻辑功能，掌握基本门电路逻辑功能的测试方法。

3．掌握用基本逻辑门设计组合逻辑电路的方法。

二、实验预习要求

1．数字逻辑实验仪的组成和工作原理。

2．预习组合逻辑电路设计方法和步骤。

3．认真查阅实验器件的功能表和引脚图。

4．根据实验内容要求画出设计电路图，拟定合理的具体实施方案，并标注所用集成电路的型号和引脚。

5．画出实验记录表格。

6．预习思考题

（1）如何用两输入或非门来实现非门的功能（两种方法）？

（2）如何用异或门来实现传输门的功能？

（3）14脚的集成芯片正常工作时，7脚和14脚如何接？

（4）与非门中若某一端不用时，应如何处理？

（5）本实验使用芯片多数为TTL系列，如74LS00与非门。当其输入端悬空时，其输出端处于什么状态？

（6）TTL电路中，逻辑0状态和逻辑1状态对应的标准电压值分别是多少？

（7）在实验中，如何判断74×86是异或门？

三、实验原理

1．双列直插式封装

中、小规模数字IC中最常用的是TTL电路和CMOS电路。TTL器件型号以74或54作为前缀，称为74/54系列，如74LS08（四两输入与门）等，其中，74系列为民用芯片，54系列为军用芯片。LS为TTL系列，数字08代表功能芯片序号。中、小规模CMOS数字集成电路主要是4×× / 45××（×代表0～9的数字）系列，74HC系列代表高速CMOS电路，74HCT系列代表与TTL兼容的高速CMOS电路。TTL电路与CMOS电路各有优缺点，在数字电路教学实验中，本书主要使用TTL 74系列芯片作为实验器件，采用单一+5V作为供电电源。

数字IC器件有多种封装形式。为了教学实验方便，实验中所用的74系列器件封装均选用双列直插式，如图2.1.1所示。

（1）从正面（上面）看，器件一端有一个半圆缺口，缺口下方第一个引脚为1号引脚，引脚号按逆时针方向排序。双列直插封装IC的引脚数有 14、16、20、24、28等若干。

（2）双列直插器件有两列引脚，分列在芯片的两边，均为向下针式，故名为双列直插式。使用时，将器件插入实验台上的插座中去或者从插座中拔出时要小心，不要将器件引脚弄弯或折断，造成人为故障。

（3）如果要使 74 系列芯片工作，通常需要接正、负电源。一般情况，芯片右下角的最后一个引脚是GND，左上角的引脚是V_{CC}。例如，14引脚器件的引脚7是GND，引脚14是V_{CC}；20引脚器件的引脚10是GND，引脚20是V_{CC}。但也有例外，例如，16引脚的双JK触发器74LS76，引脚13（不是引脚8）是GND，引脚5（不是引脚16）是V_{CC}。所以使用集成电路器件时要先看清它的引脚图，找对电源和地，避免因接线错误造成器件损坏。

（4）如图2.1.1～图2.1.8所示，均为14脚芯片，且从芯片内部结构图中可以看出，每个芯片中均含有4个独立的门电路，且均为两入一出型。其中应注意的是，前两个门电路均为1入、2入、3出和4入、5入、6出，第三、四个门电路是8出、9入、10入和11出、12入、13入。

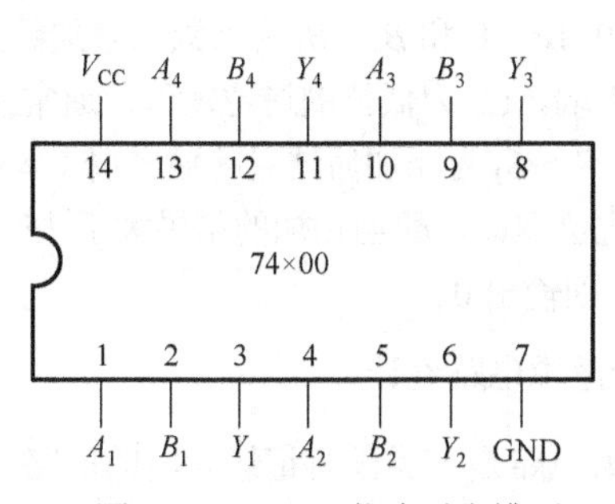

图2.1.1　74×00芯片引脚排列

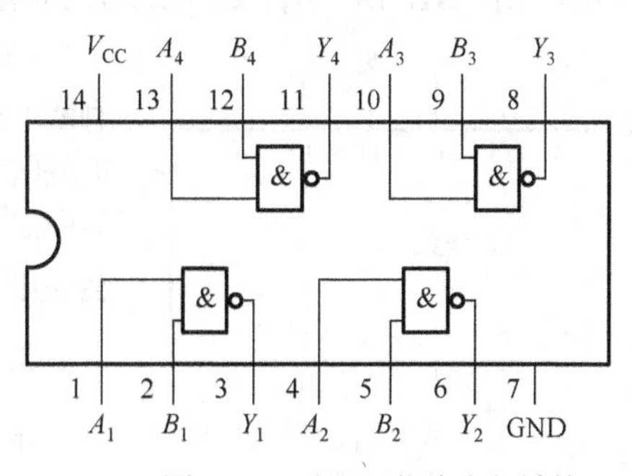

图2.1.2　74×00芯片内部结构

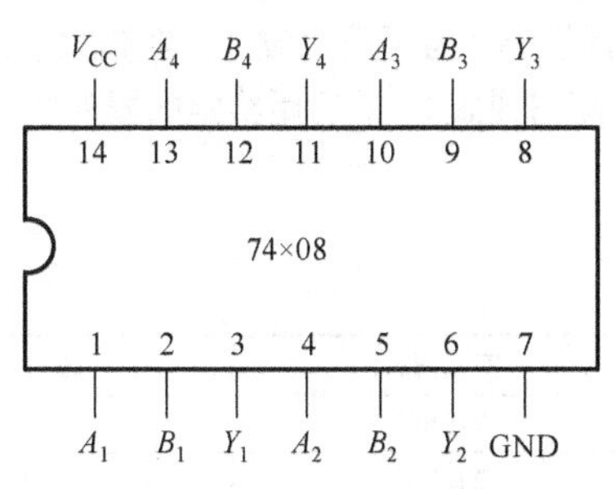

图2.1.3　74×08芯片引脚排列

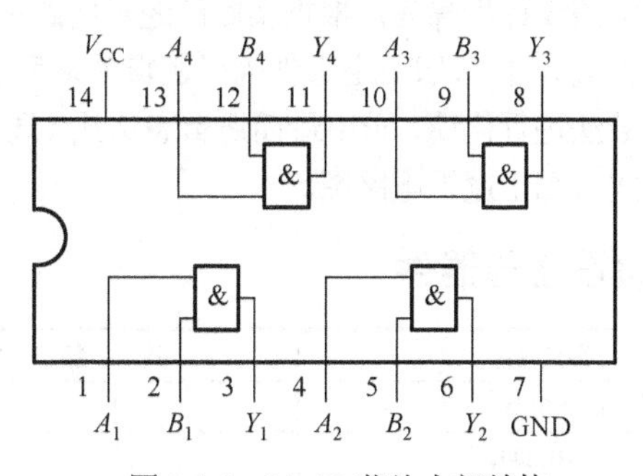

图2.1.4　74×08芯片内部结构

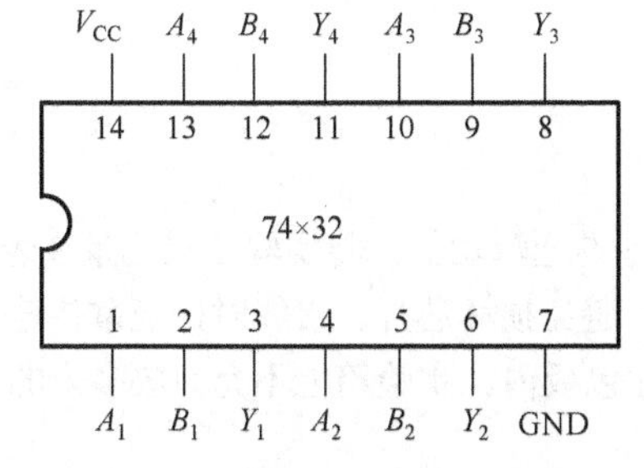

图2.1.5　74×32芯片引脚排列

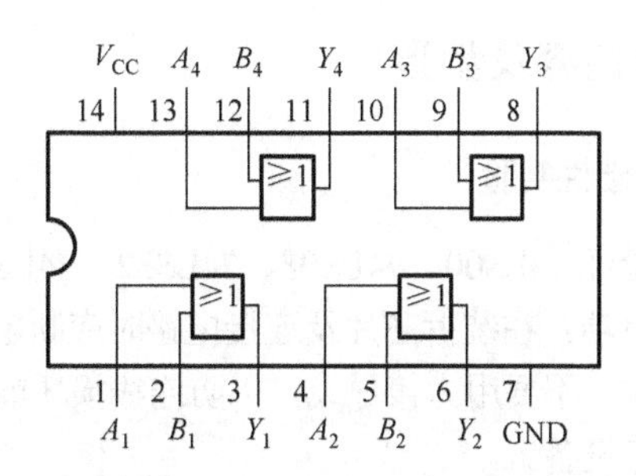

图2.1.6　74×32芯片内部结构

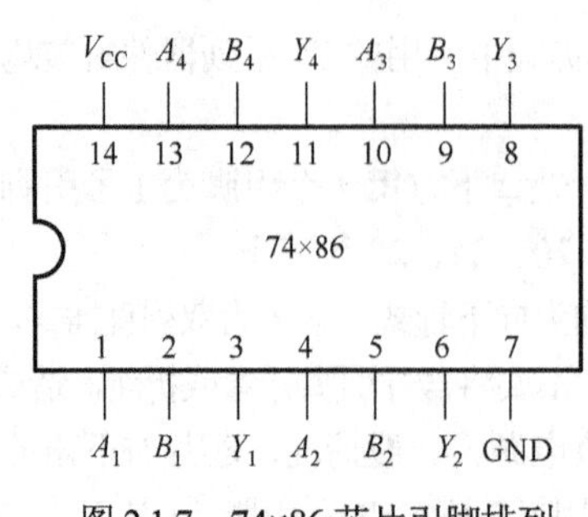

图 2.1.7 74×86 芯片引脚排列

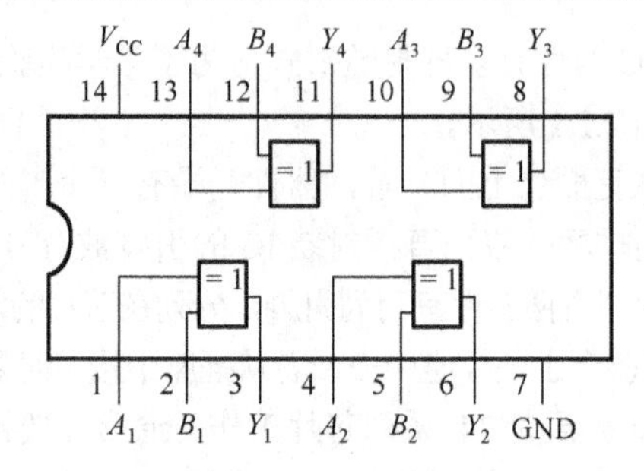

图 2.1.8 74×86 芯片内部结构

2．4 位二进制加法器的引脚排列图

图 2.1.9 所示为 16 引脚的 4 位二进制加法器的引脚排列图。

（1）引脚 16 与引脚 8 为 V_{CC} 和 GND，如果要芯片工作，应将引脚 16 接电源正极（+5V），引脚 8 接电源负极（接地端）。

（2）引出端 A_1～A_4、B_1～B_4、C_4 为逻辑门的输入端，引出端 S_1～S_4 和 CO 为逻辑门的输出端。

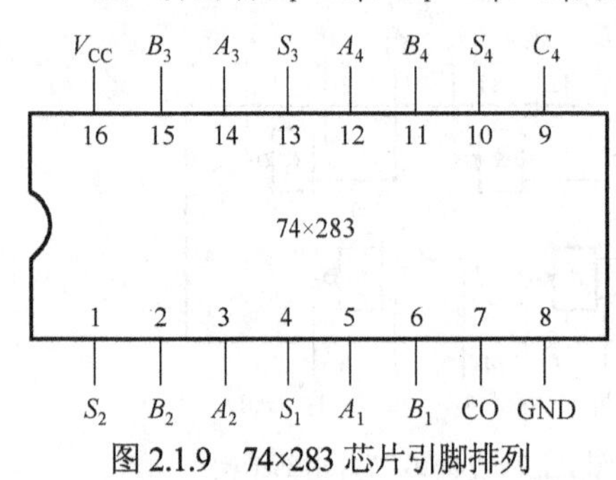

图 2.1.9 74×283 芯片引脚排列

（3）其中 A_4～A_1 和 B_4～B_1 为加数和被加数（4 位二进制数）的输入端，C_4 为低位的进位输入，通常在芯片级联扩展时使用；S_4～S_1 为相加后结果的输出端（本位和），CO 为向高位的进位端口，即当相加的结果大于 15 时，CO 端会输出 1，否则输出 0。

3．组合逻辑电路设计

组合逻辑电路是一类没有记忆功能的电路。它任意时刻的输出仅与当前的输入有关，与过去输入状态历史无关。组合逻辑电路设计步骤为：根据实际的逻辑问题和设计需求进行逻辑抽象，定义逻辑状态的变量（赋予其特定含义），再按照给定事件因果逻辑关系列出逻辑真值表，为了简化设计、降低成本，需要用卡诺图或代数法进行化简，求出最简逻辑表达式（通常为最简与或式），最后用给定的器件实现简化后的逻辑表达式，画出逻辑电路图。

四、实验设备与器件

实验器件	数　量	实验器件	数　量
数字逻辑电路实验仪	1	74LS86	1
74LS00	2	74LS32	1
74LS08	2	74LS283	1

五、实验内容及步骤

1．基础性实验

（1）验证 74LS00、74LS08、74LS32、74LS86 的基本逻辑功能，将实验结果记录在表 2.1.1 中。

注意事项：在装拆芯片及连接电路时应断电操作，避免损坏芯片。接线时，应拿住连接线的插头进行插、拔，不要用力接导线，以防连线损坏或断在面包板内。实验箱上不允许放多余的导线，以免短路或损坏设备。

表 2.1.1　逻辑功能测试表

输入端		74LS00		74LS08		74LS32		74LS86	
		输出灯的状态	逻辑状态	输出灯的状态	逻辑状态	输出灯的状态	逻辑状态	输出灯的状态	逻辑状态
A	B								
0	0								
0	1								
1	0								
1	1								

（2）验证中规模集成电路芯片 74LS283 的逻辑功能，将实验结果记录在表 2.1.2 中。

表 2.1.2　74LS283 逻辑功能测试表

输入信号 1	输入信号 2	进位输入信号	输出信号的逻辑状态				
$A_3A_2A_1A_0$	$B_3B_2B_1B_0$	C_4	CO	S_3	S_2	S_1	S_0
0001	1001	0					
1111	0110	0					
1010	0101	0					
1000	1011	1					
0010	0100	1					
1100	1111	1					

2. 设计性实验

（1）采用两种方法，利用一片 74LS00 分别构成一个非门和或门，画出电路，将实验结果记录在表 2.1.3 中。

表 2.1.3　实验记录表

实验电路设计	
数据记录分析	

（2）利用一片 74LS00 设计一个异或门，输入接开关，输出接 LED 指示灯（自己设计电路图，并自行设计表格）。将实验结果记录在表 2.1.4 中。

表 2.1.4　实验记录表

实验电路设计	
数据记录分析	

（3）适当选用本实验提供的器件，设计一个三人表决电路。三人表决电路规则：有两个或两个以上裁判同意时，则比赛通过，否则不通过。请按照组合逻辑电路设计的要求，课前设计好电路，并将实验结果记录在表 2.1.5 中。

（4）适当选用本实验提供的器件，设计一个密码箱开锁与报警电路，三个密码键为 ABC，当同时按下AB键或AC键或ABC键时，密码箱开锁，否则就报警。请按照组合逻辑电路设计的要求，课前设计好电路，将实验结果记录于表2.1.6中。

表2.1.5 实验记录表

实验电路设计	
数据记录分析	

表2.1.6 实验记录表

实验电路设计	
数据记录分析	

3．创新与提高性实验

（1）设计一个能够实现表达式 $F = A \oplus B \oplus C \oplus D$ 的电路图，并说明该电路的功能。

（2）设计一个可以将4位二进制码转化为BCD码的电路。

（3）利用中规模集成电路芯片74LS283设计下述组合逻辑电路：当输入的4位二进制数大于5而小于等于11时，输出为1。

六、实验报告要求

1．记录、整理实验结果，画好逻辑电路图及其对应的实验线路图。

2．对实验结果进行分析和个人总结。

七、实验思考题

1．本实验中提供的器件74LS00、74LS08、74LS32、74LS86都是两输入的逻辑门，如果设计电路时需要四输入的与非门或四输入的或门时，应该如何用本实验提供的两输入门实现？

2．怎样判断一个门电路的逻辑功能是否正常？

3．异或门也可称为可控反相门，为什么？

4．通过具体设计体验后，你认为组合逻辑电路设计的关键点或关键步骤是什么？

5．如果有影响电路正常工作的竞争冒险现象出现时，应怎样消除？

2.2 利用中规模集成电路设计组合逻辑电路实验

一、实验目的

1．熟悉常用组合中规模集成电路（74×138、74×151）的基本逻辑功能，并学会如何验证这些功能模块。

2．掌握用74×138实现三输入组合电路的方法（如全加器）。

3．掌握用74×151实现三输入和四输入组合电路的方法（如三人表决电路、四输入的奇偶校验电路）。

二、实验预习要求

1．复习数字逻辑实验仪的使用方法。

2．预习 74×138、74×151 的工作原理和使用方法。

3．认真查阅实验器件的功能表和引脚图。

4．根据实验内容要求画出设计电路图，拟定合理的具体实施方案，并标注所用集成电路的型号和引脚。

5．画出实验记录表格。

6．预习思考题

（1）将 74LS138 的 8 个输出端连接到 LED 指示灯后，令使能端 $S_A\overline{S_B}\,\overline{S_C}=111$，并令控制端 $A_2A_1A_0=011$，此时 8 个 LED 的状态是怎样的（谁亮谁灭）？为什么？

（2）如何将两片 74LS138 扩展为 4 线-16 线的译码器？

（3）应如何验证 74LS151 的功能？

（4）用集成芯片设计电路与用逻辑门设计电路的设计步骤有何区别？

（5）利用 74LS151 实现四选一功能：若使 $Y=D_2$，$\overline{\mathrm{ST}}$、A_1 和 A_0 分别应如何设置？

（6）在 74LS138 正常工作时，8 个输出端全部接灯，有几个灯亮？

三、实验原理

1．3 线-8 线译码器 74LS138

译码器是一种将输入代码转换成特定输出信号的电路。译码器可实现存储系统和其他数字系统的地址译码、脉冲分配、程序计数、代码转换和逻辑函数发生及用来驱动各种显示器件等。74LS138 为中规模集成 3 线-8 线译码器，其引脚排列如图 2.2.1 所示。

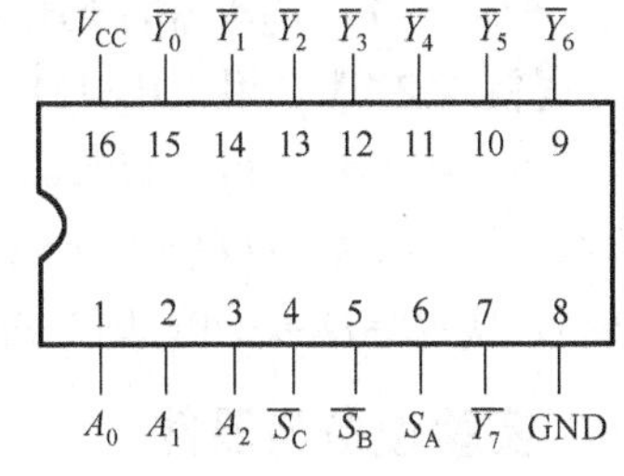

图 2.2.1　74LS138 芯片引脚排列

（1）当使能端 S_A 为高电平，另两个使能端 $\overline{S_B}$、$\overline{S_C}$ 为低电平时，可将地址端 A_2,A_1,A_0 的二进制编码在 $\overline{Y_0}\sim\overline{Y_7}$ 对应的输出端以低电平译出。例如，当 $A_2A_1A_0=110$ 时，则 $\overline{Y_6}$ 输出端输出低电平信号。

（2）用 3 线-8 线译码器实现 3 个变量的组合逻辑函数。3 线-8 线译码器又叫变量译码器或最小项译码器，它的输出端对应输入变

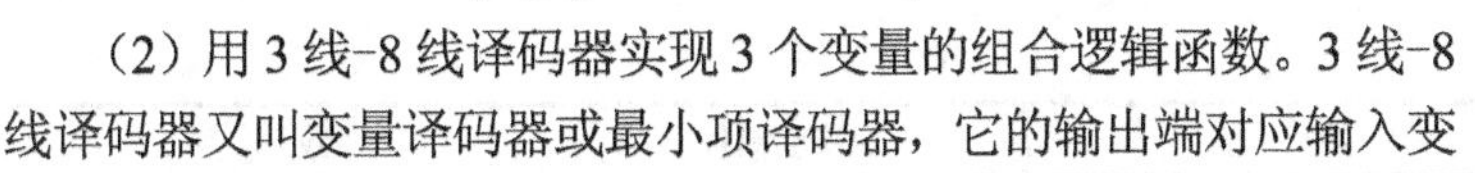

量的全部最小项。例如，$\overline{Y_7}=\overline{A_2A_1A_0}$，$\overline{Y_6}=\overline{A_2A_1\overline{A_0}}$，…，$\overline{Y_0}=\overline{\overline{A_2}\,\overline{A_1}\,\overline{A_0}}$，任何一个 3 个变量的函数都可以写成最小项之和的形式，因此，当用 3 线-8 线译码器来实现三变量函数时，应先将函数表达式写成标准的与非-与非式，例如，函数 $Z=AB+BC+AC$，写成与非-与非式应为：$Z=\overline{\overline{m_3}\,\overline{m_5}\,\overline{m_6}\,\overline{m_7}}$，如果令 $A_2=A$，$A_1=B$，$A_0=C$，则 $Z=\overline{\overline{Y_3}\,\overline{Y_5}\,\overline{Y_6}\,\overline{Y_7}}$，连线如图 2.2.2 所示。

（3）利用 $S_A\overline{S_B}\,\overline{S_C}$ 可级联扩展成 4 线-16 线或 4 线-24 线译码器，若外接一个反相器，还可级联扩展成 5 线-32 线译码器。

（4）若将选通端中的一个作为数据输入端时，74LS138 还可作为数据分配器。

（5）用在 8086 的译码电路中，扩展内存。

2．八选一数据选择器 74LS151

数据选择器有多个输入，一个输出。在控制端的作用下，可从多路并行数据中选择一路送至输出

端。其功能类似于单刀多掷开关，故又称多路开关（MUX）。数据选择器的主要用途是实现多路信号的分时传送、实现组合逻辑函数、进行数据的串-并转换。74LS151为互补输出的八选一数据选择器，引脚排列如图2.2.3所示，选择控制端（地址端）为$A_2A_1A_0$，按二进制译码，从8个输入数据$D_7 \sim D_0$中，选择一个需要的数据送到输出端Y。$\overline{\mathrm{ST}}$为使能端，低电平有效。

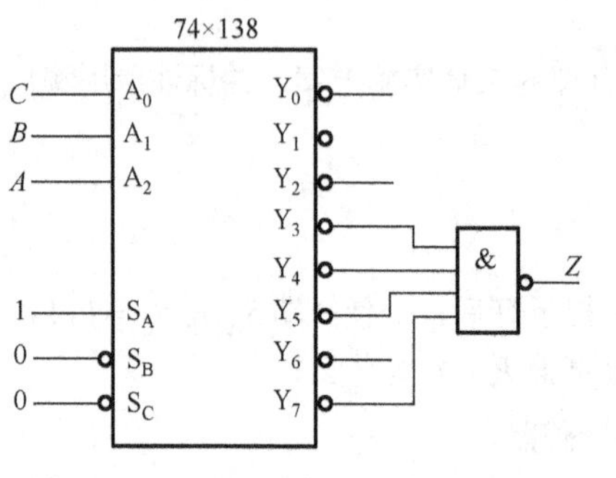

图2.2.2 74LS138实现函数

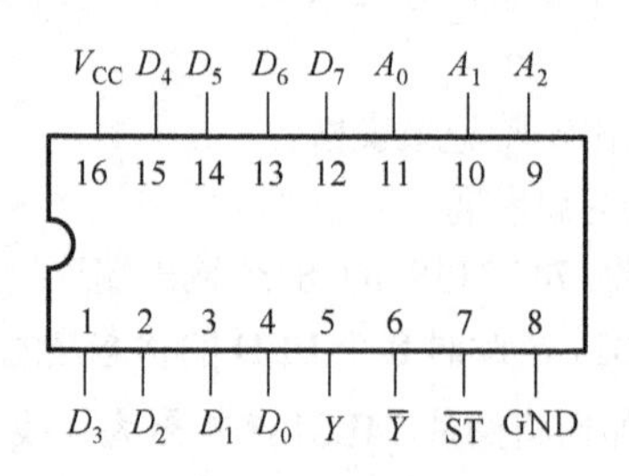

图2.2.3 74LS151芯片引脚排列

（1）使能端$\overline{\mathrm{ST}}=1$时，不论$A_2A_1A_0$状态如何，均无输出（$Y=0$，$\overline{Y}=1$），多路开关被禁止。

（2）使能端$\overline{\mathrm{ST}}=0$时，多路开关正常工作，根据地址码$A_2A_1A_0$的状态选择$D_7 \sim D_0$中某一个通道的数据输送到输出端Y。例如，当$A_2A_1A_0=000$时，则选择D_0数据到输出端，即$Y=D_0$；当$A_2A_1A_0=001$时，则选择D_1数据到输出端，即$Y=D_1$，其余类推。

（3）用74LS151实现3变量或4变量的逻辑函数。选择器输出为标准与或式，含地址变量的全部最小项。其表达式如下。

4选1：$Y=A_1A_0D_3+A_1\overline{A_0}D_2+\overline{A_1}A_0D_1+\overline{A_1}\,\overline{A_0}D_0$

8选1：$Y=A_2A_1A_0D_7+A_2A_1\overline{A_0}D_6+\cdots+\overline{A_2}\,\overline{A_1}A_0D_1+\overline{A_2}\,\overline{A_1}\,\overline{A_0}D_0$

【例2.2.1】 用74LS151实现逻辑函数$F=\overline{A}\,\overline{B}C+\overline{A}B\overline{C}+A\overline{B}\,\overline{C}+ABC$，也可写成$\sum m$的形式$F=m_1+m_2+m_4+m_7$。将变量$A$、$B$、$C$接数据选择器的控制端$A_2$、$A_1$、$A_0$，则数据选择器的输出表达式为$Y=m_0D_0+m_1D_1+\cdots+m_7D_7$，其中，$m_i$是由$A$、$B$、$C$组成的最小项，如果此时再令$D_1$=$D_2$=$D_4$=$D_7$=1，$D_0$=$D_3$=$D_5$=$D_6$=0，则$Y$的表达式就与函数$F$完全相同，这样就用74LS151实现了函数$F$。

四、实验设备与器件

实验器件	数 量	实验器件	数 量
数字逻辑实验仪	1	74LS138	1
74LS00	1	74LS151	1
74LS86	1	74LS153	1
74LS08	1	74LS32	1

五、实验内容及步骤

1. 基础性实验

（1）验证中规模集成电路芯片74LS138的逻辑功能，将实验结果记录在表2.2.1中。

（2）验证中规模集成电路芯片74LS151的逻辑功能，将实验结果记录在表2.2.2中。

2. 设计性实验

（1）用74LS138译码器实现全加器，将实验结果记录在表2.2.3中。

表 2.2.1　74LS138 逻辑功能测试表

使能端信号	地址输入信号	输出信号的逻辑状态							
$S_A\overline{S_B}\,\overline{S_C}$	$A_2A_1A_0$	$\overline{Y_7}$	$\overline{Y_6}$	$\overline{Y_5}$	$\overline{Y_4}$	$\overline{Y_3}$	$\overline{Y_2}$	$\overline{Y_1}$	$\overline{Y_0}$
101	001								
111	110								
100	000								
100	011								
100	101								
100	110								

表 2.2.2　74LS151 逻辑功能测试表

使能端	数据输入端	选择控制端	输出端状态	
$\overline{ST}$	$D_7 \sim D_0$	$A_2A_1A_0$	Y	$\overline{Y}$
1	00110101	101		
1	11100010	001		
0	11000011	111		
0	11000011	101		
0	00111111	001		
0	00111111	110		
0	11001011	100		
0	11001011	011		

表 2.2.3　实验记录表

实验电路设计	
数据记录分析	

（2）用 74LS138 译码器设计一个交通灯故障报警电路，有红、黄、绿三个交通灯，正常情况下只有一个灯亮，此时电路不报警，如果其中任意两个或三个灯亮，电路报警。将实验结果记录在表 2.2.4 中。

表 2.2.4　实验记录表

实验电路设计	
数据记录分析	

（3）用 74LS151 数据选择器实现三人表决电路，将实验结果记录在表 2.2.5 中。

表 2.2.5　实验记录表

实验电路设计	
数据记录分析	

（4）用 74LS151 数据选择器实现逻辑函数：$F(A,B,C,D)=AB\overline{C}+AC\overline{D}+\overline{B}C\overline{D}$。将实验结果记录在表 2.2.6 中。

表 2.2.6 实验记录表

实验电路设计	
数据记录分析	

（5）用 74LS151 数据选择器实现四输入奇偶校验电路：电路有 4 个输入端 A、B、C、D，当输入全为 0 或全为 1，或输入 1 的个数为奇数时，输出为 1，请设计该电路。将实验结果记录在表 2.2.7 中。

表 2.2.7 实验记录表

实验电路设计	
数据记录分析	

3．创新与提高性实验

（1）两人为一组，将两片 3 线-8 线译码器扩展为 4 线-16 线译码器，并实现设计性实验（4）中的表达式。

（2）请设计一个可以将 4 位二进制码转化为 BCD 码的电路，并利用数字逻辑实验仪自带的 7 段显示译码器和数码管将结果显示出来。

（3）如图 2.2.4 所示，请设计一个数字密码锁电路。设输入密码 $ABCD$＝1101 时：若使能 E=0，不开锁，不报警；若使能 E=1，密码正确，开锁 K=1，密码错误，报警 Z=1。

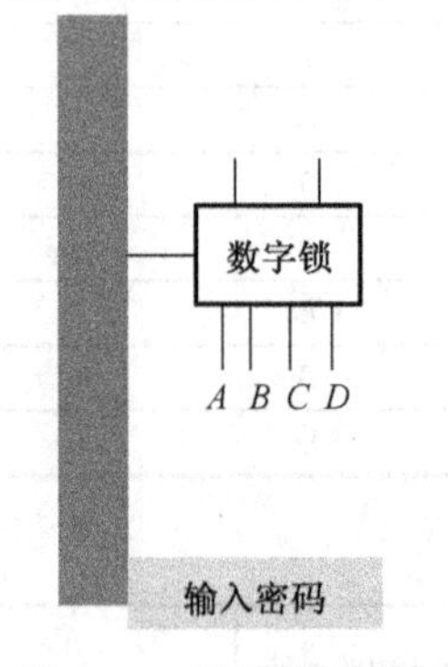

图 2.2.4 数字密码锁电路

六、实验报告要求

1．通过基础性实验总结 74LS138、74LS151 的逻辑功能，根据实验现象，指出 74×138、74LS151 各使能端的有效电平及作用。

2．记录、整理实验结果，画好逻辑电路图及其对应的实验线路图。

3．对实验结果进行分析和个人总结。

七、实验思考题

1．若要将两个四选一的数据选择器构成一个八选一的数据选择器，电路应如何连接（可使用基本逻辑门）？

2．用译码器实现函数 $F(A,B,C)=AB\overline{C}+ABC+\overline{A}BC+A\overline{B}C\overline{D}$，试设计该电路。

2.3 VHDL 语言设计简单组合电路实验

一、实验目的

1．掌握 Quartus II 的基本使用方法。

2．熟悉 DE2 开发板。

3．利用 Quartus II 验证三输入与门、74138 译码器的功能。

4．掌握用 VHDL 和原理图法设计实现全加器等实际应用电路。

5．学会使用 QuartusⅡ进行编译、仿真、锁定引脚、下载，掌握 FPGA 设计流程。

二、实验预习要求

1．分别用 CASE-WHEN、WHEN-ELSE 和 WITH-SELECT 语句实现 3 线-8 线译码器的结构体部分程序。

2．预习全加器原理，分析其代码。

3．预习 3 线-8 线译码器 74138 原理，预编代码。

4．自主学习第 2 章、第 4 章相关知识，学会用 VHDL 和原理图法设计电路。

5．根据实验内容要求，拟定合理的设计实施方案，设计电路并编写设计程序代码。

6．预习思考题

（1）VHDL 语言标识符的命名原则是什么？3and 是否正确？

（2）实体名应与哪些名相同？

（3）VHDL 程序中，and 和 AND 两种写法相同吗？

（4）表达式 $F=AB+BC$，在 VHDL 程序中如何描述？为什么要使用<=赋值？

（5）仿真验证阶段，应先完成功能仿真还是时序仿真？如何利用时钟工具设计波形？

（6）实验过程中，程序下载到硬件时，出现未找到硬件故障，应如何排障？

（7）设计三态门，如何验证其输出端是 0 状态还是高阻态？

（8）VHDL 程序结构由哪几部分组成？

（9）VHDL 程序中，注释的开始以“--”标记是否正确？

（10）在实体和结构体中，哪一个用来描述输入/输出端口？

（11）说明信号和变量的功能特点，以及在应用上的异同点。

三、实验原理

在数字电路设计应用中，硬件描述语言有 VHDL 和 Verilog HDL，本实验所使用的 Altera 公司的 DE2 开发板能支持 VHDL（Very-High-Speed Integrated Circuit Hardware Description Language），可以用文本的形式来开发设计数字电路。VHDL 语言是目前较为流行的硬件描述语言，它诞生于 1982 年，已成为 IEEE Std—1076 标准。人们通过编写、设计不同的程序来实现任意规模的电路，小到一个门，大到一个包含 CPU 的系统。

1．VHDL 基本结构

VHDL 语言分成三部分：库和程序包说明、实体结构体。库是专门存放预编译程序包的地方，放在程序最前面，分成标准库 STD、IEEE、WORK、仿真库 VITAL 和用户定义库等，较常使用的是 IEEE 库。程序包存放的是各个设计模块共享的数据类型、常数和子程序等，通常只引用 IEEE 库中的一个程序包 STD_LOGIC_1164。详细介绍请参考第 3 章。

```
LIBRARY ieee;                    --LIBRIARY 库名;
USE ieee.std_logic_1164.all;
```

实体 ENTITY 用来描述电路的输入、输出端。在一个实体中可以有多个结构体。

```
ENTITY or2 IS
   PORT(A, B: in std_logic;        --端口名：输入 in 数据类型;
        F: out std_logic);
END or2;
```

结构体 ARCHITECTURE 用于描述电路的具体功能。

```
ARCHITECTURE or2_1 OF or2 IS
   BEGIN
      F<=A OR B;  --或门（and 与门、or 或门、nand 与非门、nor 或非门、xor 异或门）
   END or2_1;
```

在程序中，经常会使用变量和信号，它们的区别如下。

变量是一个局部量，只能在进程和子程序中使用。变量不能将信息带出对它做出定义的当前结构。变量的赋值是一种理想化的数据传输，是立即发生的，不存在任何延时行为。变量的主要作用是在进程中作为临时的数据存储单元。而信号是描述硬件系统的基本数据对象，其性质类似于连接线，可作为设计实体中并行语句模块间的信息交流通道。信号不仅可以容纳当前值，也可以保持历史值；与触发器的记忆功能有很好的对应关系。信号赋值用<=，变量赋值用:=。

2．标识符与保留字

标识符是 VHDL 语言符号书写的一般规律，用来表示常量、变量、信号、子程序、结构体和实体等名称。规则如下：

（1）由英文字母、数字和下画线“_”组成；

（2）必须以英文字母开头，最长 32 个字符；

（3）不能有连续两个下画线，不能以下画线结尾；

（4）标识符中英文字母不区分大小写，不能用保留字作为标识符。

例如：AND_3 与 and_3 相同；3_add 是错的；BEGIN 是保留字，不能作为标识符。

3．二输入与非门电路 VHDL 程序设计

（1）二输入与非门的逻辑式为 $Y=\overline{AB}$。

（2）二输入与非门的真值表如表 2.3.1 所示，电路符号如图 2.3.1 所示。

表 2.3.1 二输入与非门的真值表

A	*B*	*Y*
0	0	1
0	1	1
1	0	1
1	1	0

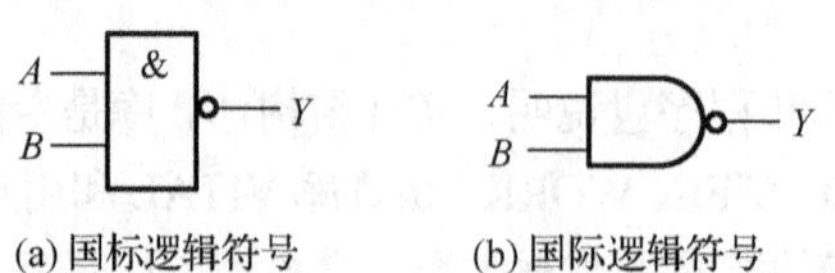

(a) 国标逻辑符号 (b) 国际逻辑符号

图 2.3.1 二输入与非门电路符号

（3）源程序：

```
LIBRARY ieee;
USE ieee.std_logic_1164.all;
ENTITY yufei IS
PORT (a,b:in std_logic;
     y:out std_logic);
```

```
END yufei;
ARCHITECTURE yufei_1 OF yufei IS
   BEGIN
      y<=a NAND b;
   END yufei_1;
```

上述程序的输出赋值语句也可以使用“y <= NOT (A and B);”，也可以使用条件赋值语句完成同样的功能，结构体程序如下：

```
ARCHITECTURE yufei_1 OF yufei IS
BEGIN
     y <='0'  WHEN A='1' AND B='1'  ELSE '1';
END yufei_1;
```

（4）基本组合逻辑电路及逻辑关系的 VHDL 描述如下。

与门：y <= a AND b。

或门：y <= a OR b。

非门：y <= NOT a。

与非门：y <= a NAND b。

异或门：y <= a XOR b。

同或门：y <= a XNOR b。

4. 三态门

三态门是数字逻辑电路中常用的接口电路，熟练掌握使用三态门，对于构造较复杂的系统有很大的帮助。

三态门（Triple_state Buffer），顾名思义，其输出有三种状态：零态（低电平）、1 态（高电平）和第三种状态高阻态（用 Z 来表示）。当三态门使能端无效时，无论输入为何值，三态门的输出不再随输入的变化而变化。三态门经常与总线相连接，它能保证 CPU 在一定译码条件下准确读出某个器件的逻辑值。

三态门内部结构及逻辑符号如图 2.3.2 所示，有一个输入信号、一个输出信号和一个使能信号。它的真值表如表 2.3.2 所示。

表 2.3.2　三态门真值表

EN 使能控制端	输入端	输出端
0	×	Z
1	0	0
1	1	1

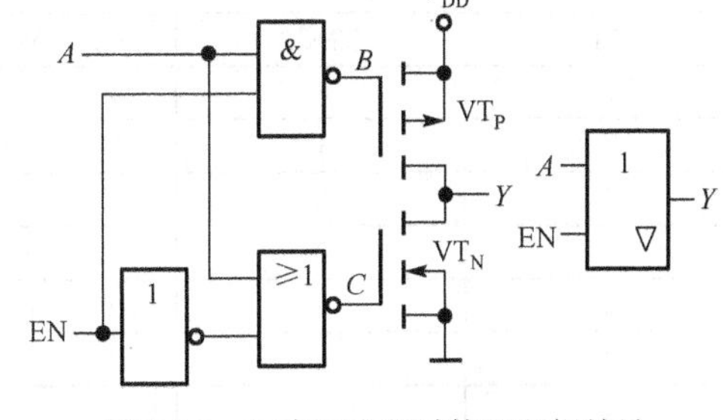

图 2.3.2　三态门内部结构及逻辑符号

当使能信号 EN=“1”时，输出与输入连通，输入为 1，则输出 1，否则为 0。当使能信号 EN=“0”时，输入与输出是断开的，输出端口呈高阻态。现在人们可以使用 VHDL 语言的 IF ELSE、CASE、块语句 Block 三种方法。

【例 2.3.1】　三态门的程序代码。

```
LIBRARY ieee;
USE ieee.std_logic_1164.all;
ENTITY santai IS
```

```
        PORT(en:in std_logic;
             Data:in std_logic;
             Output:out std_logic);
        END;
ARCHITECTURE santai_1 OF santai IS
BEGIN
PROCESS(en,data)
BEGIN
        IF en = '0' THEN  output<='Z';
        ELSE output<=data;
        END IF;
        END PROCESS;
        END santai_1;
```

5. 74138（3:8）译码器的功能

74138是3线-8线译码器，是多输入多输出的组合逻辑电路，常用于数据分配、存储器寻址和实现逻辑表达式等功能。用VHDL语言设计时经常会用到顺序语句、IF语句和CASE语句。

IF语句是最主要的顺序语句，与C语言中学习过的相同，必须在进程体内使用。

基本格式：由“IF 布尔表达式 THEN”→“ELSIF 布尔表达式 THEN”→“END IF；”构成。

【例2.3.2】 示例。

```
IF   selb='1'  THEN   q <= c;
ELSIF  sela='1'  THEN   q <= b;
ELSE  q <= a;
END IF;
```

（1）3线-8线译码器的真值表如表2.3.3所示。

表2.3.3 3线-8线译码器真值表

输入					输出							
S1	S2+S3	A2	A1	A0	Y7	Y6	Y5	Y4	Y3	Y2	Y1	Y0
0	×	×	×	×	1	1	1	1	1	1	1	1
×	1	×	×	×	1	1	1	1	1	1	1	1
1	0	0	0	0	1	1	1	1	1	1	1	0
1	0	0	0	1	1	1	1	1	1	1	0	1
1	0	0	1	0	1	1	1	1	1	0	1	1
1	0	0	1	1	1	1	1	1	0	1	1	1
1	0	1	0	0	1	1	1	0	1	1	1	1
1	0	1	0	1	1	1	0	1	1	1	1	1
1	0	1	1	0	1	0	1	1	1	1	1	1
1	0	1	1	1	0	1	1	1	1	1	1	1

（2）源程序：

```
LIBRARY ieee;
USE ieee.std_logic_1164.all;
ENTITY  ym3_8  IS
PORT(A0,A1,A2:in bit;
```

```
        s1,s2,s3:in bit;
        y0,y1,y2,y3,y4,y5,y6,y7:out bit);
   END ym3_8;
ARCHITECTURE rt1 OF ym3_8 IS
SIGNAL s:bit;
SIGNAL  A:bit_vector(2 downto 0);
SIGNAL  y:bit_vector(7 downto 0);
   BEGIN
     PROCESS (A,s1,s2,s3)
      BEGIN
      s<=s2 OR s3;
      A<=A2&A1&A0;
          IF s1='0' THEN  y<="11111111";
          ELSIF  s='1' THEN  y<="11111111";
      ELSE
     CASE  A  IS
      WHEN  "000"=>y<="11111110";
      WHEN  "001"=>y<="11111101";
      WHEN  "010"=>y<="11111011";
      WHEN  "011"=>y<="11110111";
      WHEN  "100"=>y<="11101111";
      WHEN  "101"=>y<="11011111";
      WHEN  "110"=>y<="10111111";
      WHEN others=>y<="01111111";
      END CASE;
      END IF;
     END PROCESS;
     y0<=y(0);
     y1<=y(1);
     y2<=y(2);
     y3<=y(3);
     y4<=y(4);
     y5<=y(5);
     y6<=y(6);
     y7<=y(7);
   END  rt1;
```

6. VHDL 语言设计实现全加器、4 位串行加法器

全加器实现的是两个一位二进制数相加，并考虑来自低位的进位。在用 VHDL 语言设计时，只需考虑使用变量赋值语句实现即可。要注意的是：<=符号属于信号赋值，代表考虑了延时。如果是变量赋值，应用变量名：=表达式。

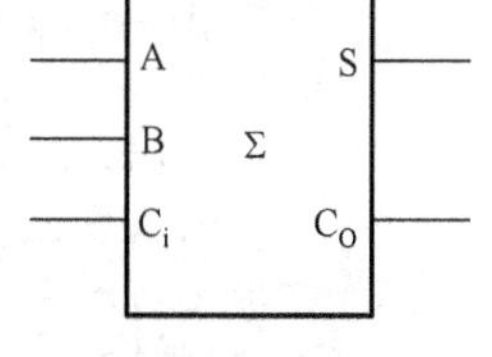

图 2.3.3　全加器逻辑符号

（1）全加器逻辑符号如图 2.3.3 所示，输入信号为 A、B、C_i，输出信号为 S（和）、C_O（进位）。

（2）全加器真值表如表 2.3.4 所示。

表 2.3.4　全加器真值表

A	*B*	C_i	*S*	C_O
0	0	0	0	0
0	0	1	1	0
0	1	0	1	0
0	1	1	0	1
1	0	0	1	0
1	0	1	0	1
1	1	0	0	1
1	1	1	1	1

（3）源程序：

```
LIBRARY ieee;
USE ieee.std_logic_1164.all;
ENTITY adder  IS
    PORT(A,B,Ci:in std_logic;
        CO,S:out std_logic);
END adder;
ARCHITECTURE adder_1 OF adder IS
BEGIN
    S<= A XOR B XOR Ci;
    CO<=(A AND B ) OR(A AND Ci ) OR (B AND Ci);
END adder_1;
```

7．四选一数据选择器

在数字逻辑电路中，数据选择器的作用是在不同条件下，在相同的线路上输出对应的信号。一般有二选一、四选一、八选一、十六选一等。四选一数据选择器的输入信号有 4 个 D_3、D_2、D_1、D_0，选择控制端有两个 A_1、A_0，输出信号为 *Y*。选择器的输入信号个数 *m* 与选择控制信号个数 *n* 的关系是：$m=2^n$。

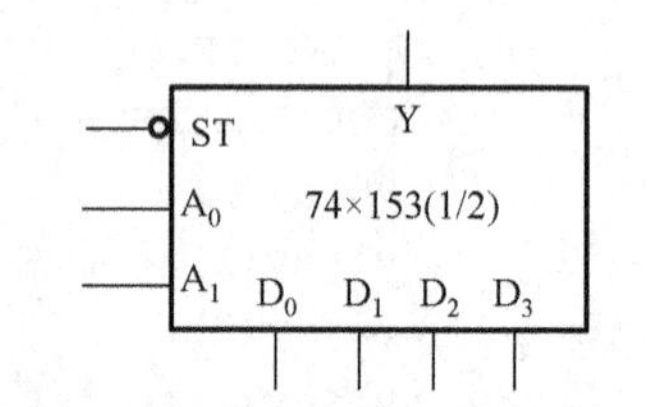

图 2.3.4　四选一数据选择器的电路符号

（1）四选一数据选择器的电路符号如图 2.3.4 所示，$\overline{ST}=0$ 时工作，$\overline{ST}=1$ 时禁止工作，输出封锁为低电平。

（2）源程序：

```
LIBRARY ieee;
USE ieee.std_logic_1164.all;
ENTITY cxy IS
PORT (d0,d1,d2,d3,a0,a1,s:in std_logic;
   y:out std_logic);
END cxy;
ARCHITECTURE rtl  OF cxy  IS
SIGNAL a:std_logic_vector(1 downto 0);
BEGIN
PROCESS(a0,a1)
BEGIN
a<=a1&a0;
```

```
IF(s='0') THEN
  CASE a IS
     WHEN "00"=>y<=d0;
     WHEN "01"=>y<=d1;
     WHEN "10"=>y<=d2;
     WHEN others =>y<=d3;
  END CASE;
END IF;
END PROCESS;
END rtl;
```

8. 软件设计

使用 Quartus II 进行编译、仿真、锁定引脚、下载，掌握整个 FPGA 设计流程，具体内容参见第 4 章。

四、实验设备与器件

实验器材	数　量
DE2 开发板	1

五、实验内容及步骤

1. 基础性实验

（1）三输入与门编程、编译、仿真、下载实验。请将实验中编写的程序及调试分析结果记录在表 2.3.5 中。

表 2.3.5　三输入与门实验记录表

程序代码实现	LIBRARY ieee;
	USE ieee.std_logic_1164.all;
	
	ENTITY 　　IS
	PORT (
	);
	END ;
	ARCHITECTURE 　　OF 　　IS
	
	END;

调试并分析结果	

（2）三态门编程、编译、仿真、下载实验。请补全程序并将调试分析结果记录在表 2.3.6 中。三态门真值表如表 2.3.2 所示。

难点指导：三态门具有一个数据输入端 din，一个数据输出端 dout 和一个控制端 en。当 en=1 时，dout=din；当 en=0 时，dout=Z（高阻）。用 IF ELSE 实现。

（3）74138 译码器编程、编译、仿真、下载实验。请将实验中编写的程序及调试分析结果记录在表 2.3.7 中。

表 2.3.6 三态门实验记录表

程序代码实现	LIBRARY ieee;
	USE ieee.std_logic_1164.all;
	ENTITY IS
	PORT (
	);
	END;
	ARCHITECTURE OF IS
	BEGIN
	PROCESS(din,en)
	BEGIN
	IF(en _____)THEN
	_______
	ELSE
	_______
	END IF;
	END PROCESS;
	_______

调试并分析结果	

表 2.3.7 74138 译码器实验记录表

程序代码实现	LIBRARY ieee; USE ieee.std_logic_1164.all; ENTITY IS PORT ( ); END; ARCHITECTURE OF IS END;
调试并分析结果	

（4）全加器编程、编译、仿真、下载实验。请将实验中编写的程序及调试分析结果记录在表 2.3.8 中。

难点指导：核心问题是写出输出 Co 和 S 的表达式。

表 2.3.8 全加器实验记录表

程序代码实现	LIBRARY ieee;
	USE ieee.std_logic_1164.all;
	
	ENTITY IS
	PORT (
	);
	END ;
	ARCHITECTURE OF IS
	
	END;

调试并分析结果	

2. 设计性实验

以一位全加器作为底层模块，采用多层次式设计方法，如图 2.3.5 所示，设计 4 位串行加法器。观察当输入 A=1010、B=0101、Ci=0 时，输出的 S、CO，以及当 A=1010、B=0101、Ci=1 时的输出结果。

用原理图输入法和 VHDL 两种方法实现。请将实验中编写的程序及调试分析结果记录在表 2.3.9 中。

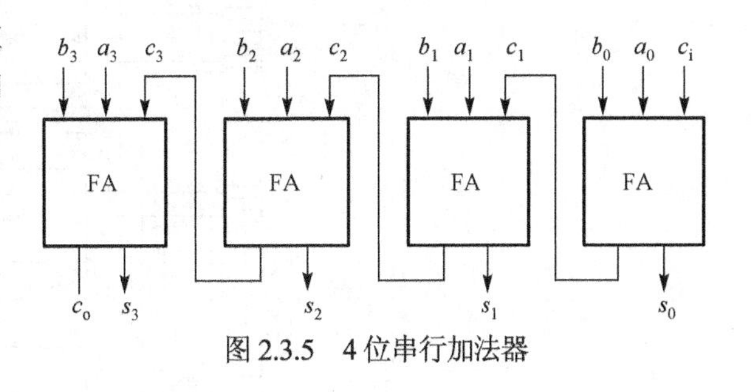

图 2.3.5　4 位串行加法器

表 2.3.9　全加器实验记录表

调试并分析结果	

难点指导：

(1) 新建工程，命名为 Ripple_adder_4bits，如图 2.3.6(a)所示。

(2) 将一位全加器设计文件 f_adder.bdf 复制到该工程目录下，在新建工程 Ripple_adder_4bits 中打开文件 f_adder.bdf，注意选中 Add file to current project 选项。

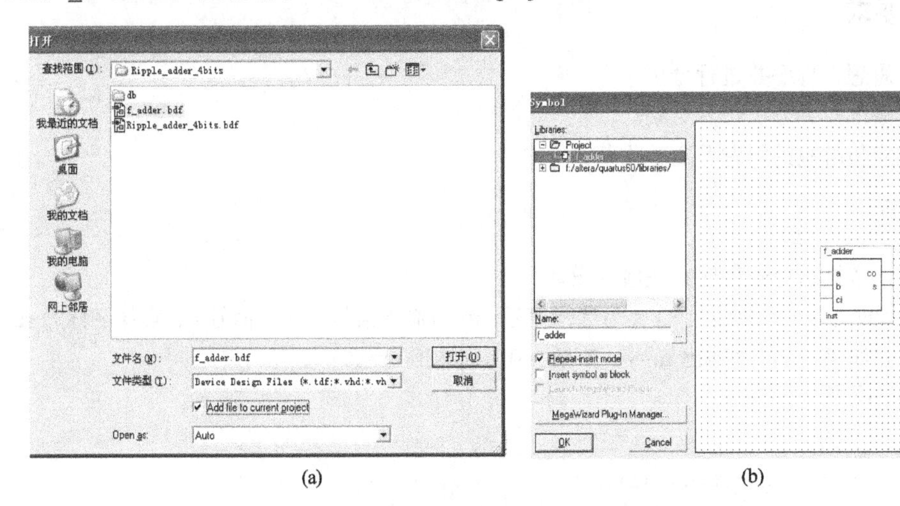

(a)　　(b)

图 2.3.6　导入符号图 2.3.6 新建工程

(3) 选择 File→Create/Update→Create symbol files for current file，创建 .bsf 文件。

(4) 在 Ripple_adder_4bits 工程中新建 Ripple_adder_4bits.bdf 文件，如图 2.3.6(b)所示，导入一位全加器符号。

(5) 绘制图 2.3.7 所示的电路，编译、分配引脚、仿真、编程下载，测试电路功能。

3. 创新与提高性实验

(1) 用 4 种描述方法实现四选一数据选择器。

难点指导： 可以用 IF-ELSE、CASE-WHEN、WHEN-ELSE、WITH-SELECT 语句。

(2) 在设计全加器时，除了可以直接用门电路组成全加器外，还可以用半加器组成，请用原理图法设计基于半加器作为基本模块单元元件的全加器。

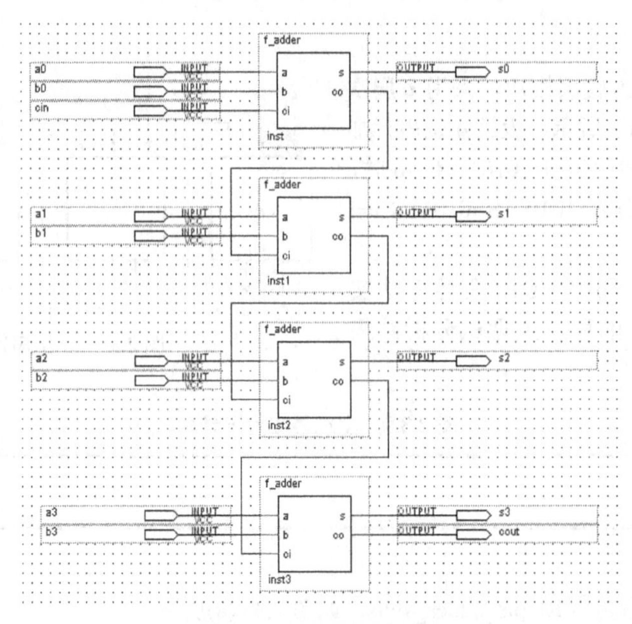

图 2.3.7　绘制电路图

六、实验报告要求

1．写出设计思想、程序并进行分析。

2．画出仿真波形，并分析仿真结果。

3．写出本次实验解决的问题及实验收获。

七、实验思考题

1．修改二选一数据选择器程序，完成其设计。

x、y 为待选择的信号（一位信号），s 为选择信号，m 为输出信号（一位信号）；实体名称为 sel2；rav 为结构体名称。如果 s=1，则输出 m=y；如果 s=0，则输出 m=x。

完整的 VHDL 程序如下：

```
LIBRARY ieee;
USE ieee.std_logic_1164.all;
ENTITY sel2 IS
        PORT(x,y,s: in std_logic;
             m: out std_logic);
END sel2;
ARCHITECTURE rav OF sel2 IS
  BEGIN
        m<=x WHEN s='0' ELSE y;
  END  rav;
```

2．在上题的基础上设计实现 8 位二选一多路选择器，需要 8 个赋值语句。该多路选择器的输入为 X 和 Y，都是 8 位宽，输出 M 也为 8 位宽。如果 s=0，M=X；如果 s=1，则 M=Y。

3．利用 VHDL 语言设计八选一数据选择器 74151。

4．判断以下程序中是否有错误，若有，则指出错误所在，并给出完整程序。

```
SIGNAL A,EN:std_logic;
…
PROCESS(A, EN)
   VARIABLE B:std_log ic;
   BEGIN
IF EN=1 THEN  B<=A;  END IF;
END PROCESS;
```

2.4　VHDL 语言设计复杂组合电路实验

一、实验目的

1. 掌握 Quartus II 的多层次设计方法。
2. 利用 VHDL 语言设计实现温度、烟感检测报警电路。
3. 熟悉 VHDL 编程或原理图法。
4. 掌握用 VHDL 语言设计实现一个七段数码管等应用电路。
5. 学会使用 Quartus II 进行编译、仿真、锁定引脚、下载，掌握整个 FPGA 设计流程。

二、实验预习要求

1. 预习 VHDL 语言描述方法。
2. 预习七段数码管的原理和结构，掌握其功能和使用方法。
3. 详细了解 CASE 语句和 IF 语句在分支结构描述中的区别和要点。
4. 学习多层次设计方法和步骤。
5. 根据实验内容要求，拟定合理的具体实施方案，设计电路并编写程序代码，画出原理框图。
6. 预习思考题

（1）如何将常用逻辑器件创建为模块符号？
（2）比较 std_logic 数据类型与 std_logic_vector 数据类型的异同，分析串行语句和并行语句的异同。
（3）共阳极数码管结构的特点是什么？共阳极数码管与共阴极数码管在使用上有哪些不同之处？
（4）一个八段数码管可以产生多少种字符？
（5）if 语句后表示判断关系可用 en=‘0’实现吗？
（6）如何确定 DE2 开发板上的七段数码管是共阴极数码管还是共阳极数码管？

三、实验原理

1. 七段数码管的工作原理

如图 2.4.1 所示，七段数码管就是将 7 个发光二极管（加小数点为 8 个）按一定的方式排列起来，a、b、c、d、e、f、g（小数点 DP）各对应一个发光二极管，利用不同发光段的组合，显示不同的阿拉伯数字。

按内部连接方式的不同，七段数码管分为共阴极和共阳极两种，如图 2.4.2 所示。如数码管为如图 2.4.2(a)所示的共阳极数码管，则当显示数字 2 时，需要使 a、b、g、e、d 各段为数值 0，其余为 1 即可。

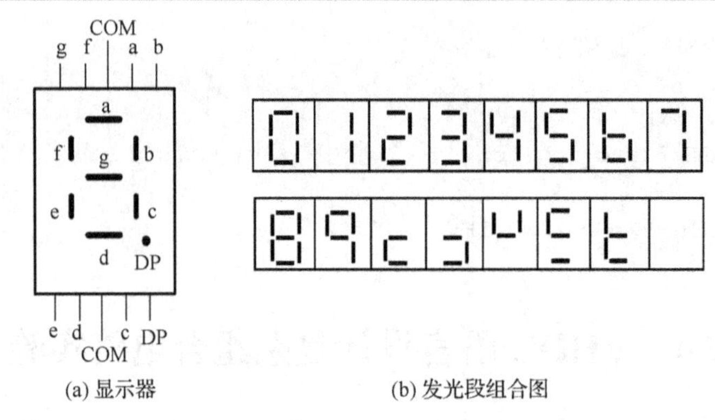

(a) 显示器　　(b) 发光段组合图

图 2.4.1　七段数码管显示器及发光段组合图

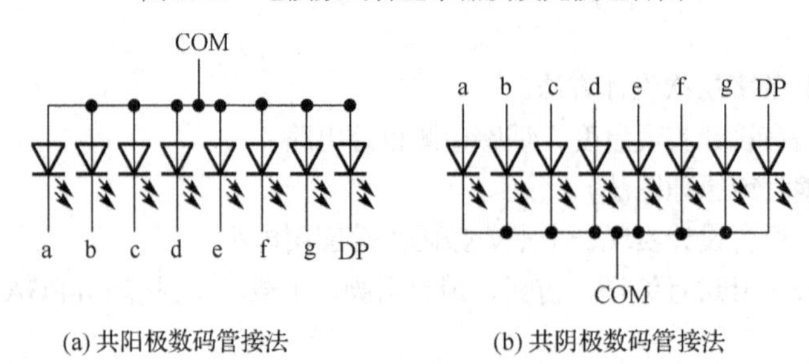

(a) 共阳极数码管接法　　(b) 共阴极数码管接法

图 2.4.2　七段数码管的内部接法

2．4 线-七段显示译码器

4 线-七段显示译码器（共阳极）的真值表如表 2.4.1 所示，电路符号如图 2.4.3 所示。当输入 0000～1001 数值时，译码后的输出值可控制数码管分别显示数字 0～9。

表 2.4.1　BCD 七段显示译码器真值表

输　入					输　出							
数字	A3	A2	A1	A0	Ya	Yb	Yc	Yd	Ye	Yf	Yg	字形
0	0	0	0	0	0	0	0	0	0	0	1	0
1	0	0	0	1	1	0	0	1	1	1	1	1
2	0	0	1	0	0	0	1	0	0	1	0	2
3	0	0	1	1	0	0	0	0	1	1	0	3
4	0	1	0	0	1	0	0	1	1	0	0	4
5	0	1	0	1	0	1	0	0	1	0	0	5
6	0	1	1	0	0	1	0	0	0	0	0	6
7	0	1	1	1	0	0	0	1	1	1	1	7
8	1	0	0	0	0	0	0	0	0	0	0	8
9	1	0	0	1	0	0	0	1	1	0	0	9

【例 2.4.1】　七段显示译码器源程序。

```
LIBRARY ieee;
USE ieee.std_logic_1164.all;
ENTITY qdym IS
PORT(a:in std_logic_vector(3 downto 0);
y:out std_logic_vector(6 downto 0));
```

```
END qdym;
ARCHITECTURE rtl OF qdym IS
BEGIN
  PROCESS(a)
  BEGIN
    CASE a IS
      WHEN "0000"=>Y<="1000000";
      WHEN "0001"=>Y<="1111001";
      WHEN "0010"=>Y<="0100100";
      WHEN "0011"=>Y<="0110000";
      WHEN "0100"=>Y<="0011001";
      WHEN "0101"=>Y<="0010010";
      WHEN "0110"=>Y<="0000010";
      WHEN "0111"=>Y<="1011000";
      WHEN "1000"=>Y<="0000000";
      WHEN "1001"=>Y<="0010000";
      WHEN  OTHERS =>Y<="0010000";
    END CASE;
  END PROCESS;
END rtl;
```

3. 组合逻辑电路的设计方法和步骤

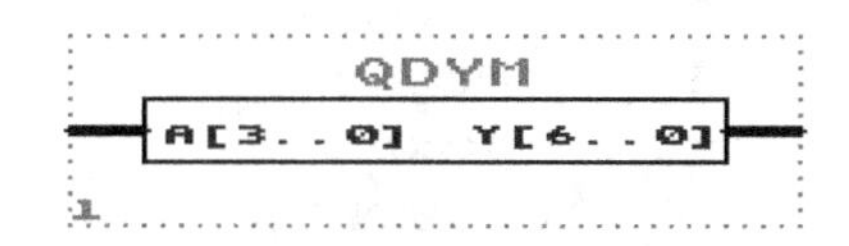

图 2.4.3　七段显示译码器的电路符号

组合逻辑电路的设计是根据给定的逻辑问题，设计出能实现其逻辑功能的电路。用小规模集成电路设计组合逻辑电路，最终的要求是画出实现逻辑功能的逻辑图。用逻辑门实现组合逻辑电路，最终的要求是使用的芯片最少，连线最少。

组合逻辑电路的一般设计步骤如下。

（1）分析设计任务，确定输入变量和输出变量，找出输出与输入之间的因果关系。

（2）列真值表：将输出和输入之间的关系列成真值表。如果有多个输入变量，真值表的输入部分应列入所有输入变量的全部取值组合，输出变量的取值与每组输入的取值一一对应。若输入变量数为 n，那么真值表有 2^n 行排列。

（3）由真值表写出逻辑表达式。

（4）求最简逻辑表达式：用代数法或卡诺图法化简逻辑函数，求出最简逻辑函数表达式。

（5）画逻辑图：根据最简逻辑函数表达式，画出逻辑图。

逻辑表达式的化简过程是组合逻辑电路设计的关键，关系到电路组成是否最佳，以及所使用的逻辑门的数量是否最少。由于逻辑表达式不是唯一的，因此需要从实际出发，结合手中所有的逻辑门种类，将简化的表达式进行改写，以实现逻辑功能。上述步骤是指一般原理性逻辑设计的过程，而实际逻辑设计工作，还包括选定集成电路芯片、绘制布局图、定时分析、工艺设计、安装、调试等内容。

4. 分频器的设计

脉冲的频率是单位时间内产生的脉冲个数，其表达式为 $f = N / T$ 。DE2 开发板上提供的是 50MHz，而在本书实验中通常使用 1Hz、5Hz 频率，因此需要用 VHDL 语言编写设计一个分频器，获得所需频率的时钟信号。

分频器的设计通常有两种方法，一种通过 IF 语句，脉冲正半周和负半周的叠加实现，如例 2.4.2 所示。

程序中使用了IF-THEN和进程语句，具体内容请参考本书第3章。

【例2.4.2】 分频器源程序。

```
LIBRARY ieee;
USE ieee.std_logic_1164.all;
ENTYTY fen IS
  PORT(clk:in std_logic;
       q: out std_logic);
END fen;
ARCHITECTURE fen_arc OF fen IS
BEGIN
  PROCESS(clk)
  VARIABLE cnt: integer range 0 to 24999999;
  VARIABLE x: std_logic;
  BEGIN
     IF  clk'event AND clk = '1'  THEN
         IF cnt<24999999 THEN
             cnt:=cnt+1;
         ELSE
             cnt:=0;
             x:= NOT x;
         END IF;
     END IF;
     q<=x;
  END PROCESS;
END fen_arc;
```

另一种方法是使用2.7节介绍的计数器实现分频器，计数器所记录的结果就是被测信号的频率。如在1s内记录1000个脉冲，则被测信号的频率为1000Hz。在已有的4位二进制计数器的基础上正确修改其计数最大值（计数器的模）即可。50MHz 分频成为 1Hz 需要使用 32 位计数器，因为 $2^{32} \approx 5\,000\,000\,000$。

四、实验设备与器件

实验器材	数量
DE2 开发板	1

五、实验内容及步骤

1. 基础性实验

（1）在QuartusⅡ环境下，编辑、编译4线–七段显示译码器的qdym.vhd程序文件，利用DE2开发板对上述程序进行编程下载，观察实验现象。

（2）用VHDL语言设计三人表决电路。请将实验中编写的程序及调试分析结果记录在表2.4.2中。

（3）用VHDL语言设计温度、烟感检测报警电路。要求在黑夜、环境温度大于60℃或者检测到浓烟时则报警。请将实验中编写的程序及调试分析结果记录在表2.4.3中。

（4）在QuartusⅡ环境下，编辑设计分频器程序文件，将DE2开发板上提供的50MHz频率分成1Hz、5Hz两种频率，对上述程序进行编程下载，输出接LED，观察实验现象。

表 2.4.2　三人表决器实验记录表

<table>
<tr><td>逻辑电路设计（真值表、最小项之和表达式、卡诺图、最简与或式）</td><td></td></tr>
<tr><td>程序代码实现</td><td>LIBRARY ieee;
USE ieee.std_logic_1164.all;

ENTITY　　　IS
PORT (<br>);
END ;
ARCHITECTURE　　　OF　　　IS
BEGIN

END;</td></tr>
<tr><td>调试并分析结果</td><td></td></tr>
</table>

表 2.4.3　温度、烟感检测报警电路实验记录表

<table>
<tr><td>逻辑电路设计（真值表、最小项之和表达式、卡诺图、最简与或式）</td><td></td></tr>
<tr><td>程序代码实现</td><td>LIBRARY ieee;
USE ieee.std_logic_1164.all;

ENTITY　　　IS
PORT (<br>);
END ;
ARCHITECTURE　　　OF　　　IS
BEGIN

END;</td></tr>
<tr><td>调试并分析结果</td><td></td></tr>
</table>

2．设计性实验

（1）如图 2.4.4 所示，设计一个七段译码器来显示单个字符。三位输入 C_2、C_1、C_0，7 位输出用于在七段数码管上显示字符。七段数码管是共阳极的，表 2.4.4 所示为三位输入的值与显示字符的关系，如当 $C_2C_1C_0$=000 时，数码管显示 V，若 $C_2C_1C_0$=001 时，数码管显示 H。其中，当 $C_2C_1C_0$ 为 100～111 时，不显示字符。用波段开关 SW_2～SW_0 作为输入 $C_2C_1C_0$，输出接七段数码管 HEX0 显示。将实验中编写的程序及调试分析结果记录在表 2.4.5 中。

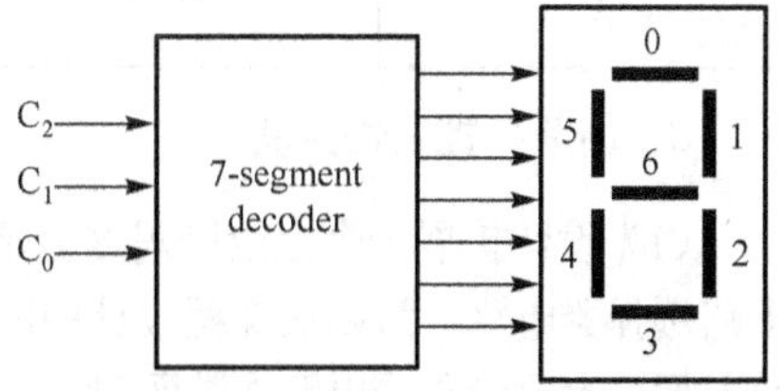

图 2.4.4　七段译码器显示字符电路

难点指导：可以利用 PROCESS( )语句和 CASE 语句设计实现七段译码显示，参照实验原理中的 4 线-七段显示译码器，改为 3 线-七段显示译码器。再对应将显示值进行二进制码设计。DE2 板上的数码管为共阳极，即当数码管 0～7 引脚赋值 0 时，该段亮，否则该段灭。

表 2.4.4　三位输入的值与显示字符的关系

$C_2C_1C_0$	字　符	数码管对应引脚输入 6543210
000	V	1000001
001	H	0001001
010	D	1000000
011	L	1000111
100		
101		
110		
111		

表 2.4.5　实验记录表

程序代码实现	LIBRARY ieee;
	USE ieee.std_logic_1164.all;
	
	ENTITY 　　IS
	PORT (
	);
	END ;
	ARCHITECTURE 　　OF 　　IS
	BEGIN
	END;

调试并分析结果	

（2）设计一个 8 位二进制奇偶校验电路。将实验中编写的程序及调试分析结果记录在表 2.4.6 中。

表 2.4.6　实验记录表

程序代码实现	LIBRARY ieee;
	USE ieee.std_logic_1164.all;
	
	ENTITY 　　IS
	PORT (
	);
	END ;
	ARCHITECTURE 　　OF 　　IS
	BEGIN
	
	END;

调试并分析结果	

3．创新与提高性实验

（1）设计扩展一个七段译码器显示电路来显示单个字符，如图 2.4.5 所示，增加一个三位五选一多路选择器电路，为以后课程设计中的数码管动态显示做准备。分别从输入的 5 个字符中选择一个字符并通过七段译码器电路在数码管上显示 V、H、D、L 和空格中的任一字符。将 SW14～SW0 分为 5 组，分别代表 V、H、D、L 和空格等 5 个字符，用三个开关不同的设置状态来选择要显示的字符。例如，000—V；001—H；010—D；请将实验中编写的程序及调试分析结果记录在表 2.4.7 中。

难点指导：此实验可利用多层次设计，先创建一个 led 工程，即 Top-level Name 为 led，再创建五选一多路选择器电路和本实验的实验内容及步骤中的基础性实验(1)设计的七段数码管两个功能模块，新建 led.bdf 原理图文件，调用以上两个模块连接，编译实现。表中用元件例化语句实现相同功能。

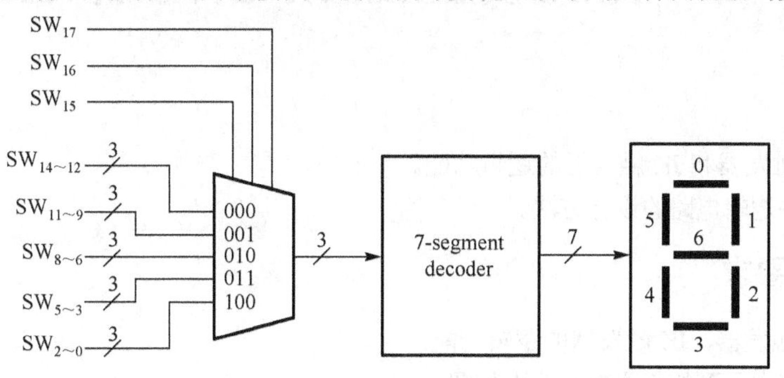

图 2.4.5　七段译码器显示电路

表 2.4.7　七段译码器显示电路实验记录表

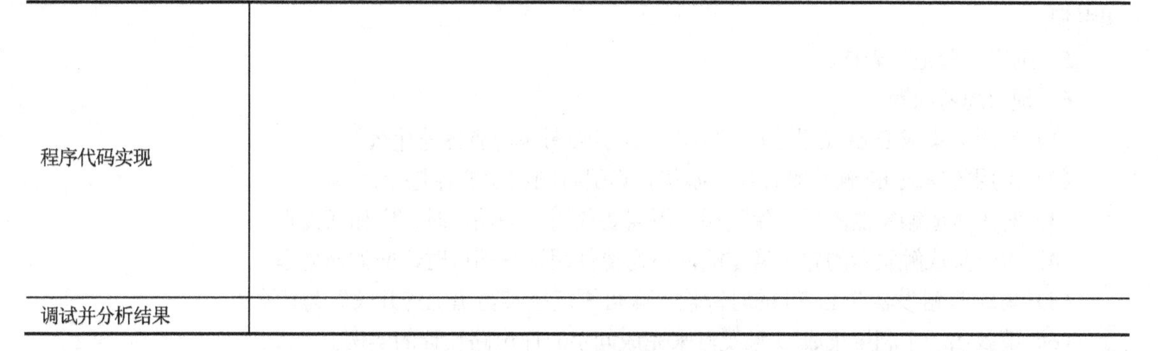

程序代码实现	
调试并分析结果	

（2）修改三人表决电路规则：表决电路由一名主裁判和三名副裁判来决定比赛成绩，在主裁判都同意或者三名副裁判中多数同意的情况下，比赛成绩被承认。用 VHDL 语言设计实现。

六、实验报告要求

1. 写出设计思想、程序并进行分析。
2. 画出仿真波形，并分析仿真结果。
3. 写出本次实验解决的问题及实验收获。

七、实验思考题

1. 设计一个四舍五入判别电路，其输入为 8421BCD 码，要求当输入大于或等于 5 时，判别电路输出为 1，反之为 0。

2. 设计 4 个开关控制一盏灯的逻辑电路，要求闭合任一开关，灯亮；断开任一开关，灯灭（即任一开关的合断改变原来灯亮灭的状态）。

3. 设计一个优先权排队电路，其框图如下。

排队顺序：

A=1　最高优先级

B=1　次高优先级

C=1　最低优先级

要求输出端最高只能有一端为“1”，即只能是优先级较高的输入端所对应的输出端为“1”。

2.5 利用触发器设计时序逻辑电路实验

一、实验目的

1．熟悉D触发器和JK触发器的逻辑功能。

2．掌握时序逻辑电路的设计方法。

二、实验预习要求

1．理解D触发器、JK触发器的逻辑功能。

2．熟悉实验中用到的集成电路的引脚图。

3．认真查阅、熟悉实验中用到的集成电路的功能表和引脚图。

4．根据实验内容要求画出设计电路图，拟定合理的具体实施方案，并标注所用集成电路的型号和引脚。

5．画出实验记录表格。

6．预习思考问题

（1）常用的集成D触发器芯片有哪些？其引脚图和功能各是什么？

（2）常用的集成JK触发器芯片有哪些？其引脚图和功能各是什么？

（3）对于集成触发器的异步置数端，不需要使用这些端口时，应如何处理？

（4）对于集成触发器的异步清零端，不需要使用这些端口时，应如何处理？

（5）集成D触发器74LS74的时钟输入端可否连接实验箱上的开关？为什么？

（6）请找出一个利用集成D触发器来完成同步时序电路设计的实例。

（7）请找出一个利用集成JK触发器来完成同步时序电路设计的实例。

三、实验原理

1．D触发器

D触发器的逻辑功能是在时钟脉冲的有效边沿，将数据 D 传递给状态输出端 Q，特性方程是 $Q^{n+1}=D$，其中 Q^{n+1} 是触发器的次态，D 是触发器的数据输入信号。上升沿D触发器的逻辑符号和真值表如图2.5.1所示。

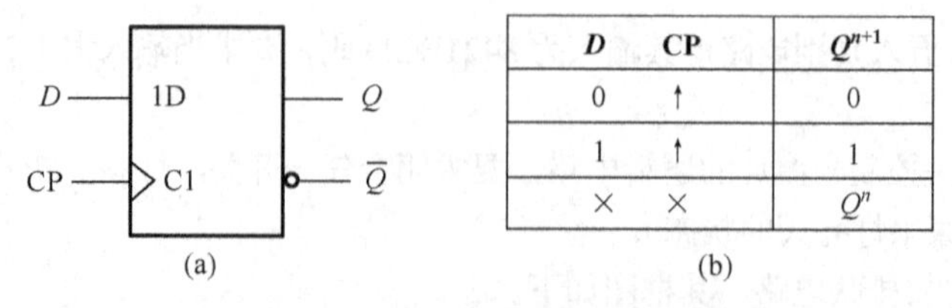

D	CP	Q^{n+1}
0	↑	0
1	↑	1
×	×	Q^n

图2.5.1　D触发器的逻辑符号和真值表

2．JK触发器

JK触发器的逻辑功能是在时钟脉冲的有效边沿进行状态翻转，翻转方向取决于时钟脉冲有效边沿到来前瞬间的输入信号 J、K 的值，特性方程是 $Q^{n+1}=J\overline{Q^n}+\overline{K}Q^n$，其中，$Q^{n+1}$ 是触发器的次态，Q^n

是触发器的现态。下降沿触发的 JK 触发器的逻辑符号和真值表如图 2.5.2 所示。从真值表可以看出，JK 触发器在 J=K=0 时，状态保持不变；在 J=0、K=1 时具有置 0 功能；在 J=1、K=0 时具有置 1 功能；在 J=K=1 时具有翻转功能。

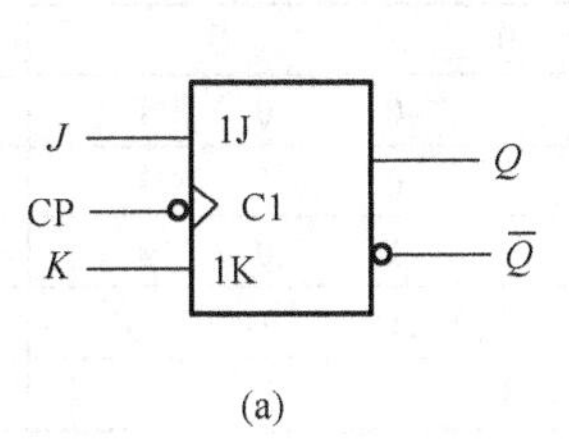

(a)

J	K	CP	Q^{n+1}	功能
0	0	↓	Q^n	保持
0	1	↓	0	置0
1	0	↓	1	置1
1	1	↓	$\overline{Q^n}$	翻转

(b)

图 2.5.2　JK 触发器的逻辑符号和真值表

四、实验设备与器件

实验器件	数　量	实验器件	数　量
数字逻辑电路实验仪	1	74LS112	1
74LS74	1	74LS175	1
74LS00	1	74LS86	1
74LS32	1	74LS11	1
74LS08	1	74LS04	1
74LS02	1		

其中，双 D 触发器 74LS74、双 JK 触发器 74LS112、74LS175 的外部引脚图如图 2.5.3(a)、(b)、(c) 所示（用阿拉伯数字 1 和 2 区别两个不同的触发器）。

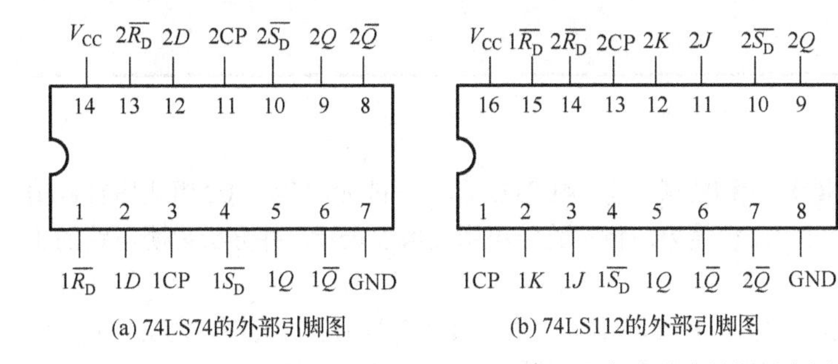

(a) 74LS74的外部引脚图　(b) 74LS112的外部引脚图

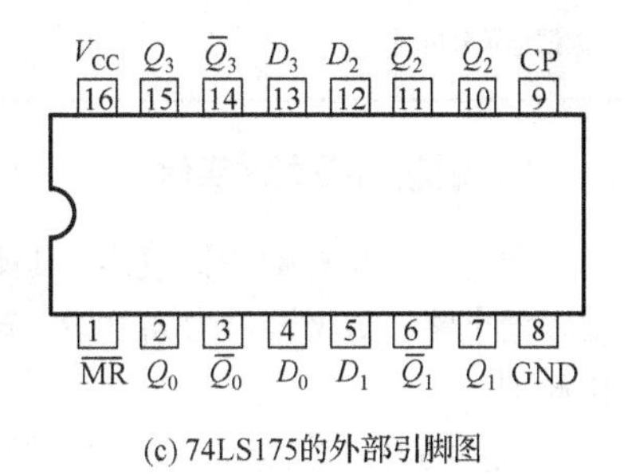

(c) 74LS175的外部引脚图

图 2.5.3　集成芯片外部引脚图

五、实验步骤

1．基础性实验

（1）参照表 2.5.1 验证 74LS74 的逻辑功能，参照表 2.5.2 验证 74LS112 的逻辑功能。特别需要注意，当 D 端接高电平（即 $D=1$）时，分析记录 CP 分别为 0、1、上升沿和下降沿时 Q 端的变化，从而理解 D 触发器的触发方式为上升沿触发。

2．设计性实验

（1）利用 72LS175（四触发器芯片）和逻辑门电路设计一个 4 路抢答器电路。具体要求：有复位功能；任何一路抢答成功，都有相应的 LED 指示灯显示；确定时钟脉冲的最佳工作频率。请将实验数据及其分析填写在表 2.5.3 中。

表 2.5.1 验证 74LS74 的逻辑功能

$\overline{R_D}$	$\overline{S_D}$	D	CP	Q	$\overline{Q}$
0	1	×			
1	0	×			
1	1	1	0		
1	1	1	1		
1	1	1	↓		
1	1	1	↑		
1	1	0	↑		
1	1	0	↓		

表 2.5.2 验证 74LS112 的逻辑功能

$\overline{R_D}$	$\overline{S_D}$	J	K	CP	Q	$\overline{Q}$
0	1	×				
1	0	×				
1	1	0	0	↓		
1	1	0	1	↓		
1	1	1	0	↓		
1	1	1	1	↓		
1	1	×	1			

表 2.5.3 实验记录表

实验电路设计	
数据记录分析	

（2）从实验室提供的芯片中选择合适的触发器类型，自行设计一个具有特定功能的同步时序逻辑电路。请将实验数据及其分析填写在表 2.5.4 中。

表 2.5.4 实验记录表

实验电路设计	
数据记录分析	

3. 创新与提高性实验

设计一个串行数值比较器。具体要求：用 JK 触发器 74LS112 和一片或非门 74LS02 组成串行数值比较器电路。数据输入为 A_i 和 B_i，输出为比较结果。将实验结果用真值表表示，并分析说明电路的工作原理。

难点指导：若 $A_i=B_i$，$Q_2=1$，数据可逐位串行比较下去，直至 $A_i \neq B_i$ 时为止。此时，若 $A_i > B_i$，则 $Q_1=1$，若 $A_i < B_i$，则 $Q_3=1$。通过清零后再进行比较。时钟用单次脉冲，比较结果 Q_1、Q_2、Q_3 用 LED 指示灯显示。

六、实验报告要求

1. 总结 74LS74、74LS112 的逻辑功能，注意异步输入信号的使用方法。
2. 总结 D 触发器和 JK 触发器逻辑功能的不同之处，体会在实际的设计任务中如何选择触发器类型。
3. 画出设计性实验中所需的电路图，并记录、分析实验数据。

七、实验思考题

1. 在同步时序逻辑电路的设计中，集成触发器的异步输入端和不用的输入端应如何处理？
2. 同步时序逻辑电路的次态和现态在时序上是什么关系？
3. 同步计数器中的“同步”是指控制信号与什么信号同步？

2.6　利用中规模集成电路设计时序逻辑电路实验

一、实验目的

1．熟悉中规模集成计数器 74×163、集成移位寄存器 74×194 的逻辑功能。

2．掌握用 74×163 和逻辑门实现可变模数计数器的方法。

3．掌握用 74×194 设计环形计数器和扭环形计数器的方法。

二、实验预习要求

1．理解 74×163 和 74×194 的逻辑功能。

2．熟悉实验中用到的集成电路的引脚图。

3．根据实验内容要求拟定合理的具体实施方案，画出设计电路图，并标注所采用集成电路的型号和引脚。

4．画出实验记录表格。

5．预习思考问题

（1）74LS163 可用来实现什么电路？

（2）理论课中学习的 74LS161 的异步清零端和实验中使用的 74LS163 的同步清零端有何区别？

（3）时钟信号频率保持不变，将信号幅度减小，分析计数器能否正常工作。

（4）什么是自启动？如何校验电路能否自启动？

（5）74×194 的清零端是异步清零端，此处“异步”的含义是什么？

（6）74×194 的 S_1、S_0 起什么作用？D_{SR}、D_{SL} 的作用是什么？D、C、B、A 的作用是什么？

（7）74LS194 可用来实现什么电路？

三、实验原理

1．集成计数器及其应用

计数器是数字系统中广泛应用的时序逻辑电路之一，基本功能是利用自身状态对输入脉冲信号进行计数。集成同步 4 位二进制加计数器 74×163 的逻辑符号和功能表如图 2.6.1 所示。

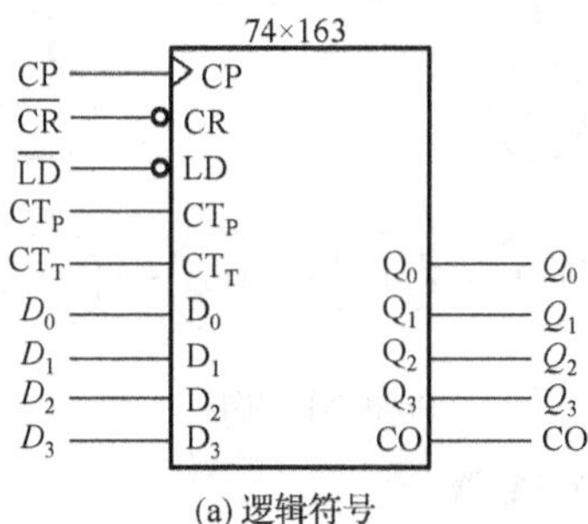

(a) 逻辑符号

CP	$\overline{CR}$	$\overline{LD}$	CT_P	CT_T	功能
↑	L	ϕ	ϕ	ϕ	同步清零
↑	H	L	ϕ	ϕ	同步预置
ϕ	H	H	L	ϕ	保持
ϕ	H	H	ϕ	L	保持CO = 0
↑	H	H	H	H	加一计数

(b) 功能表

图 2.6.1　集成同步 4 位计数器 74×163

74×163 的各端口信号说明如下。

CP：时钟脉冲输入端；$\overline{CR}$：同步清零端，低电平有效；$\overline{LD}$：同步预置端，低电平有效；CT_P、CT_T：计数控制端，高电平有效；D_3～D_0：预置数据输入端；Q_3～Q_0：状态输出端；CO：进位输出端。

由图 2.6.1(b)所示的功能表可以看出，当$\overline{CR}=\overline{LD}=CT_P=CT_T$=H 时，计数器进行加一计数：0000→0001→0010→0011→0100→0101→0110→0111→1000→1001→1010→1011→1100→1101→1110→1111→0000→……图 2.6.2 所示为 74×163 的时序图，由该图可以看出：状态 Q_0 输出频率是 CP 脉冲的二分频，Q_1 输出频率是 CP 脉冲的四分频，Q_2 输出频率是 CP 脉冲的八分频，Q_3 输出频率是 CP 脉冲的十六分频。

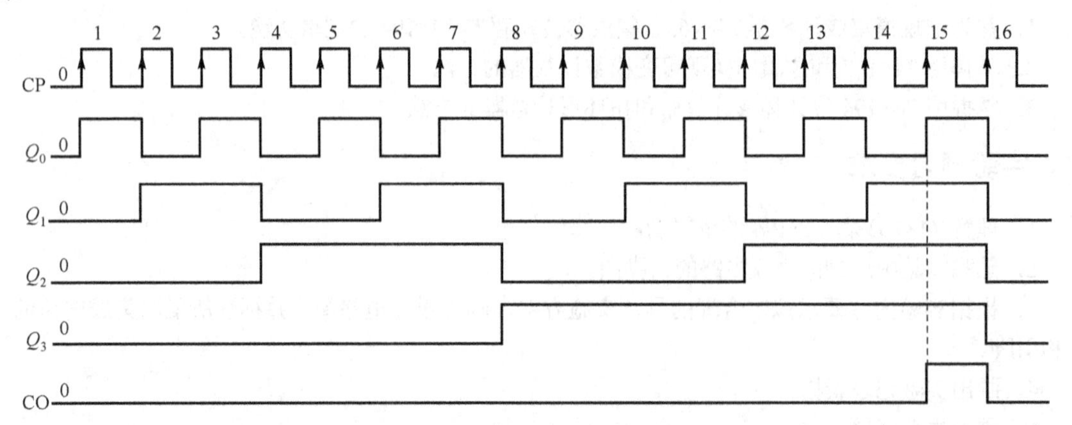

图 2.6.2　计数器 74×163 的时序图

在常见的集成计数器中，与 74×163 功能类似的还有 74×161，74×161 也是二进制计数器，两者的芯片引出端完全相同，区别在于：74×163 是同步清零，而 74×161 是异步清零。

通过外接控制电路，可用 74×163 实现任意模数 M（M<16）的计数器电路。有两种方法：一是利用 74×163 的预置端和与非门实现；二是利用 74×163 的清零端和与非门实现。

（1）利用预置端实现任意模数 M（M<16）的计数器电路

图 2.6.3(a)所示电路利用 74×163 的进位输出端 CO，通过一个非门产生负脉冲，使预置信号$\overline{LD}$有效。当 CP 时钟上升沿到来时，将 D 端预置数 0110 存入计数器，强制计数器状态转换到 0110，该计数器电路的状态转移图如图 2.6.3(b)所示，由状态转移图可以看出，该电路的计数模数为 10，实现了十进制计数。

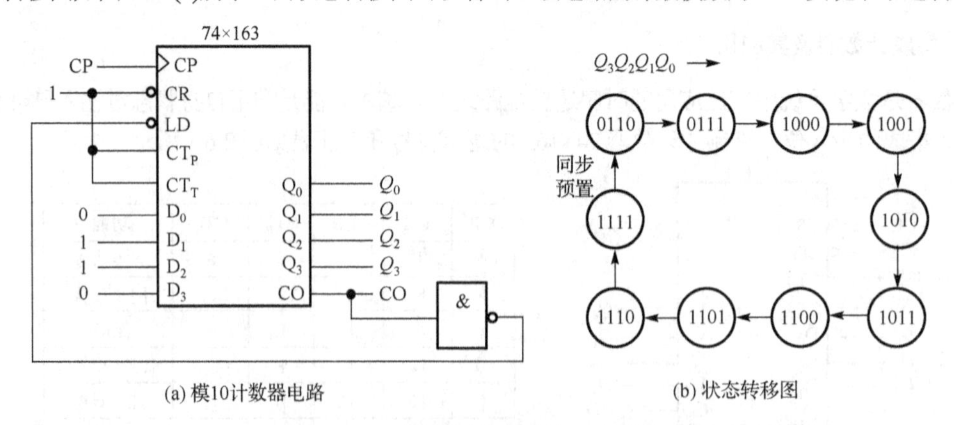

图 2.6.3　利用预置端实现模 10 计数器

（2）利用清零端实现任意模数 M（M<16）的计数器电路

如图 2.6.4(a)所示电路，通过一个与非门对计数循环状态 $Q_3Q_2Q_1Q_0$=1001 译码，即当 Q_3=1、Q_0=1 时，产生一个负脉冲接到计数器的清零端$\overline{CR}$，强制各触发器同步复位为 0。该计数器电路的状态转移图如图 2.6.4(b)所示。由状态转移图可以看出，该计数器可实现模 10 计数。

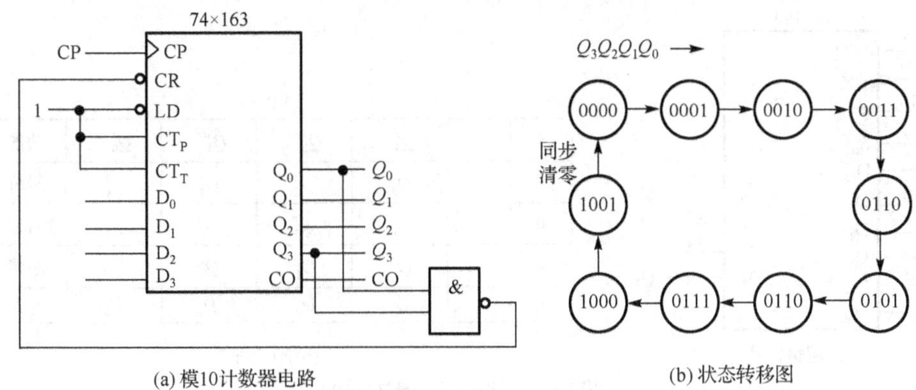

(a) 模10计数器电路　　(b) 状态转移图

图 2.6.4　用清零端实现模 10 计数器

如果计数模值大于 16，则需要多片 74×163 级联。图 2.6.5 所示为模数为 218 的计数器电路。因为 $2^4<218<2^8$，所以要实现模 218 计数器，需要两片 74×163 级联。低位芯片的 CO 端连接到高位芯片的 CT_P 和 CT_T 端，高位芯片的 CO 为整个计数器的进位输出。两片芯片组成的计数器的模数为 2^8=256，而要实现的模数为 218，两者之差 256–218=38，转换为十六进制为 26H，即低位芯片预置数为 0110、高位芯片预置数为 0010，如图 2.6.5 所示。当计数器计数到 255 时，高位芯片的 CO 端产生进位脉冲，经非门反相后送给各芯片预置端 $\overline{LD}$，将预置数存入计数器，计数器从 00100110 开始依次加 1，直到 111111111，然后下一次循环又从 00100110 开始。

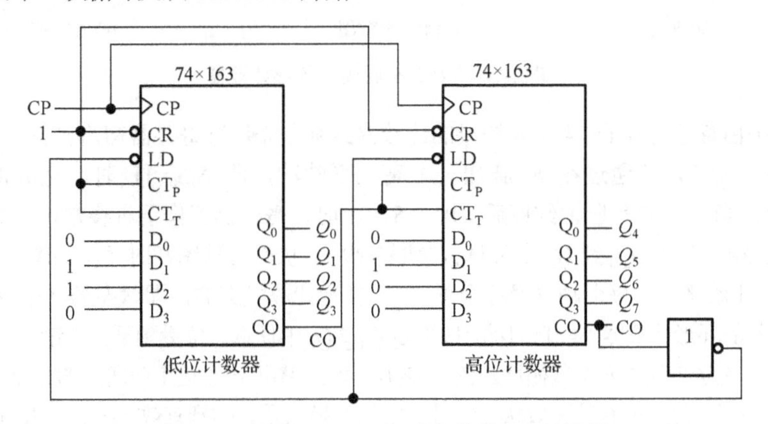

图 2.6.5　两片 74×163 级联实现模 218 计数器

2．集成寄存器及其应用

寄存器是另一种主要的时序逻辑器件，也是由一组触发器构成的。

集成移位寄存器 74×194 是一种典型的寄存器，它具有左移、右移、并入和保持 4 种功能，其逻辑符号和功能表如图 2.6.6 所示。

74×194 有两个控制信号 S_1 和 S_0，由这两个信号的 4 组取值组合 00、01、10、11 控制电路分别完成保持、右移、左移和并入 4 种逻辑功能，如图 2.6.6(b)功能表所示。D_{SR} 为右移串行数据输入端，D_{SL} 为左移串行数据输入端。

以下介绍 74×194 两方面的应用：一是环形计数器；二是扭环形计数器。

（1）环形计数器

由 74×194 构成的环形计数器电路如图 2.6.7(a)所示，最下侧触发器的 Q_3 端连接到寄存器最左侧的右移串行数据输入端 D_{SR}，因此称为“环形”计数器。

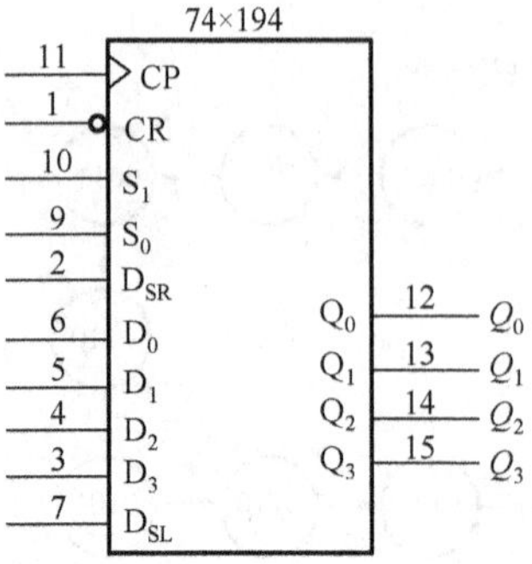

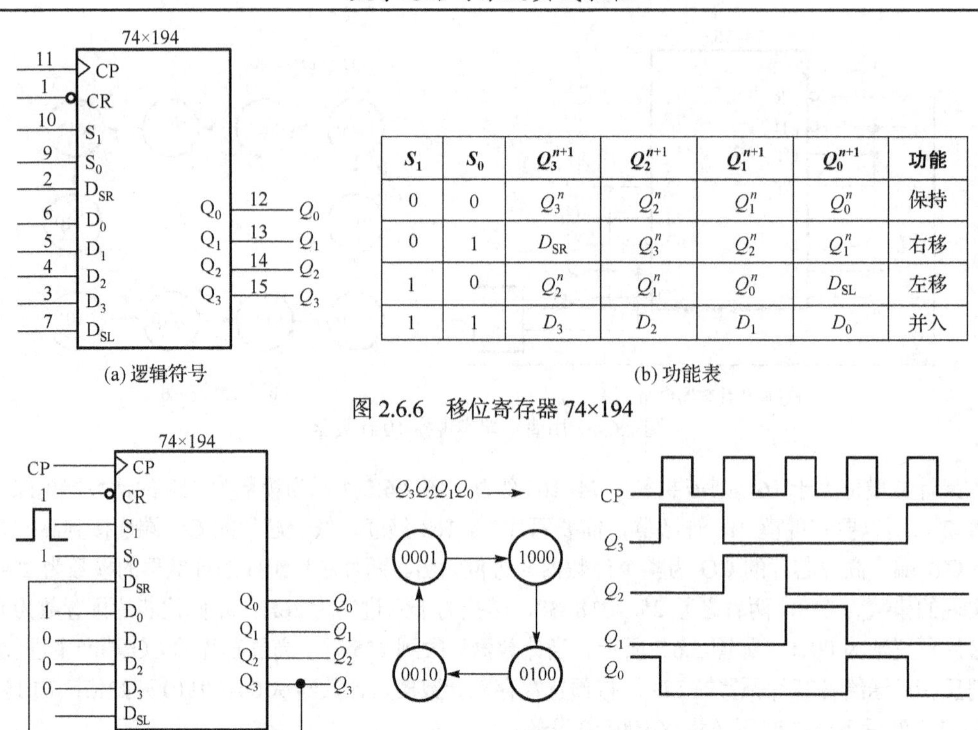

(a) 逻辑符号

S_1	S_0	Q_3^{n+1}	Q_2^{n+1}	Q_1^{n+1}	Q_0^{n+1}	功能
0	0	Q_3^n	Q_2^n	Q_1^n	Q_0^n	保持
0	1	D_{SR}	Q_3^n	Q_2^n	Q_1^n	右移
1	0	Q_2^n	Q_1^n	Q_0^n	D_{SL}	左移
1	1	D_3	D_2	D_1	D_0	并入

(b) 功能表

图 2.6.6　移位寄存器 74×194

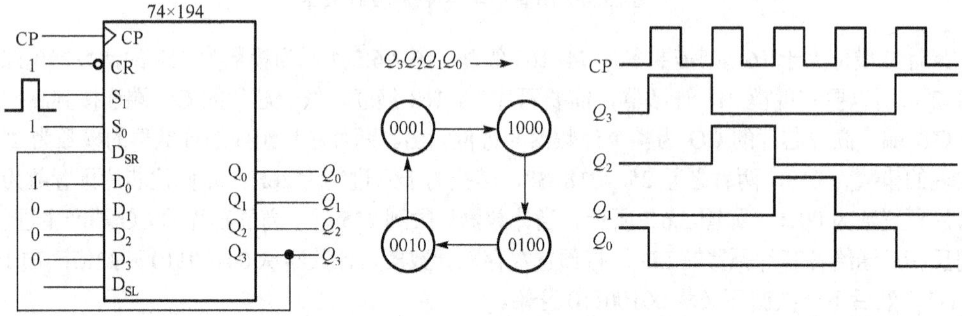

(a) 电路图　　(b) 状态转移图　　(c) 时序图

图 2.6.7　74×194 连接成环形计数器

图 2.6.7(a)中由移位寄存器 74×194 构成的计数器必须预先进行寄存器初始状态的设置：电路预置 $D_3D_2D_1D_0$=0001，S_0=1，并通过在 S_1 施加一个高电平脉冲，即 S_1S_0=11 时，完成寄存器并行写入 $Q_3Q_2Q_1Q_0$=0001。当 S_1 高电平脉冲结束后，即 S_1S_0=01 时，寄存器工作于右移方式，寄存器中的“1”随着时钟 CP 逐位右移，经 Q_0 到 Q_3 移入 D_{SR}，往复循环。状态转移图和时序图如图 2.6.7(b)、(c)所示。可以看出：环形计数器是以每个触发器逐个置“1”表示计数状态的，即状态循环中仅有单个“1”。

图 2.6.7 所示的环形计数器不能自启动，如果 $Q_0Q_1Q_2Q_3$ 中任意一位受到干扰出错，将使得计数器进入无效状态循环中，无法重新进入有效循环。图 2.6.8 所示状态图说明了这个问题。图 2.6.9 所示为具有自启动能力的环形计数器，能使所有的无效状态经过一定的变换后重新回到有效状态。读者可自行分析。

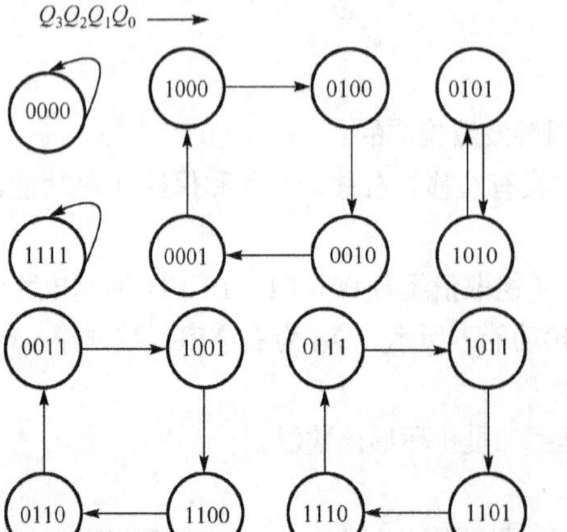

图 2.6.8　不能自启动的环形计数器的状态图

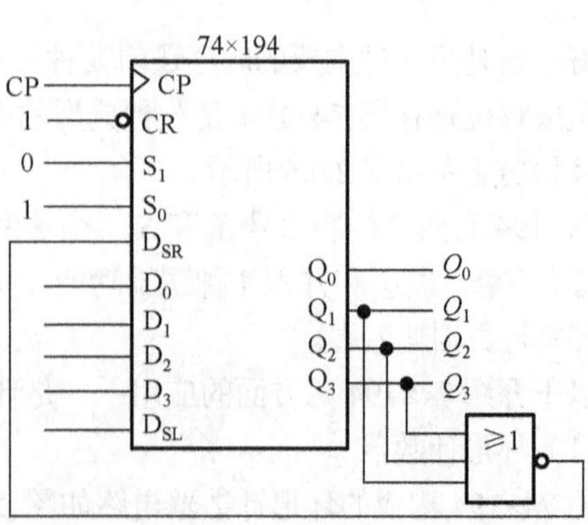

图 2.6.9　能够自启动的环形计数器

（2）扭环形计数器

由 74×194 构成的扭环形计数器如图 2.6.10(a)所示。与上述环形计数器不同的是，连接到 D_{SR} 的是 $\overline{Q_0}$，而不是 Q_0，与环形计数器相比好像环路“扭”了一下，因此称为“扭环形”计数器。

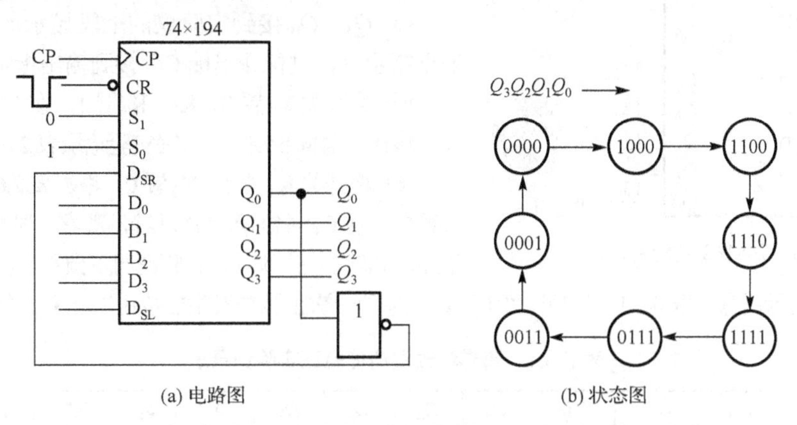

(a) 电路图　　(b) 状态图

图 2.6.10　74×194 连接成扭环形计数器

扭环形计数器在开始计数之前，可通过异步清零端预先设置电路初始状态为“0000”，其状态图如图 2.6.10(b)所示。该计数器无法自启动，可采取与环形计数器相同的方法进行改进。

四、实验设备与器件

实验器件	数　量	实验器件	数　量
数字逻辑电路实验仪	1	74LS163	2
74LS194	1	74LS86	1
74LS32	1	74LS11	1
74LS08	1	74LS04	1
74LS02	1	74LS00	1

74LS163 的外部引脚图如图 2.6.11 所示。74LS194 的外部引脚图如图 2.6.12 所示。

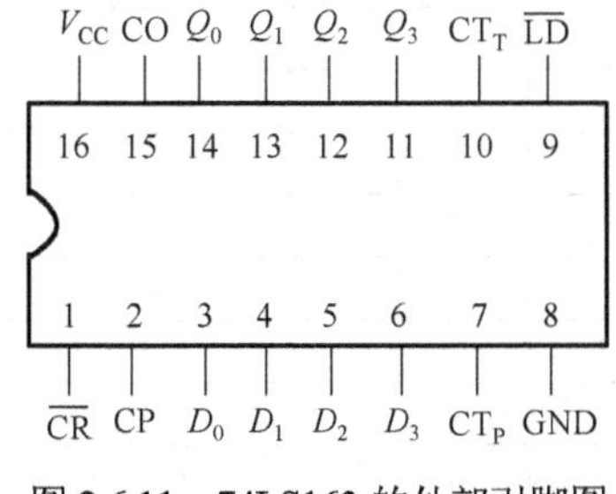

图 2.6.11　74LS163 的外部引脚图

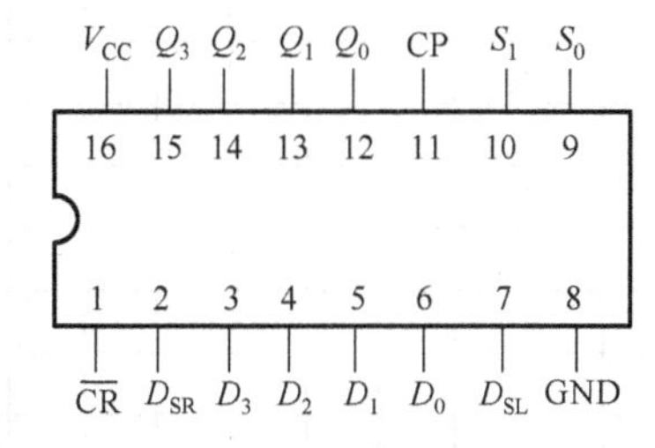

图 2.6.12　74LS194 的外部引脚图

五、实验步骤

1．基础性实验

（1）验证 74LS163 的逻辑功能。

参考 74LS163 的外部引脚图，在数字逻辑电路实验仪上连接电路图 2.6.13。

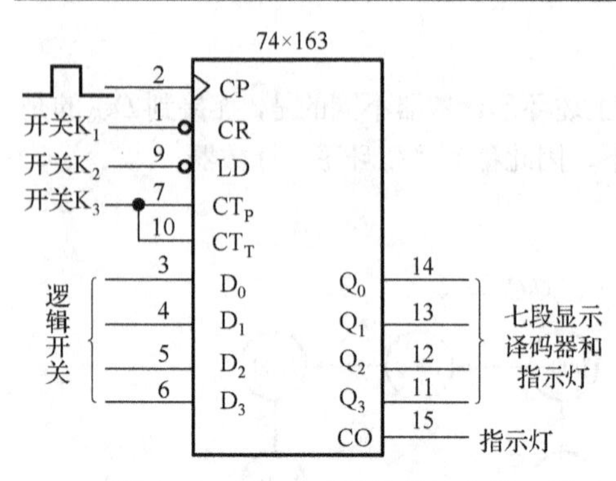

图 2.6.13 74×163 功能验证电路

① $\overline{CR}$ 接开关 K_1、$\overline{LD}$ 接开关 K_2、CT_P 和 CT_T 接同一个开关 K_3。

② 预置数 D_3～D_0 接到逻辑开关上。

③ Q_3～Q_0 接到实验仪的七段显示译码器输入端和输出指示灯，进位输出端 CO 接到输出指示灯。

④ 将开关 K_1 置 0，K_2、K_3 置 1，在 CP 端加入单次脉冲，将计数器同步清 0，填写实验记录表 2.6.1。

⑤ 将开关 K_1 置 1、K_2 置 0，根据表 2.6.1 设置 D_3～D_0 端数据，在 CP 端加入单次脉冲，观察七段显示译码器的数字显示和输出指示灯状态，验证同步预置功能，填写表 2.6.1。表格中“×”表示任意，取 0、1 值均可，“↑”表示按动一次正脉冲发生器按钮以产生一个正脉冲。

表 2.6.1 清零和预置功能验证实验记录表

CP	$\overline{CR}$	$\overline{LD}$	CT_P	CT_T	D_3	D_2	D_1	D_0	Q_3	Q_2	Q_1	Q_0	数码管显示
↑	0	×	×	×	×	×	×	×					
↑	1	0	×	×	0	1	0	1					
↑	1	0	×	×	1	0	0	1					
↑	1	0	×	×	1	0	1	0					

⑥ 将开关 K_1、K_2、K_3 置 1，在 CP 端加入单次脉冲，观察七段显示译码器的数字显示和输出指示灯状态，将结果填入表 2.6.2。

表 2.6.2 实验记录表

时钟脉冲	清零	预置	计数控制		状态输出				进位输出	数码管显示数字
CP	$\overline{CR}$	$\overline{LD}$	CT_P	CT_T	Q_3	Q_2	Q_1	Q_0	CO	
0	1	1	1	1						
1	1	1	1	1						
2	1	1	1	1						
3	1	1	1	1						
4	1	1	1	1						
5	1	1	1	1						
6	1	1	1	1						
7	1	1	1	1						
8	1	1	1	1						
9	1	1	1	1						
10	1	1	1	1						
11	1	1	1	1						
12	1	1	1	1						
13	1	1	1	1						
14	1	1	1	1						
15	1	1	1	1						

⑦ 重复②16 次。

⑧ 将单次脉冲改成 1kHz 或 10kHz 连续脉冲，用示波器观察并记录 CP、Q_0、Q_1、Q_2、Q_3 和 CO 的波形，计算 Q_0、Q_1、Q_2 和 Q_3 的分频关系。

⑨ 体会 74LS163 的同步清零端和同步预置端的作用。

⑩ 总结 74LS163 能够实现加一计数功能的条件。

（2）验证 74LS194 的逻辑功能。

按照图 2.6.14 所示的电路进行连线。

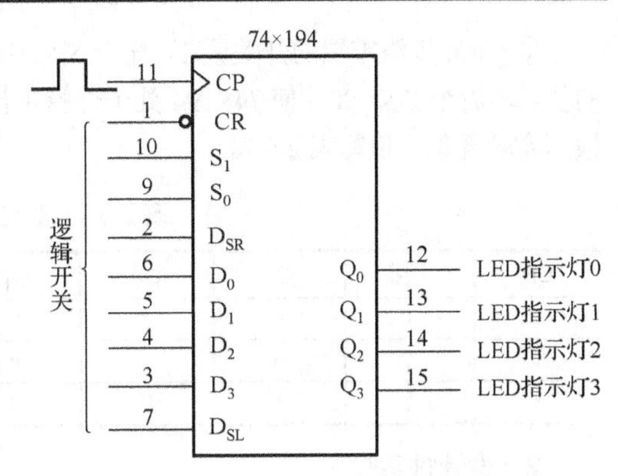

图 2.6.14　74×194 的功能验证电路

① 将异步清零端的开关置 0，观察输出指示灯状态，验证其清零功能，根据实验现象填写表 2.6.3 所示的实验记录表。

② 将异步清零端的开关置 1，令 S_1S_0=11，使 74×194 处于并入工作方式，参考表 2.6.4 设定 D_3～D_0 的值，加入单脉冲，观察实验现象，验证其并入功能。

表 2.6.3　验证清零功能的实验记录表

CP	$\overline{CR}$	Q_3^{n+1}	Q_2^{n+1}	Q_1^{n+1}	Q_0^{n+1}
×	1				
×	0				

表 2.6.4　验证并入功能的实验记录表

CP	$\overline{CR}$	D_3	D_2	D_1	D_0	Q_3^{n+1}	Q_2^{n+1}	Q_1^{n+1}	Q_0^{n+1}
↑	1	0	1	1	0				
↑	1	1	0	0	1				
↑	1	1	0	1	0				

③ 将异步清零端的开关置 1，先令 S_1S_0=11，为寄存器设定初始状态 $Q_3Q_2Q_1Q_0$=1111；然后令 S_1S_0=01，使 74×194 处于右移工作方式；并令右移串行输入端 D_{SR}=0。加入单脉冲，观察实验现象，验证其右移功能，根据实验现象，填写表 2.6.5。

表 2.6.5　验证右移功能的实验记录表

CP	$\overline{CR}$	Q_3^{n+1}	Q_2^{n+1}	Q_1^{n+1}	Q_0^{n+1}
↑	1				
↑	1				
↑	1				
↑	1				

④ 将异步清零端的开关置 1，先令 S_1S_0=11，为寄存器设定初始状态 $Q_3Q_2Q_1Q_0$=0000；然后令 S_1S_0=10，使 74×194 处于左移工作方式；并令左移串行输入端 D_{SL}=1。加入单脉冲，观察实验现象，验证其左移功能，根据实验现象，填写表 2.6.6。

表 2.6.6　验证左移功能的实验记录表

CP	$\overline{CR}$	Q_3^{n+1}	Q_2^{n+1}	Q_1^{n+1}	Q_0^{n+1}
↑	1				
↑	1				
↑	1				
↑	1				

⑤ 将异步清零端的开关置 1，先令 S_1S_0=11，按照表 2.6.7 中的数据为寄存器设定现态 $Q_3^nQ_2^nQ_1^nQ_0^n$ 的值；然后令 S_1S_0=00，使 74×194 处于保持工作方式。加入单脉冲，观察实验现象，验证其保持功能，根据实验现象，填写表 2.6.7。

表 2.6.7 验证保持功能的实验记录表

CP	$\overline{CR}$	Q_3^n	Q_2^n	Q_1^n	Q_0^n	Q_3^{n+1}	Q_2^{n+1}	Q_1^{n+1}	Q_0^{n+1}
↑	1	0	0	0	1				
↑	1	0	1	0	1				
↑	1	1	0	0	1				

2. 设计性实验

（1）利用 74×163 的同步清零端 $\overline{CR}$，选取 0000～1001 共 10 个状态构成模 10 计数器，具体要求：状态输出用 LED 指示灯显示；确定时钟脉冲的最佳工作频率。请将实验数据及其分析填写在表 2.6.8 中。

表 2.6.8 实验记录表

实验电路设计	
数据记录分析	

（2）利用 74×163 的预置端 $\overline{LD}$，选取 0011～1100 共 10 个状态构成模 10 计数器，具体要求：状态输出用 LED 指示灯显示；确定时钟脉冲的最佳工作频率。请将实验数据及其分析填写在表 2.6.9 中。

表 2.6.9 实验记录表

实验电路设计	
数据记录分析	

（3）利用 74×194 设计一个简单的环形计数器，具体要求：右移，并且状态循环中仅有单个 0；状态输出用 LED 指示灯显示。请将实验数据及其分析填写在表 2.6.10 中。

表 2.6.10 实验记录表

实验电路设计	
数据记录分析	

（4）利用 74×194 设计一个扭环形计数器，具体要求：左移，并且每当电路当前状态为“0××0”时，下一个状态就是“0001”；状态输出用 LED 指示灯显示。请将实验数据及其分析填写在表 2.6.11 中。

表 2.6.11 实验记录表

实验电路设计	
数据记录分析	

3．创新与提高性实验

（1）分别用器件 74LS161 和 74LS163 设计一个模 $N=8$ 的加法计数器。画出计数器逻辑图，比较两种设计电路的异同。

（2）利用 74×194 设计模 $N=7$、具有自启动特性的移位型计数器。

六、实验报告要求

1．总结 74LS163、74LS194 的逻辑功能，注意异步输入信号的使用方法。

2．根据实验现象，指出 74×163、74×194 各控制端的有效电平及优先级别。

3．画出设计性实验中所需的电路图，并记录、分析实验数据。

七、实验思考题

1．同步时序逻辑电路的次态和现态在时序上是什么关系？

2．同步计数器中的“同步”是指控制信号与什么信号同步？

2.7　VHDL 语言设计时序电路实验

一、实验目的

1．掌握用 VHDL 语言描述 D 边沿触发器、JK 边沿触发器的方法。

2．学习时序逻辑电路的 VHDL 描述。

3．掌握分频器、译码和显示接口电路的设计方法。

4．学会使用 QuartusⅡ进行设计十字路口交通灯程序，设计一个节日彩灯电路程序，并编译、仿真、锁定引脚、下载。

二、实验预习要求

1．预习进程语句 PROCESS 的使用方法、时钟信号的表达方法。

2．了解 D 边沿触发器的时序和功能，分析其程序代码。

3．用 VHDL 语言描述 JK 边沿触发器。

4．学习计数器原理及分频、定时等使用方法。

5．预习寄存器、移位寄存器的原理，以及使用时序和使用方法。

6．根据实验内容要求，拟定合理的设计实施方案，设计电路并编写设计程序代码。

7．预习思考题

（1）时序电路与组合电路有何区别？用 VHDL 语言在设计时有何区别？

（2）下降沿触发的时钟信号用 VHDL 语言如何表示？

（3）何时需要使用 PROCESS 进程语句？如何使用？

（4）试设计一个 4 位同步十进制加计数器。

（5）如何在仿真中验证此时序电路为上升沿触发还是下降沿触发？是高电平触发还是低电平触发？

（6）归纳利用 QuartusⅡ进行 VHDL 文本输入设计的流程。

三、实验原理

数字系统中，不仅要对二进制信号进行各种处理（逻辑运算和算术运算），还需要用具有记忆功能的器件把参与运算结果保存起来。触发器就是具有记忆功能的二进制信息存储器件，是构成时序电路的基本单元。按电路结构分成基本 RS 触发器，D、JK、T 边沿触发器等。

用 VHDL 语言设计时序电路时，会涉及 PROCESS 进程语句和上升沿触发或下降沿触发方式的 VHDL 语句如何实现问题。

1. PROCESS 进程语句

进程语句 PROCESS 是结构体中常用的一种模块描述语句。一个结构体中可以有多个进程，各进程之间是同时执行的，属于并行语句。可以用进程语句描述时序电路，其格式为：

```
[进程标号：] PROCESS [（信号敏感表）] IS
   〈说明区〉
BEGIN
   〈顺序语句〉
END PROCESS [进程标号];
```

其中，信号敏感表是进程语句所特有的，只有表中列出的任何信号的发生改变时，才能启动进程，执行进程内相应的顺序语句。执行完毕后，进入等待状态，直到下一次某一敏感信号变化的到来。

例如：PROCESS (CLK)；只要时钟信号 CLK 变化，就启动进程语句，执行 BEGIN 后面的顺序语句。

2. 时序电路的时钟信号

时钟信号在时序逻辑电路中起着重要的作用，驱动时序电路状态转移，区分现态和次态。时钟信号分为上升沿触发（0 低电平变化到 1 高电平）和下降沿触发方式（1 高电平变化到 0 低电平）。

```
IF clk' event AND clk ='1' THEN
   〈顺序语句〉；
上升沿触发，将 clk 值赋成'1'，如下降沿，则赋成'0'。
```

时钟信号是系统稳定工作的关键，它是一个最小的时间刻度，假如一个系统的工作时钟是 100MHz，那么它的最小时间刻度是 10ns，要区分脉宽是 10ns 以下的信号，该系统就无能为力了。

3. 用原理图法设计时序电路

具体内容见本书 4.3 节内容。

4. 触发器

构成时序电路最基本的单元是触发器（Flip-Flop，FF），触发器是能存储一位二进制数的逻辑电路，它有两个互补的输出端，其输出状态不仅和输入信号有关，而且还和历史状态有关。触发器具有不同的逻辑功能，在电路结构和触发方式上有不同的种类，分为基本 RS 触发器、D 触发器、JK 触发器和 T 触发器。

（1）此处以基本 D 触发器为例，其真值表如表 2.7.1 所示，其中 Q^n 是 D 触发器的原态，Q^{n+1} 是次态。

（2）D 触发器的引脚图如图 2.7.1 所示，其中，D 是输入端，Q、$\bar{Q}$（Q 的反）是输出端。

表 2.7.1　D 触发器真值表

D	Q^n	Q^{n+1}
0	0	0
1	1	1

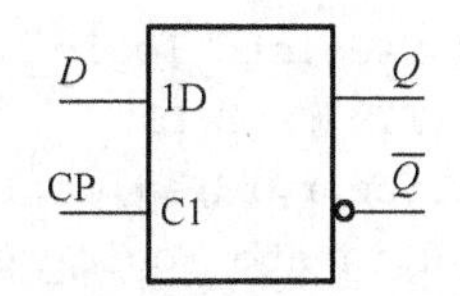

图 2.7.1　D 触发器引脚图

（3）源程序：

```
LIBRARY ieee;
USE ieee.std_logic_1164.all;
ENTITY dff1  IS
PORT(CP,d :in std_logic;
     q:out std_logic);
END dff1;
ARCHITECTURE  fun_c  OF  dff1  IS
   BEGIN
      PROCESS(CP)
      BEGIN
         IF(CP'event and CP='1') THEN
         q<=d;
         END IF;
      END PROCESS;
END fun_c;
```

5．4 位同步二进制计数器

计数器广泛用于数字电路中，不但可以用于脉冲的计数，还可用于数字系统的分频、定时、产生节拍脉冲、产生脉冲序列和数字运算等。

计数器按照计数容量，可分为二进制计数器、十进制计数器、十六进制计数器等。按照触发方式，可分为同步计数器和异步计数器。

同步计数器是指构成计数器的全部触发器的时钟信号是一个，时钟信号发生变化，全部触发器均动作。

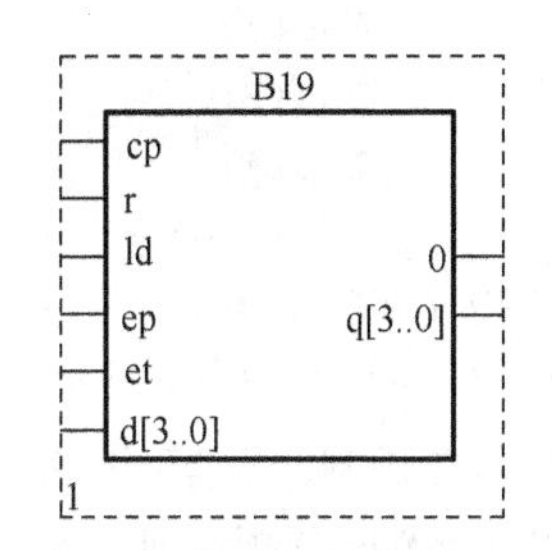

图 2.7.2　4 位同步二进制计数器引脚图

（1）4 位同步二进制计数器的状态表如表 2.7.2 所示。

（2）引脚图如图 2.7.2 所示。

表 2.7.2　4 位同步二进制计数器状态表

cp	r	ld	ep	et	工作状态
×	0	×	×	×	置零
↑	1	0	×	×	预置数
↑	1	1	0	1	保持
↑	1	1	×	0	保持（c=0）
↑	1	1	1	1	计数

（3）源程序：

```
LIBRARY ieee;
USE ieee.std_logic_1164.all;
```

```
USE ieee.std_logic_unsigned.all;
ENTITY  jsq4 IS
PORT(cp,r,ld,ep,et:in std_logic;
   d:in std_logic_vector(3 downto 0);
   c:out std_logic;
   q:out std_logic_vector(3 downto 0));
END jsq4;
ARCHITECTURE jsq4_arc OF jsq4 IS
BEGIN
PROCESS(cp,r,ld,ep)
   VARIABLE tmp:std_logic_vector(3 downto 0);
   BEGIN
   IF  r='0' THEN
      tmp:="0000";
   ELSIFcp'eventAND cp='1' THEN
      IF ld='0' THEN
      tmp:=d;
      ELSIF  ep='1' AND et='1' THEN
      IF tmp="1111" THEN
      tmp:="0000";
         c<='1';
      ELSE
      tmp:=tmp+1;
         c<='0';
      ENDIF;
      ENDIF;
      ENDIF;
         q<=tmp;
END PROCESS;
ENDjsq4_arc;
```

4 位同步二进制计数器可以实现 16 分频，1s 内记录 16 个脉冲后，会从 1111 返回到 0000 再继续计数。如果 50MHz 分频实现本书中需要的 1Hz 时钟信号，需要使用 32 进制的计数器。

6．寄存器

寄存器电路是数字逻辑电路的基本模块，寄存器用于存储一组二值代码，它被广泛用于各类数字系统和数字计算机中。由于一个触发器可以存储一位二值代码，所以用 N 个触发器能够存储 N 位二值代码。对于寄存器中的触发器，只要它们具有置高电平 1、置低电平 0 的功能，就可以组成寄存器电路。在理论书中已经学习过通用寄存器 74LS194。通用寄存器是数字逻辑电路中常用的存储器件，4 位寄存器实际由 4 位相同的 D 触发器构成。

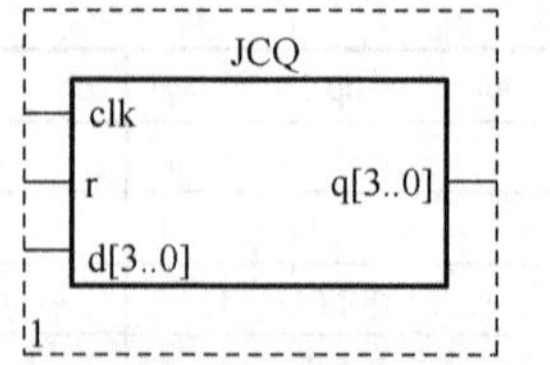

图 2.7.3　寄存器的引脚图

（1）寄存器的引脚图如图 2.7.3 所示（r=1 时清零）。

（2）源程序：

```
LIBRARY ieee;
USE ieee.std_logic_1164.all;
ENTITY  jcq   IS
```

```
PORT(clk:in std_logic;
    r:in std_logic;
    d:in std_logic_vector(3 downto 0);
    q:out std_logic_vector(3 downto 0));
END jcq;
ARCHITECTURE rtl  OF  jcq  IS
signal q_temp:std_logic_vector(3 downto 0);
BEGIN
PROCESS(clk,r)
    BEGIN
      IF(r='1')THEN
        q_temp<="0000";
    ELSIF(clk'event and clk='1') THEN
        q_temp<=d;
    END IF;
    q<=q_temp;
END PROCESS;
END rtl;
```

只要条件不满足，D 触发器不动作，寄存器输出端数据就不发生变化，如果上升沿到来，将 4 个 D 触发器中的数据送至输出端。

7．循环移位寄存器

移位寄存器与普通寄存器相比，除了具有存储功能用来寄存代码外，还有移位功能，可以实现数据的串行-并行转换、数值运算、数据处理等。所谓移位功能，是指寄存器中存储的代码能够在移位脉冲的作用下依次左移或右移。

根据移位方式的不同，可将移位寄存器分为循环移位寄存器、左移位寄存器、右移位寄存器、双向移位寄存器等。

循环移位寄存器常用于循环控制操作，以形成周期性的控制输出序列。

（1）循环移位寄存器的状态表如表 2.7.3 所示。

表 2.7.3　循环移位寄存器状态表

clk	load	left_right	工作状态
×	1	×	置数
0→1	0	0	右循环移
0→1	0	1	左循环移

（2）引脚图如图 2.7.4 所示。

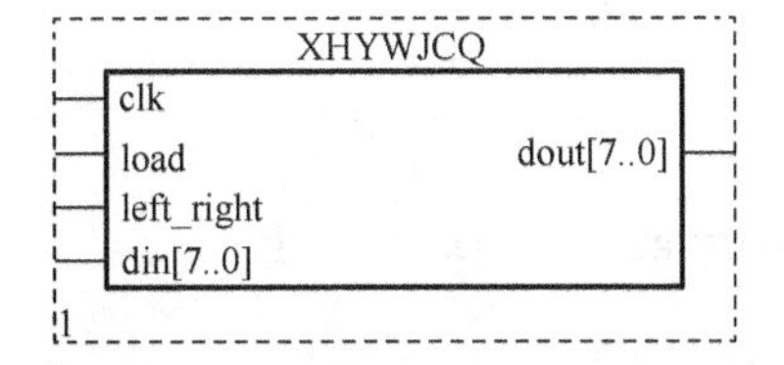

图 2.7.4　循环移位寄存器引脚图

（3）源程序：

```
LIBRARY ieee;
USE ieee.std_logic_1164.all;
ENTITY xhywjcq  IS
PORT(clk,load,left_right:in std_logic;
   din:in std_logic_vector(7 downto 0);
   dout:buffer std_logic_vector(7 downto 0));
END xhywjcq;
ARCHITECTURE rtl OF xhywjcq  IS
BEGIN
PROCESS(load,clk)
  BEGIN
  IF load='1' THEN
         dout<=din;
  ELSIF clk'event AND clk='1'  THEN
  IF left_right='1'  THEN
         dout<=dout(6 downto 0)&dout (7) ;
  ELSE
         dout<=dout(0)&dout(7 downto 1);
  END IF;
  END IF;
END PROCESS;
END rtl;
```

四、实验设备与器件

实验器材	数量
DE2 开发板	1

五、实验内容及步骤

1. 基础性实验

（1）D 边沿触发器编程、编译、仿真、下载实验。请将实验中编写的程序及调试分析结果记录在表 2.7.4 中。

表 2.7.4 D 边沿触发器实验记录表

程序代码实现	LIBRARY ieee;
	USE ieee.std_logic_1164.all;
	ENTITY IS
	PORT (
	);
	END ;
	ARCHITECTURE OF IS
	
	BEGIN
	
	END;

调试分析结果	

（2）JK 边沿触发器编程、编译、仿真、下载实验。请将实验中编写的程序及调试分析结果记录在表 2.7.5 中。

难点指导：JK 触发器编写时，可以利用 IF-THEN 将全部状态表情况一一列出，直接设两个变量 q_temp、qb_temp 代表 Q、Q_B，当 J=0、K=1 时，直接用语句赋值“q_temp <= ‘1’; qb_temp <= ‘0’”；或将输入引脚 Q 类型设成双向 buffer，然后直接写表达式“Q<=(J and not Q)or (not k and Q);”。

表 2.7.5 JK 边沿触发器实验记录表

程序代码实现	LIBRARY ieee;
	USE ieee.std_logic_1164.all;
	
	ENTITY IS
	PORT (
	);
	END ;
	
	ARCHITECTURE OF IS
	
	BEGIN
	
	END;

调试分析结果	

2. 设计性实验

（1）用原理图或 VHDL 语言编程实现一个分频器，将 DE2 开发板上提供的 50MHz 分成 1Hz、5Hz 两种频率。请将实验中编写的程序及调试分析结果记录在表 2.7.6 中。

难点指导：脉冲的频率是单位时间内产生的脉冲个数。计数器所记录的结果就是被测信号的频率。如在 1s 内记录 1000 个脉冲，则被测信号的频率为 1000Hz。在已有 4 位二进制计数器的基础上正确修改其计数最大值（计数器的模）即可。

表 2.7.6 分频器实验记录表

程序代码实现	LIBRARY ieee;
	USE ieee.std_logic_1164.all;
	
	ENTITY IS
	PORT (
	);
	END ;
	
	ARCHITECTURE OF IS
	
	BEGIN
	
	END;

（2）用原理图或 VHDL 语言设计同步十进制计数器电路，并用七段数码管显示。请将实验中编写的程序及调试分析结果记录在表 2.7.7 中。

难点指导：同步十进制计数器电路，用 4 线-7 线译码器驱动七段数码管（请注意数码管的共阴极、共阳极问题）。

（3）用原理图设计一个四路抢答器。请将实验原理图及调试分析结果记录在表 2.7.8 中。

表 2.7.7 同步十进制计数器电路实验记录表

程序代码实现	LIBRARY ieee;
	USE ieee.std_logic_1164.all;
	
	ENTITY IS
	PORT (
	);
	END ;
	
	ARCHITECTURE OF IS
	
	BEGIN
	
	END;

原理图实现	
调试分析结果	

表 2.7.8 四路抢答器实验记录表

原理图实现	
调试分析结果	

3. 创新与提高实验

（1）设计一个每隔 1s 自动切换显示字母 V、H、D、L 的电路

难点指导：每来一个时钟信号，字母自动变化一次。设 4 个 7 位的常量 S0～S3，对应 S0 态显示 V，S1 态显示 H，…… 每个常量 S0～S3 从高到低 7 位分别控制数码管七段。

先设计一个分频器，将 DE2 板 50MHz 分成 1Hz。

设计一个五选一数据选择器，每个数据端为 3 位 000～100，对应 V、H、D、L 和空格。

设计一个数码管显示译码器。

扩展与思考：如果在本实验上再扩展实现动态扫描 4 个数码管同时显示 VHDL，则需再增加一个 3 线-8 线译码器，控制 4 个数码管的使能端。频率增加到 5Hz 以上，人的视觉具有暂留特点，可看成 4 个数码管同时显示。

（2）设计 10 位循环移位寄存器

请将实验中编写的程序及调试分析结果记录在表 2.7.9 中。

难点指导：元件例化调用现有的 D 触发器，掌握循环移位寄存器的原理并画出实现电路图。

（3）用 VHDL 设计一个节日彩灯电路

提供 1MHz 脉冲信号。彩灯由 8 个发光二极管组成，彩灯亮的具体要求和步骤如下，并循环工作。

① 8 个发光二极管全亮；

表 2.7.9　10 位循环移位寄存器记录表

程序代码实现	
调试分析结果	

② 8 个发光二极管全暗；

③ 8 个发光二极管由左至右渐亮到全亮；

④ 8 个发光二极管由右至左渐暗至全暗；

⑤ 8 个发光二极管由右至左渐亮到全亮；

⑥ 8 个发光二极管由左至右渐暗至全暗；

⑦ 8 个发光二极管全亮；

⑧ 8 个发光二极管全暗。

请将实验中编写的程序及调试分析结果记录在表 2.7.10 中。

难点指导： 分频器、译码器设计应用；注意引脚锁定；不用 LED 处理。

表 2.7.10　节日彩灯电路实验记录表

程序代码实现	
调试分析结果	

（4）用 VHDL 语言设计十字路口交通灯程序

交通控制灯的 X 方向变量用 R1、Y1、G1 示意，Y 方向用 R2、Y2、G2 示意，时钟 CLK 的周期为 1。满足表 2.7.11 所示的交通灯转换表。交通灯的红、黄、绿灯用发光二极管表示（分别用三个 LED）。输入信号：时钟 CP；输出信号：X 方向输出量 R1、Y1、G1，Y 方向 R2、Y2、G2。如表 2.7.11 所示，每个状态停留时间为 5s。

表 2.7.11　十字路口交通灯转换表

状　态	Y 方向			X 方向		
	R2	Y2	G2	R1	Y1	G1
0	1	0	0	0	0	1
1	1	0	0	0	0	1

续表

状　态	Y方向			X方向		
	R2	Y2	G2	R1	Y1	G1
2	1	0	0	0	0	1
3	1	0	0	0	0	1
4	1	0	0	0	0	1
5	1	0	0	0	1	0
6	0	0	1	1	0	0
7	0	0	1	1	0	0
8	0	0	1	1	0	0
9	0	0	1	1	0	0
10	0	0	1	1	0	0
11	0	1	0	1	0	0

请将实验中编写的程序及调试分析结果记录在表 2.7.12 中。

表 2.7.12　十字路口交通灯实验记录表

程序及调试分析结果	

六、实验报告要求

1．写出设计思想、程序并进行分析。

2．画出仿真波形，并分析仿真结果。

3．写出本次实验解决的问题及实验收获。

七、实验思考题

1．设计一个下降沿触发的 D 触发器。

2．用 VHDL 语言描述 T 触发器。

3．在用 VHDL 设计的节日彩灯电路的基础上，设计使得三个 LED 发光管同时亮。

4．简述时钟信号和复位信号在硬件电路设计中的作用。

5．用 VHDL 语言设计一个六十进制计数器。六十进制计数器可以实现时间的计数，例如，1 小时等于 60 分钟，1 分钟等于 60 秒。基于一个 4 位二进制计数器可以实现一个一位十进制计数器，即 1 位 BCD 码计数器，所以两个 4 位二进制计数器可以构成 2 位十进制计数器，把它们连接起来就可以构成六十进制计数器。

难点指导：可以调用已经设计好的 4 位二进制计数器，设计好进程来处理个位计数、十位计数，还需要第三个进程来处理何时输出进位位 CO。

2.8　555 定时器和数模/模数转换实验

一、实验目的

1．掌握 555 定时器的工作原理、芯片的逻辑功能和使用方法。

2．掌握用 555 芯片组成应用电路的方法。

3．了解 A/D 转换器、D/A 转换器的工作原理，掌握芯片 ADC0809 的性能和典型应用。

4．了解利用集成芯片设计简单数字系统的方法。

二、实验预习要求

1．预习 555 定时器、A/D 转换器、D/A 转换器的工作原理。

2．了解 555 芯片、ADC0809 实验器件的功能表和引脚图，掌握基本工作原理及引脚功能。

3．了解 555 芯片、ADC0809 的应用。

4．根据实验内容，选择合理的具体实施方案，画出设计电路图，并标注所用集成电路的型号和引脚。

5．预习思考题

（1）用 555 定时器构成多谐振荡器，如何求其周期？

（2）555 定时器构成的振荡器，其占空比与哪些因素有关？

（3）555 定时器中的两个电压比较器如何工作？

（4）ADC 的主要技术指标有哪些？它们的意义是什么？

（5）12 位 A/D 转换器能够区分出输入信号的最小电压值是多少？

三、实验原理

1．脉冲信号

脉冲是脉动和短促的意思，凡是具有不连续波形的信号均可称为脉冲信号。广义上讲，各种非正弦信号都是脉冲信号。在数字系统中，常需要用到各种幅度、宽度及具有陡峭边沿的矩形脉冲信号，如触发器的时钟脉冲（CP）。

获取这些脉冲信号的方法通常有两种：

（1）脉冲产生电路直接产生——555 构成的多谐振荡器；

（2）利用已有的周期信号整形、变换得到——单稳态触发器或施密特触发器。

2．555 定时器

555 定时器是一种多用途的数字-模拟混合集成电路，可以方便地构成单稳态触发器、施密特触发器和多谐振荡器。

双极型产品型号的最后数码为 555，CMOS 型产品型号的最后数码为 7555。其功能和外部引脚排列完全相同。

（1）电路结构

555 定时器电路结构如图 2.8.1 所示，因其有三个 5kΩ电阻而得名，三个电阻一端接+5V 电源，一端接地，起到分压作用，形成两个电位值$\frac{1}{3}V_{CC}$、$\frac{2}{3}V_{CC}$。两个高精度的电压比较器 A_1、A_2 用于采集数据，将模拟量信号转换为数字量信号，送给 RS 触发器，再经反相输出。VT 是一个集电极开路的放电三极管。当 3 脚为低电平时，VT 导通，7 脚为低电平。

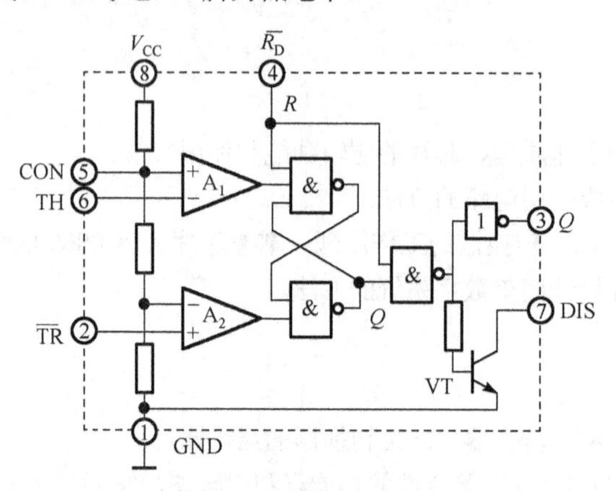

图 2.8.1　555 定时器电路结构

（2）555 定时器功能，如表 2.8.1 所示。

表 2.8.1　555 定时器功能表

输　入			输　出	
$\overline{R}_D$	V_{I1}	V_{I2}	V_O	VT_D
0	×	×	0	导通
1	$>\frac{2}{3}V_{CC}$	$>\frac{1}{3}V_{CC}$	0	导通
1	$<\frac{2}{3}V_{CC}$	$>\frac{1}{3}V_{CC}$	不变	不变
1	$<\frac{2}{3}V_{CC}$	$<\frac{1}{3}V_{CC}$	1	截止
1	$>\frac{2}{3}V_{CC}$	$<\frac{1}{3}V_{CC}$	1	截止

（3）芯片引脚

555 定时器芯片引脚排列如图 2.8.2 所示，一共有 8 个引脚。8 个引脚功能说明如表 2.8.2 所示。

表 2.8.2　引脚功能说明

引脚	功能	引脚	功能	引脚	功能	引脚	功能
1	接地端	2	触发输入	3	输出端	4	复位端
5	电压控制端	6	阈值输入端	7	放电端	8	电源端+V_{CC}

3. 555 定时器应用

（1）555 定时器和电阻、电容构成的多谐振荡器是一种常用的脉冲信号产生电路。电路结构如图 2.8.3 所示。接通电源后，电容 C 来不及充电，$v_C=0$，则 $v_O=1$（第一个暂稳态），VT 截止。这时 V_{CC} 经 R_1 和 R_2 向 C 充电，当充至 $v_C=\frac{2}{3}V_{CC}$ 时，输出翻转 $v_O=0$（第二个暂稳态），VT 导通；这时电容 C 经 R_2 和 VT 放电，当降至 $v_C=\frac{1}{3}V_{CC}$ 时，输出翻转 $v_O=1$。工作波形如图 2.8.4 所示。其电路振荡周期可用下式计算：

$$f=\frac{1}{T}\approx\frac{1}{0.7(R_1+2R_2)C}=\frac{1.44}{(R_1+2R_2)C}$$

电路参数：$R_1=1\text{k}\Omega$，$R_2=10\text{k}\Omega$，$C=0.1\mu\text{F}$。

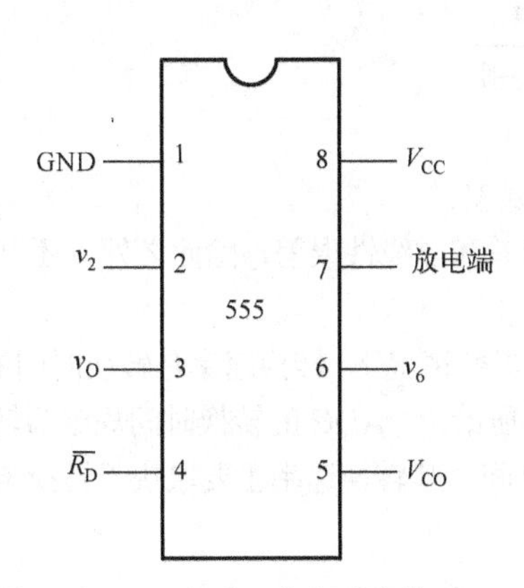

图 2.8.2　555 定时器芯片引脚排列

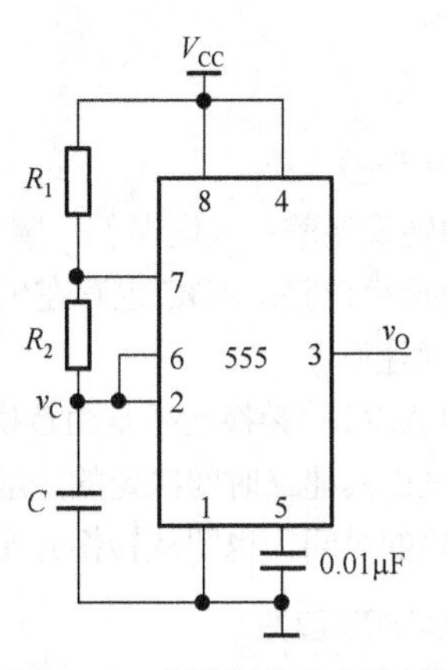

图 2.8.3　多谐振荡器电路结构

（2）单稳态触发器是一种常用的脉冲整形电路，简称单稳。用 555 定时器构成的单稳态触发器可以用于定时，其电路构成如图 2.8.5 所示，其中，$R=56\text{k}\Omega$，$C=100\mu\text{F}$。

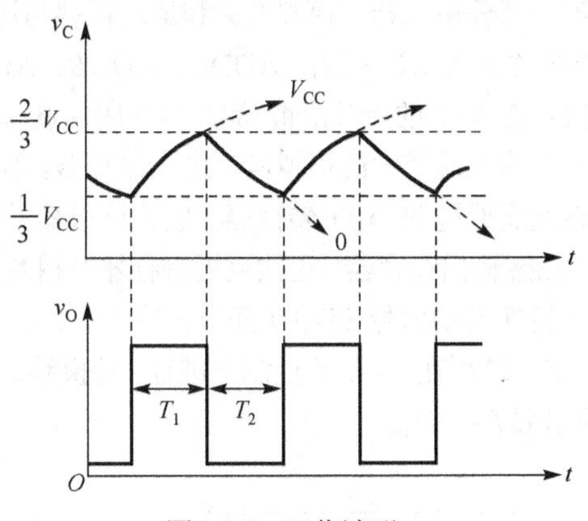

图 2.8.4　工作波形

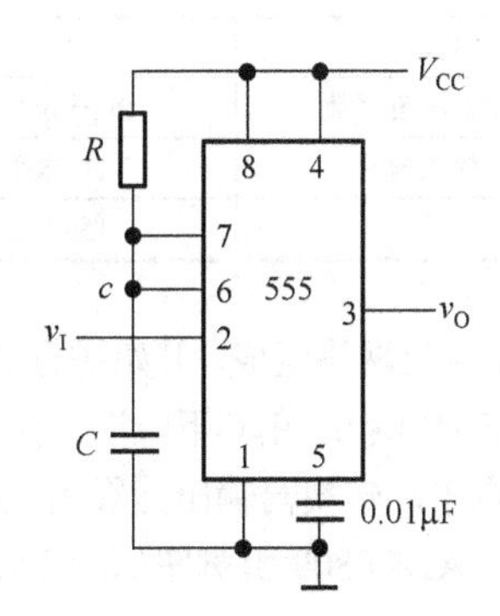

图 2.8.5　单稳态触发器电路结构

4．A/D 转换和 D/A 转换

温度、声音等都是模拟信号，不能直接被数字电路处理，通常需要经过采样、保持、量化、编码、模数转换成数字量后才能处理，完成这一转换的器件称为模数转换器。处理后的数据也不能直接驱动负载工作，而需要将数字量转换成能控制直流电机转动、扬声器发音的模拟信号，通常相当于译码器（解码器）作用，将输入的每一位二进制代码按其权值大小转换成相应的模拟量，完成这一转换的器件称为数模转换器。测控系统框图如图 2.8.6 所示。

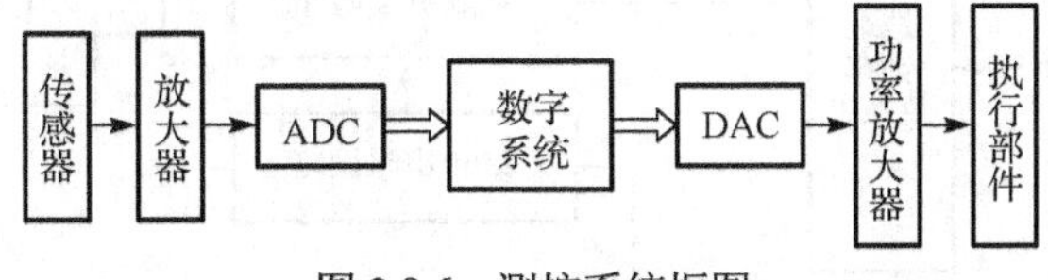

图 2.8.6　测控系统框图

主要技术指标如下。

（1）分辨率和转换精度

分辨率是转换器分辨模拟信号的灵敏度，它同转换器的位数和满刻度值相关。n 位转换器的分辨率一般表示为：

$$分辨率=\frac{1}{2^n-1}$$

（2）转换误差

DAC 的转换误差：失调误差、增益误差和非线性误差。

ADC 的转换误差：ADC 也存在失调误差、增益误差和非线性误差，除此之外，还有量化误差。

（3）转换速率

DAC 和 ADC 的转换速率常用转换时间来描述，大多数情况下，转换速率是转换时间的倒数。DAC 的转换时间是由其建立时间决定的，建立时间通常由手册给出。ADC 的转换时间规定为转换器完成一次转换所需要的时间，也即从转换开始到转换结束的时间，其转换速率主要取决于转换电路的类型。

5. ADC0809 应用

ADC0809 是采用 CMOS 工艺制成的 8 位八通道逐次逼近型 A/D 转换器。

表 2.8.3　ADC0809 特性参数

分辨率	8 位
转换精度	8 位
转换时间	100μs
增益温度系数	20ppm/℃
输入电平	TTL 电平
功耗	15mW

（1）ADC0809 特性参数如表 2.8.3 所示。

（2）ADC0809 内部结构如图 2.8.7 所示，由两部分组成。第一部分由八选一模拟开关和地址锁存与译码组成。8 路模拟输入为 IN_0～IN_7，ADDC、ADDB、ADDA 三位地址信号在 ALE 的上升沿被锁存，经译码后选择 IN_0～IN_7 中的一个输入通道中的模拟信号进入比较器。第二部分为一个逐次逼近型的 A/D 转换器，它由比较器、定时控制逻辑、三态输出锁存器、逐次逼近寄存器及树状开关数组和 256R 电阻网络组成，开始进行 A/D 转换时，A/D 转换启动信号 START 正脉冲在上升沿将逐次比较寄存器 SAR 清 0，在其下降沿开始 A/D 转换过程。转换过程在 CLK 的控制下进行。转换结束后，EOC 变为高电平，转换器输出结果由三态输出端送到输出端 D_7～D_0。

（3）ADC0809 引脚图如图 2.8.8 所示。

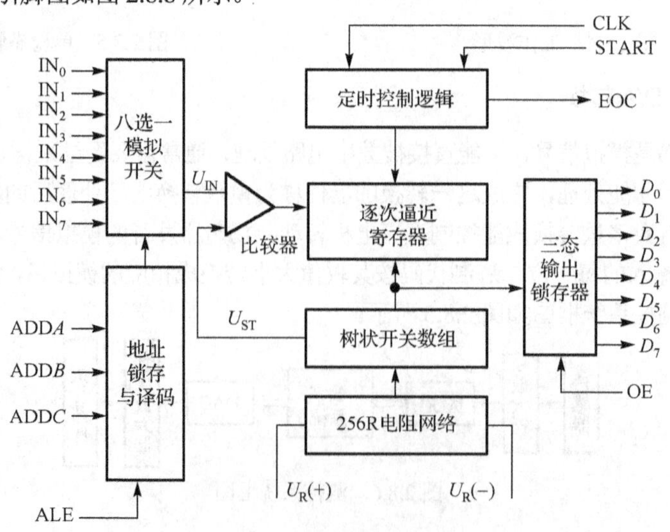

图 2.8.7　ADC0809 内部结构

IN_0～IN_7：8 路模拟量输入引脚。

REF（+）、REF（–）：参考电压输入。

D_7～D_0：8 位数字量输出端。D_0 为最低位（LSB），D_7 为最高位（MSB）。

CLK：时钟信号输入端。

GND：接地端。

V_{CC}：电源+5V。

START：A/D 转换启动信号输入端（用于启动 A/D 转换）。

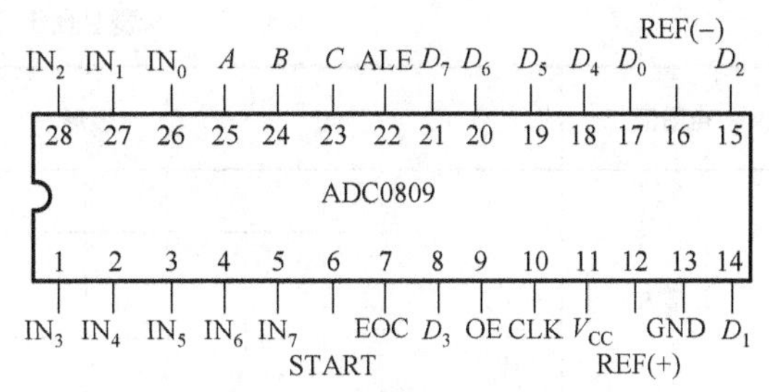

图 2.8.8　ADC0809 引脚图

表 2.8.4　*A*、*B*、*C* 的输入与被选通通道的关系

被选通的通道	*C*	*B*	*A*
IN_0	0	0	0
IN_1	0	0	1
IN_2	0	1	0
IN_3	0	1	1
IN_4	1	0	0
IN_5	1	0	1
IN_6	1	1	0
IN_7	1	1	1

ALE：地址锁存允许信号输入端（用于启动 A/D 转换）。

EOC：转换结束信号输出引脚，开始转换时为低电平，当转换结束时为高电平。

OE：输出允许控制端，用以打开三态数据输出锁存器。

A、*B*、*C*：地址输入线，相当于图 2.8.7 中 ADD*C*、ADD*B*、ADD*A*，经译码后可选通 IN_0～IN_7 这 8 通道中的一个通道进行转换。*A*、*B*、*C* 的输入与被选通通道的关系如表 2.8.4 所示。

四、实验设备与器件

实验器件	数　量	实验器件	数　量
数字逻辑实验仪	1	示波器	1
数字万用表	1	0.1μF 电容	1
NE555 芯片	1	0.01μF 电容	1
电阻 10kΩ	1	电阻 1kΩ	1
电阻 100kΩ	1	滑动变阻器 74LS283	1
信号发生器	1	光敏电阻	1
二极管 IN4001	1	74LS00	2
74LS90	3		

五、实验内容及步骤

1．基础性实验

（1）用 555 定时器构成多谐振荡器

按图 2.8.3 所示接好线，检查无误后，可接通电源。3 脚接蜂鸣器或扬声器，用示波器观察 3 脚和 6 脚的波形，记录在表 2.8.5 中。

表 2.8.5　测试记录单

引　脚	幅　度/V	振荡周期/ms
3		
6		

改变 R_1 的大小，观察变化情况，记录在表 2.8.6 中。

表 2.8.6 测试记录单

电阻值	波形	v_O		
		周期	脉宽	峰峰值
R 增大	v_C t v_O t			
R 减小	v_C t v_O t			

（2）单稳态触发器

按图 2.8.5 所示连接电路，其中 2 脚接单脉冲下降沿，3 脚接电平指示灯，按一下键，测试指示灯定时发光时间，将实测值记录在表 2.8.7 中，并与理论值进行比较。

表 2.8.7 测试记录单

理论定时时间/ms	实际测试定时时间/ms

用示波器观察图 2.8.5 所示电路中的 2、6、3 脚波形变化幅度和振荡周期，将数据记录在表 2.8.8 中。

表 2.8.8 测试记录单

引 脚	幅 度/V	振荡周期/ms
2		
3		
6		

（3）验证 ADC0809 功能

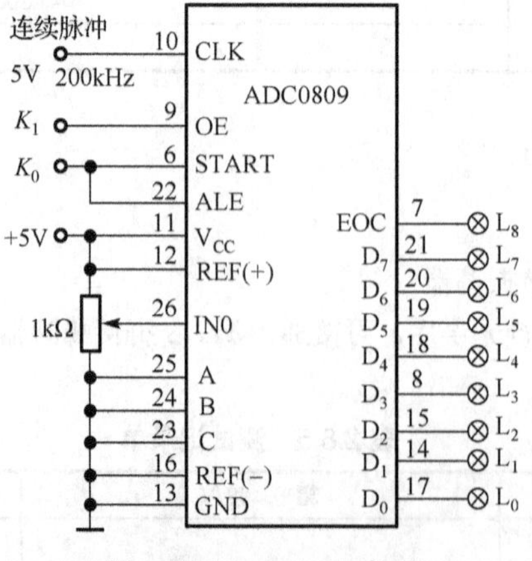

图 2.8.9 ADC0809 应用

按照图 2.8.9 所示电路接线，验证 ADC0809 的功能。选择通道 0 进行输入，IN_0 接滑动变阻器，实现表 2.8.9 所示的输入电压，然后用万用表保证电压的准确性，并分别测出对应的输出 8 位二进制码，记录在表 2.8.9 中。

表 2.8.9　A/D 转换表

地址	模拟通道	输入电压/V	输出数字量								
			D_7	D_6	D_5	D_4	D_3	D_2	D_1	D_0	十进制数
CBA		0.00									
		0.02									
		0.04									
		0.12									
		0.16									
		0.24									
		0.32									
		0.40									
		0.50									
000	IN_0	2.00									
		2.50									
		4.00									
		4.60									
		4.70									
		4.80									
		4.85									
		4.92									
		4.96									
		5.00									

2．设计性实验

（1）用 555 定时器构成占空比可调的方波发生器，观察输入、输出波形，将测定波形参数记录在表 2.8.10 中。

表 2.8.10　实验记录表

实验电路设计	
数据记录分析	

（2）设计主楼楼道灯（用发光二极管代替）定时控制电路。主楼有 4 个进出口，要求每个进出口都装有一个可控开关，从任意一个进出口进入主楼按下开关时，楼道灯亮 15s，同时要求在灯亮过程中，若从任意出口离开主楼，按下任意开关，则灯灭。记录在表 2.8.11 中。

表 2.8.11　实验记录表

实验电路设计	
数据记录分析	

（3）设计一个过欠压（电压）声光报警电路，电路正常工作电压为 5V，要求当电压超过 5.5V（过电压）和低于 4.5V（欠电压）时都要报警。记录在表 2.8.12 中。

难点指导：用发光二极管和压电陶瓷蜂鸣片进行过电压、欠电压时的声光报警，调试参数达到设计要求。

表 2.8.12 实验记录表

实验电路设计	
数据记录分析	

3. 创新与提高性实验

（1）光控路灯设计

总体电路设计如图 2.8.10 所示。

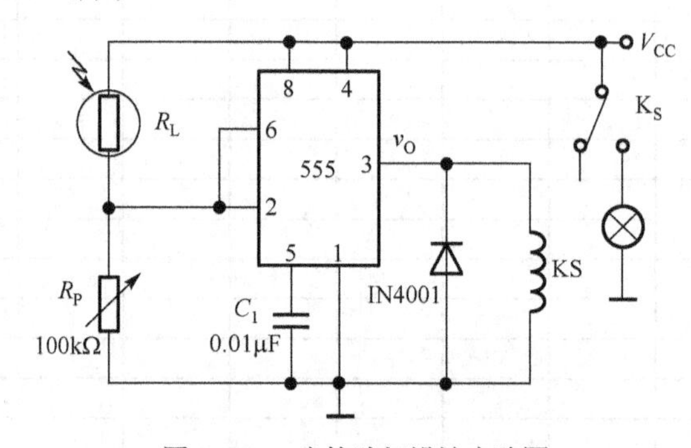

图 2.8.10 光控路灯设计电路图

难点指导：调整 100kΩ电位器，使发光二极管处于临界不发光状态，此时用手遮挡光敏电阻（模拟天黑），使发光二极管处于发光状态。

（2）设计电子表

难点指导：本设计涉及 4 个单元电路，分别为基本 RS 触发器、单稳态触发器、时钟发生器、计数及译码显示电路。

基本RS触发器在电子秒表中的作用是启动和停止秒表的工作。基本RS触发器用集成与非门构成。属低电平直接触发的触发器，有直接置位、复位的功能，如图 2.8.11 所示。

单稳态触发器在电子秒表中的作用是为计数器提供清零信号。单稳态触发器是用集成与非门构成的微分型单稳态触发器，如图 2.8.12 所示。

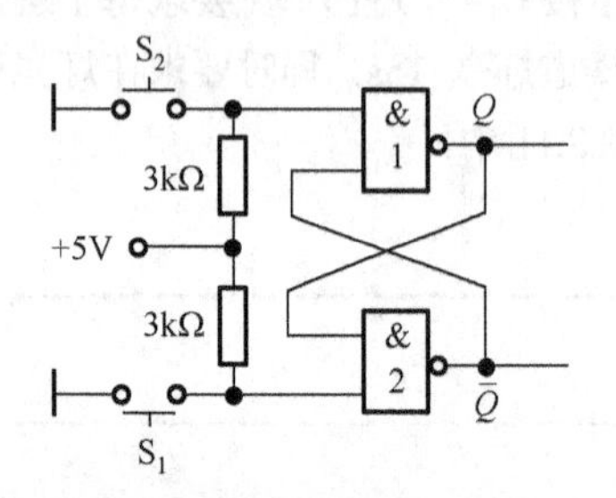

图 2.8.11 基本 RS 触发器结构图

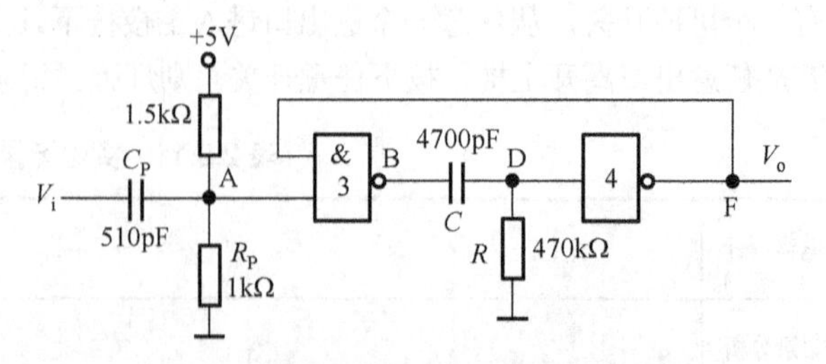

图 2.8.12 单稳态触发器结构图

时钟发生器的作用是产生时钟信号。由 555 定时器构成的时钟发生器，是一种性能较好的时钟源，如图 2.8.13 所示。

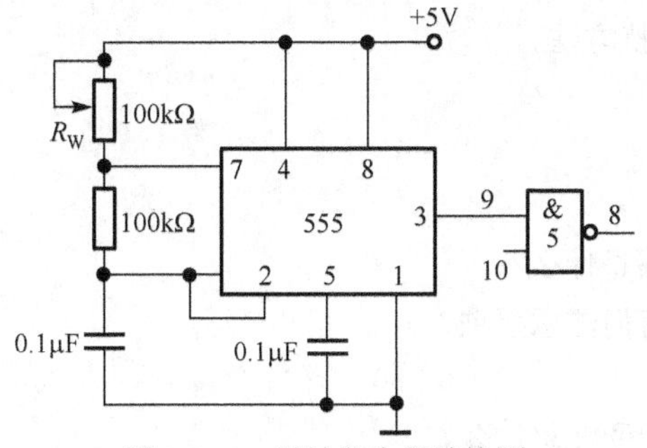

图 2.8.13　时钟发生器结构图

计数及译码显示电路实现方案较多，本书中建议使用二-五-十进制加法计数器 74LS90 构成电子秒表的计数单元。74LS90 是集成异步计数器，它既可以作为二进制加法计数器，又可以作为五进制和十进制加法计数器。其中，计数器接成五进制形式，对频率为 50Hz 的时钟脉冲进行五分频，在输出端取得周期为 0.1s 的矩形脉冲，作为计数器 2 的时钟输入。计数器 2 和计数器 3 接成 8421 码十进制形式，如图 2.8.14 所示。

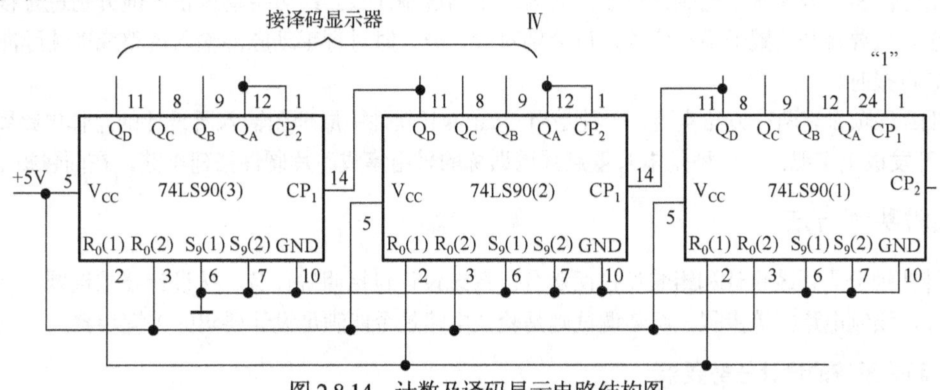

图 2.8.14　计数及译码显示电路结构图

六、实验报告要求

1. 总结 555 定时器构成电路的方法和使用 AD0809 时的注意事项。
2. 记录、整理实验结果，画好逻辑电路图及其对应的实验线路图。
3. 对实验结果进行分析，写出本次实验解决的问题及实验收获。

七、实验思考题

1. 用数字逻辑器件设计电路时应注意哪些问题？
2. 555 定时器如何构成施密特触发器？如何测得施密特触发器的波形？

2.9　数字电子钟逻辑电路实验

一、实验目的

1. 通过数字电子钟逻辑电路的设计，掌握利用集成芯片搭建、设计数字系统的步骤和方法。
2. 掌握集成芯片的组装、调试方法。

3. 了解电子电路的抗干扰方法。

二、实验预习要求

预习思考题

（1）系统设计方法和步骤是什么？

（2）各单元电路设计中有何注意事项？

（3）器件如何选取？

（4）电子电路调试过程中应注意什么？

（5）电子电路有哪些抗干扰方法？

（6）用集成芯片设计和利用 DE2 开发板设计有何相同点与不同点？是否通用？

三、实验任务及要求

用中、小规模集成电路设计一台能显示日、时、分、秒的数字电子钟，要求：由晶振电路产生 1Hz 标准秒信号；秒、分为六十进制计数器；时为二十四进制计数器；可手动校正，能分别进行秒、分、时的校正。只要将开关置于手动位置，可分别对秒、分、时进行手动脉冲输入调整或连续脉冲输入的校正；整点报时。

说明：该项目有两种方法实现，一种是用 Quartus II 软件中原理图输入所设计的总体电路图，下载到 DE2 开发板上实现；另一种是本节重点强调训练的采用集成芯片硬件搭建电路，在面包板上实现。

四、实验实现方法

设计实现分为系统设计和组装调试两部分。系统设计包括明确任务、按设计要求选题、单元设计器件选择、绘制电路图等步骤。组装调试则是验证电路是否能满足设计要求的关键步骤。

1. 明确系统的设计任务要求

对系统的设计任务进行具体分析，充分了解系统的性能、指标、内容及要求，知道自己要完成的具体工作。

2. 实现基本方案选择

根据设计任务要求和条件，查阅相关文献资料，对比分析不同方案的可行性和优缺点，找到功能相对完整、设计合理、可靠、经济的具体实施方案。同时将系统要完成的功能进行分解，化分系统的总体框图，大致将系统分成几个功能部分。框图要能够正确反映系统应完成的任务和各组成部分的功能，清楚表示系统的基本组成和相互关系。

3. 系统划分

根据具体实施方案的功能框图和指标，将系统划分成各部分进行详细分析，明确各部分的功能和作用，命名各部分。根据各部分的不同作用和任务，进行单元模块设计、单元模块参数计算和选择器件。

（1）单元模块设计

单元模块设计是最重要的一步，只有把各单元模块的电路性能设计完善，才能更好地实现整体电路的功能。

与整个系统设计相同，单元模块的设计也需要先明确设计任务和要完成的工作，详细确定各单元模块的性能指标和前后级之间的关系，分析电路的组成，进行资料的再整合、查找和丰富。具体设计时先找成熟电路单元再进行部分改进，注意各单元电路输入信号、输出信号和控制信号的关系。

（2）单元模块参数计算

根据单元模块完成功能设计电路的各组成部分，掌握其工作原理，确定基本结构后，利用电路、模拟电路和数字电路中相关知识、计算公式和计算方法，根据设计要求，求出电阻值、放大倍数、电容等参数。

计算过程中可能会得到多组数据，根据设计要求，在误差允许范围内，认真选择切实可行的参数。计算电路参数时应注意：元器件的工作电流、电压、频率和功耗等参数应能满足电路指标的要求；元器件的极限参数必须留有足够余量，一般大于额定值的 1.5 倍；电阻和电容的参数应选择计算值附近的标称值。

（3）选择器件

选择阻容器件：由于电阻和电容的种类和型号很多，不同的电路对电阻和电容性能要求的侧重点不同，有些电路重点考虑电容的漏电方面，有些电路重点考虑性能和容量方面，因此更应根据设计的不同要求慎重选择性能和参数适合的阻容器件，同时注意功耗、容量、频率和耐压范围是否满足设计要求。

选择分立器件：分立器件主要指模拟电子电路中所学的非线性的二极管、晶体三极管和场效应管、光电二极管、光电三极管、晶闸管等。不同的分立元件考虑的性能参数不同，选择方法也不同。如选择三极管时，要根据在电路中所起的作用不同，决定是在低频段使用低频管，还是在高频段使用高频管，功率放大中是用大功率管还是小功率管，是用 NPN 还是 PNP 构成电路性能更优等。同时，不同的放大电路所需计算的参数也不同。

选择集成电路：集成电路可以完成很多单元电路甚至整机电路的功能，且性能稳定可靠，体积小，因此很受设计者的欢迎。集成电路分成模拟集成电路和数字集成电路，器件的型号、原理、功能、特性可以查阅有关手册。在根据设计要求选择集成电路时，要注意功耗、电压、速度、价格等参数。

4．电路图绘制

电路图是在系统框图、各单元模块图完成的基础上绘制的，表示整个电路结构和各单元模块之间的连接关系，它是实际连接电路、调试和维修的依据。

具体绘制要求如下。

（1）纵观全局，器件排列合理、均匀，绘制清晰，可读性强。

（2）注意各信号的流向，一般从输入端或信号源画起，由左至右或由上至下按信号的流向依次画出各单元电路，而反馈通路中的信号流向正好相反。

（3）图形符号要标准，符合通用要求，增加适当的标注。

（4）连接线以直线为主，尽量避免交叉线和折弯。互相连通的交叉线在交叉点处用圆点表示。根据需要，可以在连线上添加信号名或其他标记，表示其功能或去向。

5．组装

组装电路通常是在面包板上插接电路，注意插出来的图形应与电路图完全一致，全部集成芯片缺口处应向左，正确使用面包板上的连通区，导线要与面包板孔相匹配，直径大小要相等。一般习惯正电源用红线，负电源用蓝线，地用黑线，信号线可以用其他颜色的线。组装电路最重要的一点是要共地，集成芯片要接地和电源，导线要紧贴面包板的防止接触不良。

6．调试

调试有两种方法：一种是边搭建边调试，先搭建单元模块，调试成功后，再连接起来组装成整体电路，再调试；另一种是整个电路按图纸搭建完成后，再统一进行调试。第一种方法的优点是便于及时发现问题并及时解决，是课程设计中经常用到的方法。第二种方法是一次性调试，适用于比较成熟的产品。

无论哪种调试方法，都采用相同的步骤如下。

（1）通电前检查，电路组装完成后，上电前要再进行一次认真细致的检查，主要直观检查电路各部分连线是否正确，是否存在地和电源、信号线、元器件引脚之间的短路问题，器件型号是否接错，连接是否正确。

（2）通电检查，接入电源和地，看各元器件有无异常现象，如有异常，应果断切断电源，排除故障后再重新通电。

（3）单元模块检查，主要通过输出波形来观察该模块是否具有原设想完成的功能，其性能指标是否符合本部分的调试要求。

（4）整个系统调试，主要观察各单元模块之间连接后的信号关系，看动态结果，检查电路的性能和参数，分析测量的数据和波形是否符合设计要求，对发现的问题和故障及时采取处理措施。

7．抗干扰常用方法

在电路的关键部位配置云母电容；CMOS 输入阻抗很高，使用时对其不用端要根据功能接地或接电源正极；TTL 器件的多余输入端不能悬空，应根据其功能进行处理；按钮、继电器、接触器等元器件的接点在动作时均会产生火花，必须用 RC 电路加以吸收。

五、实验设备与器件

器件自选。

六、实验内容及步骤

1．明确系统的设计任务要求。

2．实现基本方案选择，画出系统总体框图。通过图书馆查找相关书籍，或网上资料查找。

3．根据具体实施方案的功能框图和指标，将系统划分成的各部分进行详细分析，明确各部分的功能和作用，命名各部分。根据各部分的不同作用和任务，进行单元模块设计、单元模块参数计算和选择器件。模块可分成以下几部分。

（1）秒脉冲产生电路。是数字电子钟的核心部分，它的精度和稳定度决定了数字电子钟的质量。通常用晶体振荡器发出的脉冲经过整形、分频获得 1Hz 的秒脉冲。如晶振频率为 32768Hz，通过 15 次二分频，可获得 1Hz 的脉冲输出。系统总体框图如图 2.9.1 所示。

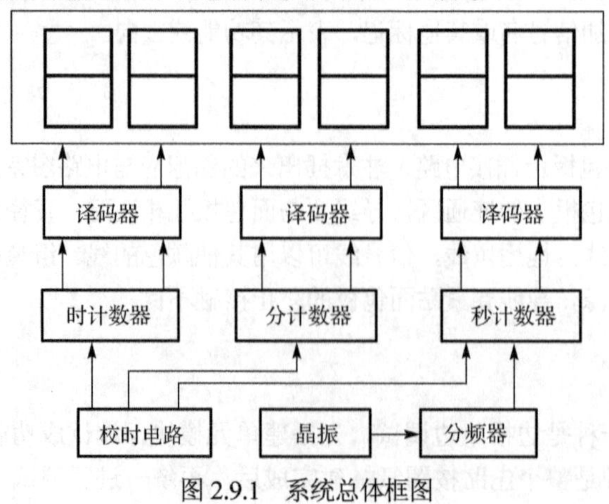

图 2.9.1 系统总体框图

（2）计数电路。获得秒脉冲信号后，可根据 60 秒为一分钟，60 分钟为一小时，24 小时为一个计数周期的计数规律，分别确定秒、分、时的计数器。由于秒和分的显示周期均为六十进制，因此可以由二进制计数器组成，其中，秒和分的个位为十进制的计数器，十位为六进制的计数器，可采用反馈归零法来实现。

时计时器为二十四进制计数器，也可用两片 74LS160 集成电路利用反馈归零法来实现。当时计数器输出第 24 个进位信号时，时计数器复位，即完成一个计数周期。

（3）译码显示。电路比较简单，可以采用共阴极 LED 数码管 LC5011—11 和译码器 74LS248 组成，也可以选用共阳极 LED 数码管和译码器。

（4）校时电路。校时电路的作用是当计数器刚接通电源或走时出现误差时，进行时间的校准。通过开关不断地断开与闭合，不断给脉冲高电平，使计数器加快计数，从而达到校时的目的。

（5）功能扩展。增加整点报时。整点报时电路可以由一个多输入与非门和蜂鸣器构成。此电路每当分计数器和秒计数器计到 59 分 50 秒时便自动驱动音响电路，在 10s 内发出 5 次鸣叫，每隔一秒叫一次，每次叫声持续 1s，并且前四声叫声低，最后一声音调高，此时计数器指示正好为整点 0 分 0 秒。

如果鸣叫电路由高、低两种频率通过或门驱动一个三极管，带动扬声器鸣叫。1Hz 和 500Hz 可从晶振分频器近似获得。如图中的 CD4060 分频器输出端的输出频率分别为 1024Hz 和 512Hz。

4．电路图绘制。系统整体电路图如图 2.9.2 所示。

5．组装、调试。

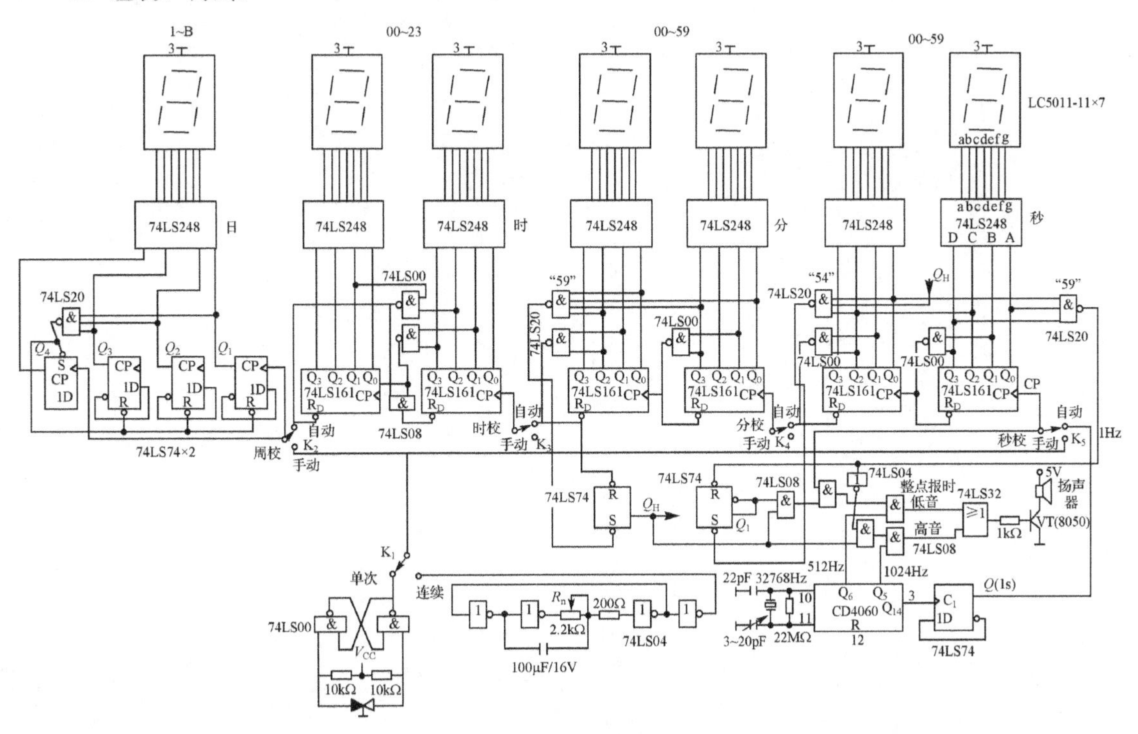

图 2.9.2　系统整体电路图

七、实验报告要求

参照附录 E 完成。

八、实验思考题

参照第 6 章，利用集成电路完成相应设计题目。

2.10 小　结

本章为数字电路与系统理论课配套实验，为加深对理论课程中重点知识点和难点的理解，本书实验分成基本性实验、提高性实验和设计性实验，满足学生差异的个性需求。最后利用集成芯片搭建一个简单的数字系统，使学生得到感性认识，真正了解电子电路设计方法，培养专业兴趣，同时为课程设计打下基础。

第3章 VHDL语言介绍

本章是帮助初次接触VHDL语言的读者入门的一章，VHDL语言是一种独立于实现技术的语言，其易学性众所周知，但是用户必须了解和熟练掌握本章介绍的知识和技巧，才可以在日后的学习中举一反三、事半功倍。

3.1 VHDL概述

目前，业界存在许多HDL，其中，最流行的两种是VHDL和Verilog HDL，这两种语言除了语法上的差异及限制之外，支持两者的 EDA 工具所提供的功能几乎是相同的，因此可以根据需要选用，本书使用的是VHDL。VHDL的全称是超高速集成电路硬件描述语言，其英文全名是Very-High-Speed Integrated Circuit Hardware Description Language。VHDL诞生于1982年。1987年底，VHDL被IEEE和美国国防部确认为标准硬件描述语言。

3.1.1 EDA技术的概述

1. EDA技术

主要术语摘要如表3.1.1所示。

表3.1.1 主要术语摘要

英文缩写	全 文	中文含义
EDA	Electronic Design Automation	电子设计自动化
PLD	Programmable Logical Device	可编程逻辑器件
CPLD	Complex Programmable Logical Device	复杂可编程逻辑器件
FPGA	Field Programmable Gates Array	现场可编程门阵列
ISP	In System Programmable	在系统可编程
ASIC	Application Specific Integrated Circuits	专用集成电路
JTAG	Join Test Action Group	边界扫描测试技术
VHDL	Very-High-Speed Integrated Circuit Hardware Description Language	硬件描述语言

随着电子设计自动化（EDA）技术的不断发展，其实质已经不再局限于软件画图制版的层面上，而延伸至芯片内的电路设计自动化。也就是说，开发人员通过自己的电路设计来定制其芯片内部的电路功能，使之成为设计者自己的专用集成电路（即ASIC）芯片，这就是当今的用户可编程逻辑器件（PLD）技术。

可编程器件不仅具有体积小、容量大、I/O 口丰富、易编程和加密等优点，更突出的特点是其芯片的在系统可编程技术（ISP 技术）和再编程能力。在系统可编程技术可实现只要把器件插在系统内或线路板上，就能对其进行反复编程修改。在系统可编程技术打破了产品开发时必须先编程后装配的惯例，而可以先装配后编程，成为产品后还可以在系统反复编程，从而可编程器件真正做到了硬件的“软件化”自动设计。

可编程器件可分为数字可编程器件和模拟可编程器件两类。数字可编程器件按其密度可分为低密度 PLD 和高密度 PLD 两种，低密度 PLD 器件如早期的 PAL、GAL 等，它们的编程都需要专用的编程器，属于半定制 ASIC 器件；高密度 PLD 又称复杂可编程逻辑器件，如市场上十分流行的 CPLD、FPGA 器件，它们属于全定制 ASIC 芯片，编程时仅需以 JTAG 方式与计算机并口相连即可。本书主要以数字可编程逻辑器件（CPLD、FPGA）的设计与应用为主要内容进行系统描述。

CPLD/FPGA 同属于高密度用户可编程逻辑器件，其芯片门数（容量）等级从几千门到几万门、几十万门不等。CPLD 适合于做各种算法和组合逻辑电路设计，而 FPGA 更适合完成时序比较多的逻辑电路。由于 FPGA 芯片采用 RAM 结构，掉电以后其内部程序将丢失，在形成产品时一般都和其专用程序存储器配合使用。CPLD 和 FPGA 具有相同的电路设计方法，只是在芯片编译或适配时生成的下载文件不同。

2. VHDL 语言历史

硬件描述语言用特殊的语言来描述数字系统的逻辑功能，这种语言能仿真硬件电路的逻辑功能、电路之间的连接、时序关系等，是硬件电路的“软件化设计”，或者说成是用软件代替硬件。1982 年，VHDL 语言诞生于美国国防部赞助的 VHISIC 项目；1987 年底，VHDL 被 IEEE 和美国国防部确认为标准硬件描述语言，即 IEEE—1076（简称 87 版）；1993 年，IEEE 对 VHDL 进行了修订，公布了新版本的 VHDL，即 IEEE 标准的 1076—1993（1164）版本；1996 年，IEEE—1076.3 成为 VHDL 综合标准。

3. VHDL 语言特点

VHDL 语言程序结构通常将一项工程设计分成实体和结构体，实体定义直接能看到输入/输出端口，结构体不可见，但实现了电路的内部功能和算法。应用 VHDL 进行工程设计有许多优点，具体表现如下。

（1）与其他硬件描述语言相比，VHDL 语言具有更强的行为描述能力，从而决定了它成为系统设计领域最佳的硬件描述语言。强大的行为描述能力是避开具体的器件结构，从逻辑行为上描述和设计大规模电子系统的保证。

（2）VHDL 语言丰富的仿真语句和库函数，使得在大系统设计的早期就能查验设计系统功能的可行性，随时可对设计进行仿真模拟。

（3）VHDL 语言的行为描述能力和程序结构决定了它具有支持大规模设计的分解和已有设计的再利用功能。

（4）对于用 VHDL 语言完成的一个确定的设计，可以利用 EDA 工具进行逻辑综合和优化，并自动地把 VHDL 描述转变成门级网表。

（5）VHDL 语言对设计的描述具有相对独立性，设计者可以不懂硬件的结构，不必管最终设计实现的目标器件是什么，而可以进行独立设计。

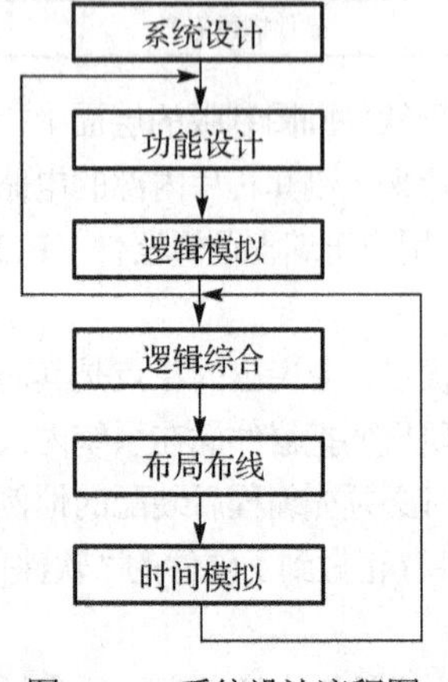

图 3.1.1　系统设计流程图

3.1.2　VHDL 设计流程

基于硬件描述语言的数字系统设计是一个从抽象到实际的过程。如图 3.1.1 所示，一个简单的 VHDL 工程设计流程主要包括设计输入、综合、仿真、适配、下载、硬件测试等步骤。进行设计首先需要在 EDA 工具的编辑器中输入根据 VHDL 语法和需要实现的功能进行设计 VHDL 程序。设计输入后可以通过逻辑模拟即仿真来对 VHDL 语法进行检查，对可行性进行评估。逻辑综合是 VHDL 设计流程中非常重要的一步，通过综合器件将 VHDL 程序转换成实际的硬件电路结构，获得网表文件（底层的电路描述文件），即将软件设计转换成硬件电路。综合后也可以对设计进行仿真，验证通过综合后的电路或系统是否满足系统设计的功能要求。

逻辑综合后，需要选择硬件芯片，通过适配器在芯片上进行布局布线及优化等操作。同时也可以进行时序仿真，即时间模拟。

如果所有步骤都没有问题，功能仿真和时序仿真结果完全符合系统的设计要求，则可以编程下载到硬件，即具体的 CPLD 或 FPGA 芯片中，本书使用的是 Altera 公司的 FPGA 芯片，得到最终硬件电路，最后进行硬件测试。

3.1.3 VHDL 语言文字规则

1. 标识符命名规则

在 VHDL 语言编程设计中，经常使用标识符表示实体、结构体、常数、变量、信号、端口和进程等的名字，因此要熟练掌握标识符的书写规范、语法规则。现使用的规则为 93 版。

VHDL 的标识符是由字母 A～Z（a～z）、数字 0～9 和下画线“_”组成的字符序列，用来给程序中的实体、结构体、端口、变量、信号等进行命名。

命名原则如下。

（1）必须以英文字母开头。

（2）不能以下画线“_”结尾，且不能出现连续两个或多个下画线。

（3）不区分字母的大小写。

（4）不能使用关键字（如 entity 等）和运算符（如 and、or 等）。

（5）通常采用有意义，能反映对象特征、作用和性质的单词命名，单词之间可以用“_”分开，为了避免太长，可采用缩写。

例如：and3 表示三输入与门；max_delay 表示最大延时。

2. 数字型文字

数字型文字包括整数型、实数型和以数基表示的文字三种表示方法，如表 3.1.2 所示。

表 3.1.2　数字型文字

序　号	分　类	说　明	举　例
1	整数型	整数型皆为十进制数，其中下画线没有实际意义，相当于空格，不影响数值大小	2、465、376_2583_3=37625833
2	实数型	实数型皆为十进制数，但必须有小数点。另外可以用指数表示	231.5、3.56E-3=0.00356
3	以数基表示文字	5 部分构成： 数字基数#数值#十进制表示的指数，如果指数为零，可忽略不写	2#11001#表示二进制数 11001，十进制 25。 10#34#3 表示十进制计数 34，指数为 3，即 34000

3. 字符串型文字

字符串型文字包括字符和字符串两种。字符是用单引号引起来的 ASCⅡ字符、数值、符号或字母，如‘R’、‘d’、‘_’。字符串是由字符构成的一维数组，用双引号引起来，有文字串如“ERROR”、“10*CA”、“WARNING”，也可以是数位，如 B“1100010111”（二进制，长度为 10）、X“232”（十六进制，长度为 12，一位十六进制等于 4 位二进制），首先为数基，然后是数值。

4．注释

与其他语言一样，为了增强程序的可读性，通常在程序的行末尾用“--”注释来解释本行语句的作用。增加注释，注释过的内容不参与编译执行。

例如：LIBRARY ieee; --库说明

3.2　VHDL 语言程序基本结构

一个完整的 VHDL 语言程序通常包含实体（ENTITY）、结构体（ARCHITECTURE）、库（LIBRARY）、包集合（PACKAGE）和配置（CONFIGURATION）5 个部分。

例 3.2.1 是一个关于两输入或门设计的完整程序模板，逻辑符号如图 3.2.1 所示。由这个抽象的程序可以归纳出 VHDL 程序的基本结构。

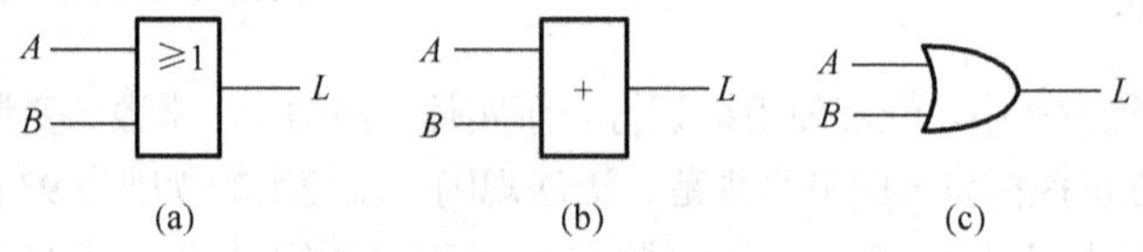

图 3.2.1　两输入或门的逻辑符号

【例 3.2.1】　VHDL 程序的基本结构。

```
LIBRARY ieee;                     库
USE ieee.std_logic_1164.all;  程序包  --声明在实体中将要用到的信号定义、常数定义、
                                        数据类型、元件语句、函数定义和过程定义等。

ENTITY  and3 IS
PORT (a, b: in std_logic;
      y: out std_logic);  实体部分      --存放已经编译的包集合、实体、结构体和配置等。
END and3;
ARCHITECTURE and3_arch OF and3 IS      --定义电路的输入/输出接口。
BEGIN
y<=a  OR b ;              结构体部分    --描述电路内部功能。
END and3_arch ;
```

VHDL 程序结构更抽象、更基本、更简练的表示如图 3.2.2 所示。实体用关键字 ENTITY 来标识，结构体由 ARCHITECTURE 来标识。系统设计中的实体提供该设计系统的公共信息，结构体定义了各个模块内的操作特性。一个实体必须包含一个结构体或含有多个结构体。一个电子系统的设计模型如图 3.2.3 所示。

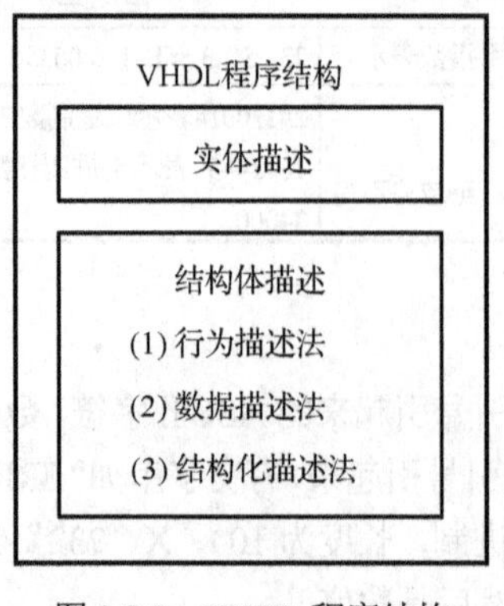

图 3.2.2　VHDL 程序结构

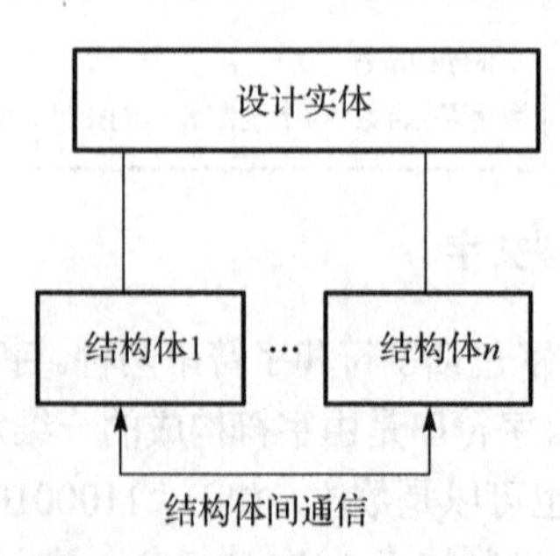

图 3.2.3　电子系统的设计模型

3.2.1　库与程序包

1．库声明

库（LIBRARY）是经编译后数据的集合，它是多个性质相近、功能类似的程序包的集合，存放的是程序包定义、实体定义、结构体定义和配置定义。像 C 语言一样，在设计最前面的是库说明，编程时可直接使用库中的程序包。在 VHDL 语言中可以使用多个不同的库，库彼此之间是相互独立的，实际上一个库对应一个目录。

（1）库声明格式如下。

```
LIBRARY 库名;
USE 库名.程序包.all;
```

（2）最常用的库有 4 种，如表 3.2.1 所示。

表 3.2.1　库的种类

库　类　型	说　　明
IEEE 标准库（资源库）	IEEE 认可的标准库，是使用频率最高和最常用的资源库。其主要包括含有 IEEE 标准的程序包和其他一些支持工业标准的程序包（如 Sysnopsys 公司的 std_logic_arith 等）。 STD_LOGIC_1164（多值逻辑系统）、STD_LOGIC_ARITH（基本算术运算）、STD_LOGIC_SIGNED（有符号的向量）
用户定义库（资源库）	由用户自己定义。VHDL 文件被编译后，编译的结果存储在特定的目录下，这个目录的逻辑名称即 Library，此目录下的内容即是这个 Library 的内容
WORK 库（设计库）	WORK 库为标准设计库，是现行作业库，使用时无须说明。设计人员所编写的 VHDL 程序一般都存放在此库中。还经常用来保存一些公用的例化元件和模块，在编程时可以直接调用，提高设计效率
STD 库（设计库）	STD 库为 VHDL 标准库，使用该库不需要说明。它包含两个预定义的程序包：standard 和 textio。standard 程序包中定义了 bit、bit_vector、character 和 time 等数据类型，而 textio 程序包主要包含对文本进行读/写操作的过程和函数
面向 ASIC 库（资源库）	在 VHDL 中，为了进行门级仿真，各公司提供了面向 ASIC 的逻辑门库，库中存放大量同各种逻辑门相对应的各种实体单元的 VHDL 程序

2．程序包

程序包（PACKAGE）用来存放 VHDL 语言设计中所要用到的信号定义、常数定义、数据类型、元件语句、函数定义和过程定义等公共资源。它是一个可编译的设计单元，也是库结构中的一个层次，如例 3.2.2 所示。

常用程序包如 standard 程序包，预先在 std 库中编译，主要定义了布尔类型、bit 类型、character 类型、出错级别、实数类型、整数类型、时间类型、延迟长度子类型、自然数子类型、正整数子类型、string 类型、bit_vector 子类型、文件打开方式类型和文件打开状态类型。IEEE 1164 标准规定 standard 程序包对所有设计模块可见，因此在所有 VHDL 程序的开始部分隐含了如下的说明语句。

```
LIBRARY std;
USE std.standard.all;
```

常用程序包还有 STD_LOGIC_1164 程序包，需要在程序开始部分声明，其预先在 IEEE 库中进行了编译，是使用最广泛的程序包，定义了 std_ulogic、std_ulogic_vector、std_logic、std_logic_vector 等数据类型和对应于不同数据类型的 and、nand、or、nor、xor、xnor、not 等函数。

```
LIBRARY IEEE;
USE IEEE.STD_LOGIC_1164.all;
```

对库中的程序包进行访问，必须通过 USE 语句实现，其格式为：

```
USE 库名.程序包.all;
```

一旦说明了库和程序包，整个设计实体就可以对库和程序包进行访问或调用，但其使用范围仅限于所说明的设计实体。USE 子句的使用将使所说明的程序包对本设计实体部分或全部开放。

【例 3.2.2】

```
USE ieee.std_logic_1164.all;
USE ieee.std_logic_1164.std_logic;
```

第一个 USE 子句表明打开 IEEE 库中 std_logic_1164 的程序包，all 代表要使用包中所有的定义和说明项。第二个 USE 子句表明对本语句后面的 VHDL 设计实体开放了程序包 std_logic 数据类型。一个程序包由包头和包体两部分组成。

注：在使用 USE 子句时，程序包名所标识的程序包必须存在于前面所说明的库中，否则编译将会出错，因此在使用库时，设计人员必须对库中存在的已编译设计单元有所了解。

库说明语句的作用范围从一个设计实体说明开始，到它所隶属的结构体、配置为止，或者从一个程序包说明开始，到该程序包定义结束为止。

3.2.2 实体

实体（ENTITY）用来说明模型的外部特征，描述数字系统或单元与其他数字系统或单元之间的连接关系，是 VHDL 程序重要组成部分。主要用来描述设计实体与外部电路的接口，用来定义电路的输入、输出引脚，实体相当于电路图的一个器件符号，从外观上描述器件，不涉及器件的具体逻辑功能。在层次化设计中，顶层的实体说明可以是整个系统或整个单元的输入/输出描述，底层的实体说明可以是一个元件或芯片的输入/输出描述。实体说明还要对实体内的类属参数进行描述，类属参数的描述必须放在端口描述之前。

1．实体书写格式

实体由实体名、类属参数、端口表、实体说明部分和实体语句部分组成。实体说明以“ENTITY 实体名 IS”开始，以“END 实体名”结束。大写字母或黑体字都是 VHDL 关键字。实体可以看作是一个电路图的符号，EDA 工具对 VHDL 语言的大小写字母不加区分。实体书写格式：

```
ENTITY <实体名> IS
[类属参数说明]
[端口说明]
END <实体名>;
```

（1）实体名（Entity_name）必须与文件名相同，否则编译时会出错。

（2）类属参数说明（Generic Declarations）是一个可选项，主要为实体和外部环境通信的静态信息提供通道，常用来规定端口的大小、信号定时特性等。

格式：generic(名字：类型[：=静态表达式]);

例如：generi(delay:time:=10ns);表示语句中定义了一个 time 类型的参数，它的值为 10ns。

（3）端口（PORT）是实体中的每一个外部 I/O 信号（引脚）的名称，一个端口就是一个数据对象。端口说明的组织结构必须有一个端口名称、一个端口通信模式和一个数据类型。其中，端口名称是端口的标识符；端口通信模式用来说明数据通过该端口的流动方向；数据类型说明经过该端口的数据类型。

2．端口说明书写格式

```
PORT（[SIGNAL]端口名称：[端口模式]端口数据类型标志[BUS][：=静态表达式]，…）
```

（1）端口名称。每个外部引脚的名字，通常由字母、数字和下画线组成。每个端口定义的信号名在实体中必须是唯一的，其名称的含义要明确，如 D 开头的端口名表示数据，A 开头的端口名表示地址等，如 CLK，RESET，A3，D2。

（2）端口模式。模式用来说明数据、信号通过该端口的传输方向，分成 5 种，如表 3.2.2 所示。

表 3.2.2　端口模式类型

类　型	说　明
输入 IN	数据只能从外部通过实体的端口向实体内单方向流入，不能输出。输入模式主要用于时钟输入、控制输入（如 Load、Reset、Enable、CLK）和单向的数据输入，如地址信号（address）。不用的输入一般接地，以免浮动引入干扰噪声
输出 OUT	数据只能从实体内部通过端口向实体外单向流出，不输入，也不在内部反馈使用。输出模式常用于计数输出、单向数据输出、设计实体产生的控制其他实体的信号等。一般而言，不用的输出端口不能接地，避免造成输出高电平时烧毁被设计实体
双向端口 INOUT	双向端口数据既可流入，又可流出。用于实现内部反馈，双向端口是一个完备的端口模式，可以代替输入模式、输出模式和缓冲模式
缓冲 BUFFER	缓冲端口，实际是双向端口。它与双向端口的区别是只能接受一个驱动源，不允许多重驱动，只允许内部引用该端口的信号，没有外部读入的反馈。缓冲端口既能用于信号输出，也能用于实体内部反馈
链接 LINKAGE	用来说明端口无指定方向，可与任意方向的信号相连

注：OUT 和 BUFFER 都可以定义输出端口，但两者有区别，如果输出信号要反馈回实体内部被再次使用，则此时输出信号只能定义为 BUFFER，而不能定义为 OUT。

（3）端口数据类型。定义引脚的数据类型，常用的布尔型（boolean）、位型（bit）、九值逻辑（Std_Logic）、整型（Interger）等。需要注意：端口信号、内部信号和操作的数据应类型一致，才能编译成功。

根据上述实体说明的一般书写格式，编写一个 VHDL 程序设计的实体说明，如例 3.2.3 所示。

【例 3.2.3】　两输入或门的实体说明。

```
ENTITY or2 IS
PORT (A, B: in std_logic;
      F: out std_logic);
END or2;
```

根据实体说明部分可画出 or2 实体的逻辑图，如图 3.2.4 所示。

【例 3.2.4】　计数器（74×163）的实体说明。

```
ENTITY v74x163 IS
PORT (clk,clr_l, ld_l : in std_logic;
      enp,ent: in std_logic;
      d: in std_logic_vector(3 downto 0);
      q: out std_logic_vector(3 downto 0);
      rco: out std_logic);
END v74x163;
```

根据实体说明部分可画出逻辑图，如图 3.2.5 所示。

3. 扩展与思考

如图 3.2.6 所示为 8 位加法器外部接口图，请补全实体部分程序。

```
LIBRARY  ieee;
USE  ieee.std_logic_1164.all;
ENTITY  add8  IS
PORT(b:in  std_logic_vector(7  downto  0);
```

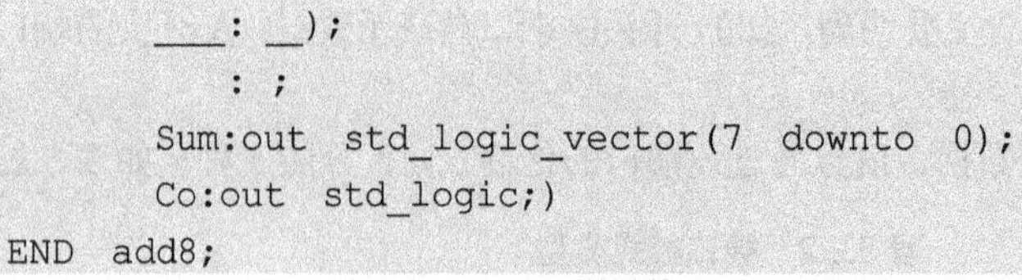

```
        ___: __);
            : ;
        Sum:out  std_logic_vector(7  downto  0);
        Co:out  std_logic;)
    END  add8;
```

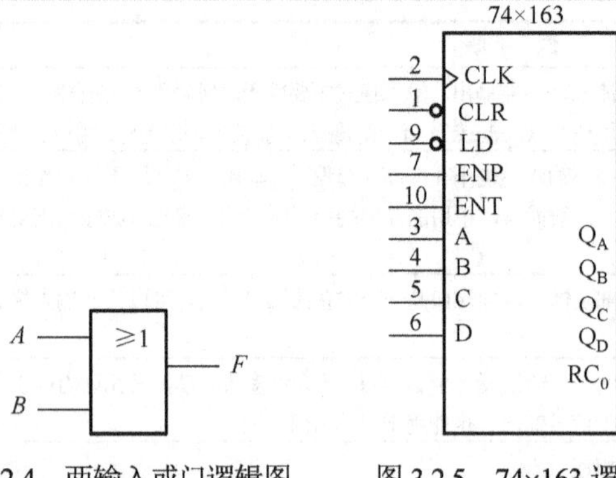

图 3.2.4　两输入或门逻辑图　　图 3.2.5　74×163 逻辑图　　图 3.2.6　实体 add8 8 位加法器外部接口图

3.2.3　结构体

结构体（ARCHITECTURE）是设计的最主要部分，用来描述实体的内部结构和逻辑功能，规定了该设计实体的数据流程，指明了实体中内部元件的连接关系。如果把设计实体抽象为一个功能方框图，结构体则描述了这个功能方框图的内部实现细节，包括实体硬件的结构、类型、功能、元件间的互连关系，信号如何传输和变换，以及动态行为。结构体必须和实体（ENTITY）相联系，一个实体（ENTITY）可以有多个结构体，结构体的运行是并发的。结构体对其基本设计单元的输入/输出关系可以用三种方法进行描述，如表 3.2.3 所示。

表 3.2.3　结构体输入/输出描述类型

类　型	说　明
行为描述法（基本设计单元的数学模型描述）	采用进程语句，顺序描述被称设计系统的行为
数据流描述法（寄存器级传输描述）	采用进程语句，顺序描述数据流在控制流作用下被加工、处理、存储的全过程
结构描述法（逻辑单元连接描述）	采用并行处理语句描述设计实体内的结构组织和元件互连关系

1. 结构体书写格式

```
ARCHITECTURE 结构体 OF 实体名 IS
[结构体定义语句] 内部信号、常数、元件、数据类型、函数等的定义
BEGIN
[并行处理语句和 BLOCK、进程语句 PROCESS、FUNCTION、PROCEDURE]
END 构造体名;
```

（1）结构体名，是对本结构体的命名，可隐含结构体作用，是结构体唯一的表示符，要求符合命名规范，具有一定的可读性。

（2）OF 后面的实体名表明该结构体属于哪个设计实体，将结构体与实体说明联系起来。有些设计实体中可能含有多个结构体，但这些结构体名不能相同，否则会出现错误。

（3）结构体定义语句位于关键字 ARCHITECTURE 和 BEGIN 之间，用于对结构体内部使用的信号、常数、元件、数据类型、函数进行定义。

```
type declarations --类型声明
```

```
signal declarations --信号声明
constant declarations--常数声明
component declarations--元件声明
function definitions--定义函数
procedure definitions--定义过程
```

需要注意的是，结构体定义语句中的信号、常数与实体说明部分的信号、常数的定义不同，此处的信号、常数等只能用在本结构体内部，实体说明部分的信号、常数可以为实体包含的多个结构体使用。

（4）并行处理语句是结构体描述的主要语句，具体描述了在同一时刻可能有多个动作同时发生，即某个 VHDL 模拟时钟的某个时刻同时有多个进程被激活并行发生。并行处理语句表明，若描述一个结构体用的是结构描述方式，则并行语句表达了结构体的内部元件之间的互连关系。这些语句是并行的，各个语句之间没有前后的执行顺序关系。主要包括 5 种不同类型的并行语句：块语句、进程语句、信号赋值语句、子程序调用语句和元件例化语句，详细可见第 3.6 节。

若一个结构体是用进程语句来描述的，并且这个结构体含有多个进程，则各进程之间是并行的。但必须声明，每个进程内部的语句是有顺序的，不是并行的。

2．实例

根据结构体说明的一般书写格式，编写一个 VHDL 程序设计的结构体说明，如例 3.2.5 所示。

【例 3.2.5】 二输入与非门的结构体说明。

```
ARCHITECTUR one OF vnand2 IS
BEGIN
   y<=a NAND b;                  结构体部分
END one;
```

one 是结构体名，vnand2 属于实体，赋值语句“y<=a NAND b;”相当于表达式 $y=\overline{a\cdot b}$。

3.3 数据类型和数据对象

3.3.1 数据类型

VHDL 是一种强类型语言，要求每个数据对象必须具有确定的唯一的数据类型，而且只有相同的数据类型的量才能互相传递和作用。数据类型可分成三类：标准数据类型、IEEE 标准数据类型和用户自定义数据类型。

1．标准数据类型

标准数据类型包括整数类型、实数类型等，包含在 STD 中的 standard 程序包中，通常用来描述单个数值或枚举状况下的枚举值，是能代表某个数值的数据类型，如表 3.3.1 所示。使用这些数据类型时不用声明。

表 3.3.1 标准数据类型

标准数据类型	说 明
BIT（位类型）	二进位型，‘0’或‘1’，true 或 false
BIT_VECTOR（位矢量）	“01010”，双引号
INTEGER（整型）	32 位带符号整型变量
CHARACTER（字符类型）	‘a’，‘b’，‘c’，单引号
String（字符串类型）	“START”，双引号

续表

标准数据类型	说　明
Real（实数类型）	–1.0，带小数点
Time（时间类型）	fs，ps，ns，ms，min，20us
错误等级	wait，error，warning，failure

2．IEEE 标准数据类型

IEEE 标准数据类型是数字电路设计的工业标准逻辑类型，指包含在 IEEE 库中的 std_logic_1164 程序包中定义的一种数据类型，其包括 std_logic（标准逻辑位）和 std_logic_vector（标准逻辑向量）两种，如表 3.3.2 所示。

表 3.3.2　IEEE 标准数据类型

IEEE 标准数据类型	说　明
std_logic（标准逻辑位）也称九值逻辑，取值多样化，增加了 VHDL 语言编程、综合和仿真的灵活性	‘U’ 未初始化，用于仿真 ‘X’ 强未知，用于仿真 ‘0’ 强 0，用于综合与仿真 ‘1’ 强 1，用于综合与仿真 ‘Z’ 高阻，用于综合与仿真 ‘W’ 弱未知，用于仿真 ‘L’ 弱 0，用于综合与仿真 ‘H’ 弱 1，用于综合与仿真 ‘—’ 忽略，用于综合与仿真
std_logic_vector（标准逻辑向量）	类似 bit_vector 数据类型，对应的是二进制数组

要使用这种类型，代码中必须声明库和程序包说明语句。

```
LIBRARY  ieee;
USE ieee.std_logic_1164.all;
```

3．用户自定义数据类型

VHDL 的设计者把一些自己常用的数据类型提前做好定义放在程序包中，满足用户自己的设计需求，称为自定义数据类型，如表 3.3.3 所示。

表 3.3.3　用户自定义数据类型

枚举型（enumerated type）	说明	把数据类型中各个元素都列出来，通常列出一组状态，方便直观。在综合时，采用枚举型数据要先转换成二进制编码，自动编码，从而满足了硬件设计时间要求
	格式	type type-name is (value-list);
	举例	type bit is (‘0’, ‘1’) ; type std_ logic is (‘U’, ‘X’, ‘1’, ‘0’, ‘Z’, ‘W’, ‘L’, ‘H’, ‘_’); type week is (sun,mon,tue,thu,fri,sat);
子类型（subtype）	说明	对已存在的类型做一些连续范围的限制，成为一种新的数据类型
	格式	subtype 子类型名 is 基本数据类型 range 约束范围;
	举例	subtype natural is integer range 0 to highest-integer;
数组类型（array type）	说明	将相同数据集合起来构成的新的复合数据类型。数组类型定义中的“范围”，即数组的大小，可以采用增量或减量的方式来给定，采用关键字 to 或 downto。通常，“范围”可以用整数表示，也可以用枚举值表示
	格式	type type_name is array (start to end) of element_type; type type_name is array (start downto end) of element_type; type type_name is array (range_type) of element_type;
	举例	type week is array (1 to 7) of integer;

4. 实例

【例 3.3.1】　VHDL 数据声明。

```
type mothly_count is array (1 to 12) of integer;
type byte is array (7 downto 0) of STD_LOGIC;
constant WORD_LEN:integer:=32;
type word is array (WORD_LEN-1 downto 0) of STD_LOGIC;
constant NUM_REGS:integer:=8;
type reg_file is array (1 to NUM_REGS) of word;
type rom is array (0 to 7) of register;
```

rom 类型实际上是用 register 基类型定义的二维数组，即：

type rom is array (0 to 7, 0 to 7) of bit;

3.3.2 数据对象

数据对象是数据的载体，起接收或输出数据的作用。数据对象同数据类型一样，也有严格的类型分类，并且只能传输与其类型相同的数据。

VHDL 语言包括信号、常量和变量三种数据类型。

1. CONSTANT（常量）

常量属于全局量，是恒定不变的量。在程序开始前进行赋值，在程序中不可以被赋值。常量在程序中可用来表示电源电压和地电位，或表示总线等硬件数目，使程序更容易阅读、修改和移植。

（1）书写格式：

```
CONSTANT 常量名:数据类型:=表达式;
```

【例 3.3.2】　举例。

```
CONSTANT Vcc:real:= 3.3;
```

（2）注意事项：常量的数据类型必须和表达式一致。

2. VARIABLE（变量）

变量属于局部量，只能在进程中使用。变量是在程序中可以改变的量，可以用“:=”赋值，赋值后立即变化为新值。主要作用是在进程中作为临时的数据存储单元，即中间媒介，在实际的硬件电路中不存在。立即生效不产生延时。

（1）书写格式：

```
VARIABLE 变量名:数据类型:=表达式;
```

【例 3.3.3】　举例。

```
temp :="10101010";temp := x"AA" ; (1076-1993)--整体赋值
temp (7) :='1';                              --逐位赋值
temp (7 downto 4) :="1010";                  --多位赋值
```

（2）注意事项：变量赋值需用“:=”。

3. SIGNAL（信号）

信号属于全局量，在程序中可以用“<=”赋值。信号表达电子电路的实际硬件连线，如图 3.3.1 所示。通常在实体、结构体、程序中说明。

（1）书写格式：

```
SIGNAL 信号名:数据类型<=表达式;
```

【例 3.3.4】 举例。

```
SIGNAL temp : STD_LOGIC_VECTOR (7 downto 0);
temp <= "10101010";temp <= x"AA" ;    --整体赋值
temp (7) <= '1';                      --逐位赋值
temp (7 downto 4) <= "1010"           --多位赋值
A<=B'delayed(10 ns);                  --B 延时 10ns 后赋给 A
if (B'Stable(10 ns));                 --判断 B 在 10ns 中是否发生变化
```

（2）注意事项：信号赋值用“信号<=表达式”，赋值改变后不立即生效，要考虑延时。

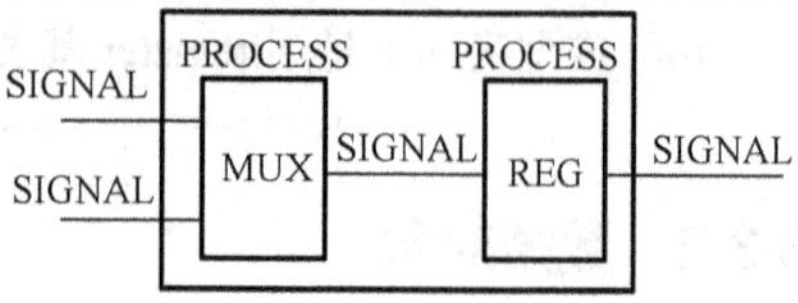

图 3.3.1 信号图

4．信号和变量的区别

信号与变量都是 VHDL 中重要的数据对象，使用频率较高。由于它们之间具有某些相似之处，因此在某些场合下常常容易混淆两者的使用规则，从而可能导致设计描述的错误。通常，信号和变量的主要区别为以下几个方面。

（1）变量赋值是直接的、立即生效的，没有延迟，而信号赋值隐含一个“无限小”的延迟，即Δ延时。

（2）变量只具有当前值，而信号除了具有当前值外，还有许多相关的历史信息。

（3）进程对变量不敏感，而对信号敏感。

（4）变量只在进程、过程和函数中使用，而信号可以是它们的全局信号。

（5）信号是硬件中连线的抽象描述，它们的功能是保存变化的数据和连接子元件。变量在硬件中没有类似的对应关系，只应用于计算中。

（6）变量赋值和信号赋值分别使用不同的赋值符号“:=”和“<=”，变量类型和信号类型可以完全一致，也允许两者之间相互赋值，但要保证两者的类型相同。

3.4 VHDL 运算符

VHDL 语言中的表达式与其他编程语言中的一样，都是由运算符和各种运算对象构成式子。其中，运算符也称为操作符，运算对象也称为操作数。运算符分为算术运算符、逻辑运算符、关系运算符和并置运算符等。

一个 VHDL 运算符可以通过名称、功能、操作数（即运算对象）、操作数的类型及结果值的类型来定义。操作数的类型必须和操作符的类型相匹配。除了 VHDL 语言预定义的运算符外，也允许用户编写程序自定义运算符。

3.4.1 算术运算符

VHDL 算术运算符如表 3.4.1 所示。

【例 3.4.1】 ABS 运算符应用举例。

```
SIGNAL a,b,c; INTERGER 0 TO 15;
```

```
SIGNAL e; INTERGER -4 TO 4;
a<= 2 ** b;
c<= ABS(e);
```

表 3.4.1 算术运算符

运算符	功　能	说　明	运算符	功　能	说　明
+	加	加减运算符的操作数可以是任意类型的数值型数据，运算规则与普通代数加减法相同	SLL	逻辑左移	移位运算符的操作数可以是由位类型或布尔类型的数据对象构成的一维数组，右操作数必须是整型数据，返回结果值数据类型与左操作数相同。逻辑移位运算符在进行移位操作时，空缺位补 0
–	减		SRL	逻辑右移	
*	乘	求积运算符的两个操作数的数据类型是整数和实数类型，结果数据类型与操作数相同	SLA	算术左移	
/	除		SRA	算术右移	
**	乘方		ROL	逻辑循环左移	
MOD	取模	运算符的操作数为整数类型。d<= e MOD 8; F<= e REM 2;	ROR	逻辑循环右移	
REM	取余		ABS	取绝对值	操作数的类型为整数类型

【例 3.4.2】 SRA 运算符应用举例。

```
SIGNAL a:STD_LOGIC_VECTOR :="1001";
SIGNAL b:STD_LOGIC_VECTOR :="0101";
a<=a SLA 2;
b<=b SRA 1;                          --D3→D2→D1→D0→D3
```

返回结果：

```
a<="0111";
b<="0010";
```

3.4.2 逻辑运算符

逻辑运算符的功能是对具有相同数据类型的操作数进行逻辑运算。VHDL 标准逻辑运算符允许操作数类型有位类型、布尔类型及位矢量类型。

一个逻辑表达式中应用多个逻辑运算符时，要注意其运算顺序，应用括号对其进行分组。逻辑运算符的优先级从高到低排序为：同或、异或、或非、与非、逻辑非、或、与。逻辑运算符如表 3.4.2 所示。

表 3.4.2 逻辑运算符

运 算 符	功　能	运 算 符	功　能
AND	与	XOR	异或
OR	或	XNOR	异或非
NAND	与非	NOT	非
NOR	或非		

3.4.3 关系运算符

关系运算符用于对两个具有相同数据类型但位长度不同的数据对象进行比较运算。其结果为布尔型，真（TURE）和假（FALSE）。关系运算符比较时，从最左边（即最高有效位 MSB）开始，从左向右按位进行比较，并将自左向右的比较结果作为关系运算的结果。如果位数不同，则比较较短的位矢量与较长的位矢量数据前面部分，如果相同，则认为较短的位矢量数据小于较长的位矢量数据。关系运算符如表 3.4.3 所示。

表 3.4.3 关系运算符

运算符	功能	运算符	功能	运算符	功能
=	等于	>	大于	<	小于
/=	不等于	<=	小于等于	>=	大于等于

【例 3.4.3】 '1010'>'0111';

关系运算符“<=”与信号赋值符号“<=”的形式完全相同，在阅读程序时，需要根据具体情况加以区分。

3.4.4 其他运算符

其他运算符如表 3.4.4 所示。

表 3.4.4 其他运算符

运算符	功能	说明
+	正	正、负运算符的操作数只有一个，操作数的数据类型为整数类型。正号操作符对操作数不作任何改变，负号操作符作用于操作数后的结果是对操作数取负。A<=b +(–c);
–	负	
&	并置	并置运算符的操作数类型是一维数组，主要用于将数组连接起来构成新的数组。0 &0 &1 的结果是 001

3.5 VHDL的描述方法

VHDL 语言中，结构体可以用不同的描述方法和实现方案来实现对设计系统行为和逻辑功能的描述，其常用的描述方法包括行为描述方法、数据流描述方法和结构描述方法三种。

3.5.1 行为描述方法

结构体的行为描述（Behavioral Descriptions）是对电路进程的并行或顺序描述。对电子设计而言，是高层次的概括，在 EDA 工程中属于高层次描述或高级描述。设计者只需关注设计系统的各功能单元的正确行为，而与硬件编程无关。

【例 3.5.1】 用行为描述方法编写比较器程序。

1．编写程序：

```
LIBRARY IEEE;
USE IEEE.std_logic_1164.ALL;
ENTITY comparator IS
PORT(a,b:IN std_logic_vector(7 downto 0);
     g:out std_logic);
END comparator;
ARCHITECTURE behavioral OF comparator IS
 BEGIN
   Comp:PROCESS(a,b)
   BEGIN
   IF a = b THEN
   g <='1';
   ELSE
   g <='0';
   END IF;
```

```
 END PROCESS comp;
END behavioral;
```

2．分析说明：

当顺序编写结构体行为描述时，只需注意正确的实体行为、准确的函数模型和精确的输出结果，而无须关注实体的电路组织和门级实现，这些完全由 VHDL 开发工具自动综合生成。

实体的结构体采用一个简单的算法描述了实体行为，定义了实体的功能。

输入 8 位数 a 和 b，若 a=b，则实体输出 G=1；若 a≠b，则实体输出 G=0。输出取决于输入条件。

进程标志 comp 是进程执行的开始，END PROCESS comp 是进程的结束。

保留字 PROCESS(a,b)中，a、b 为敏感信号，即 a、b 每变化一次，就有一个比较结果输出。实体输出的是动态的 G 值，时刻代表着 a、b 的比较结果。

3.5.2 数据流描述方法

数据流描述（Dataflow Description）是结构体描述方法之一，也称为 RTL 寄存器传输级描述方式，类似于布尔方程。数据流描述主要表示电路或系统中信号的传送关系，可以清楚地看到数据流出的方向、路径和结果。本节以并行（<=）赋值方式描述电路内数据的流动路径、运动方向和运动结果。

同样是对一个 8 位比较器采用数据流描述方法编程，则如例 3.5.2 所示。

【例 3.5.2】　用数据流描述方法设计 8 位比较器。

1．编写程序：

```
LIBRARY IEEE;
USE IEEE.std_logic_1164.ALL;
ENTITY comparator IS
PORT(a,b:IN std_logic_vector(7 downto 0);
     g:out std_logic);
END comparator;
ARCHITECTURE dataflow OF comparator IS
 BEGIN
 g<='1' when (a=b) else'0';
 END dataflow;
```

2．分析说明：

程序设计的数据流程为：当 a=b 时，G=1；否则，G=0。注意，数据流描述方法的句法与行为描述方法的句法是不一样的。数据流描述方法采用并发信号赋值语句，而不是进程顺序语句。一个结构体可以有多重信号赋值语句，且语句可以并发执行。数据流描述方法分为两种并发信号赋值方式。

CASE WHEN：条件信号赋值语句。

WITH SELECT WHEN：选择信号赋值语句。

这两种语句是数据流描述方法常用的语法，同样，采用布尔方程也可用数据流描述方法，如例 3.5.3 所示。

【例 3.5.3】　用布尔方程的数据流描述方法设计 8 位比较器。

```
LIBRARY IEEE;
USE IEEE.std_logic_1164.ALL;
ENTITY comparator IS
PORT(a,b:IN std_logic_vector(7 downto 0);
     g:out std_logic);
```

```
END comparator;
ARCHITECTURE bool OF comparator IS
  BEGIN
  g<=NOT(a(0)  XOR b(0))
  AND NOT (a(1)XOR b(1))
  AND NOT (a(2)XOR b(2))
  AND NOT (a(3)XOR b(3))
  AND NOT (a(4)XOR b(4))
  AND NOT (a(5)XOR b(5))
  AND NOT (a(6)XOR b(6))
  AND NOT (a(7)XOR b(7));
END bool;
```

布尔方程的数据流描述方法描述了信号的数据流的路径。这种描述法比例 3.5.2 的结构体复杂，因为例 3.5.2 的结构体描述与端口结构无关。只要 a=b，G 就输出 1，与 a、b 的大小无关。而例 3.5.3 是一个 8 位比较器，布尔方程定义的端口为 8 位。

3.5.3 结构描述方法

结构描述方法（Structural Description）采用模块化、结构化的设计思想，主要在元件或已经编译设计完成的现有功能模块的基础上，像搭积木一样，利用元件例化语句和生成语句完成多层次的设计，供高层次设计模块调用下层设计模块。图 3.5.1 所示一个 8 位比较器的逻辑电路图，其对应的结构化描述程序如例 3.5.4 所示。

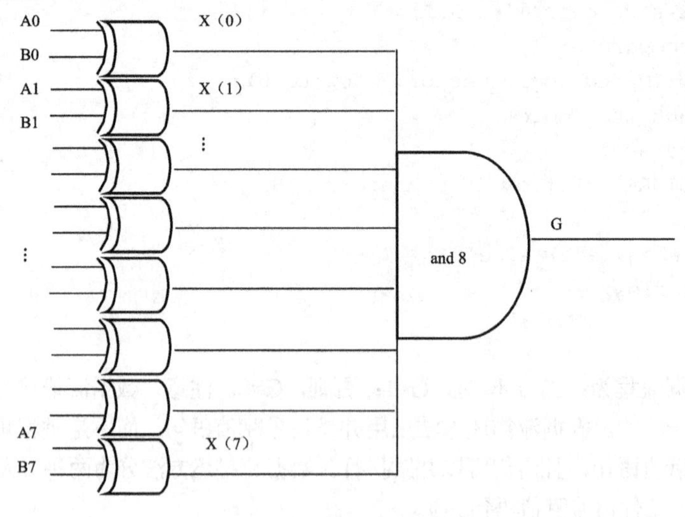

图 3.5.1　8 位比较器的逻辑电路图

【例 3.5.4】 用二输入异或门和八输入与门实现 8 位比较器。

1．编写程序：

```
LIBRARY IEEE;
USE IEEE.std_logic_1164.ALL;
USE work.gatespkg.ALL;
ENTITY comparator IS
PORT (a,b:in std_logic_vector(7 downto 0);
      g:out std_logic);
```

```
END comparator;
ARCHITECTURE structural OF comparator IS
SIGNAL x:std_logic(0 TO 7);
BEGIN
  u0:xnor2 PORT MAP(a(0),b(0),x(0));
  u1:xnor2 PORT MAP(a(1),b(1),x(1));
  u2:xnor2 PORT MAP(a(2),b(2),x(2));
  u3:xnor2 PORT MAP(a(3),b(3),x(3));
  u4:xnor2 PORT MAP(a(4),b(4),x(4));
  u5:xnor2 PORT MAP(a(5),b(5),x(5));
  u6:xnor2 PORT MAP(a(6),b(6),x(6));
  u7:xnor2 PORT MAP(a(7),b(7),x(7));
  u8:xnor2 PORT MAP(x(0),x(1),x(2),x(3),x(4),x(5),x(6),x(7),x(8),g);
END structural;
```

2．分析说明：

在结构体中，设计任务的程序包内定义了一个八输入与门（and8）和一个二异或非门（xnor2），通过USE从句来调用这些元件，并从WORK库中的gatespkg程序包中获取标准化元件。实体说明仅说明了该实体的I/O关系，而设计中采用的标准元件八输入与门and8和二输入异或非门xnor2是标准元件。它的输入关系也就是and8与xnor2的实体说明，是通过USE从句的方式从库中调用的。

通俗地说，将一个较大的设计拆分成多个小模块，通过定义端口将它们连接起来完成设计，主要描述端口及其互连关系，即将硬件电路当成相互连接的逻辑元件集合。结构描述方法可以提高设计效率，可以极方便将现有设计加到新设计中，且结构清晰。

一个复杂的电子系统可以分解成许多子系统，子系统再分解成模块。常规的门电路和用户自己定义的特殊功能的元件都可以通过标准化（也称为例化）后作为一个元件放在库中调用。多层次设计可以使设计多人协作，并行同时进行。多层次设计的每个层次都可以作为一个元件，再构成一个模块或构成一个系统，每个元件可以分别仿真，然后再整体调试。

3.6 并 行 语 句

在可编程逻辑器件设计中，用VHDL语言来描述硬件电路，有许多时候需要同时执行多个相对独立的操作，即并发操作，这些操作可以用VHDL语言中的并行语句来完成。

并行语句（Concurrent Statement）是硬件描述语言所特有的，是区别于一般软件程序设计语言的最显著的特点之一。并行是指在系统的某一个时刻同时执行，与程序书写顺序无关。VHDL并行语句包括并发信号赋值语句、进程语句、元件例化语句和块语句（Block）等。

3.6.1 并发信号赋值语句

并发信号赋值语句分成三种类型：简单并发信号赋值语句、条件并发信号赋值语句和选择并发信号赋值语句。三种信号的赋值目标都必须是信号。

1．简单并发信号赋值语句

（1）书写格式

```
目标信号名<=表达式;
```

【例3.6.1】 半加器。

```
LIBRARY IEEE;
```

```
USE IEEE.std_logic_1164.ALL;
ENTITY h_adder IS
PORT (a,b:in std_logic;
     c,s:out std_logic);
END h_adder;
ARCHITECTURE one OF h_adder IS
  BEGIN
  s<=a XOR b;
  c<=a AND b;
  END one;
```

（2）说明：目标信号 s 的数据类型应与“<=”右边 a XOR b 表达式的数据类型一致。

2. 条件并发信号赋值语句

（1）书写格式

```
赋值目标信号<=表达式 1  WHEN 赋值条件 1  ELSE
表达式 2  WHEN 赋值条件 2  ELSE
                …
表达式 n  WHEN 赋值条件 n  ELSE
表达式;
```

当赋值条件 1 为真，即 TRUE 时，将表达式 1 的值赋给赋值目标信号，当以上条件都不满足时，将表达式 *n* 的值赋给赋值目标信号。

【例 3.6.2】 四选一数据选择器 1。

```
LIBRARY IEEE;
USE IEEE.std_logic_1164.ALL;
ENTITY a_mux4 IS
PORT (d0,d1,d2,d3,a,b:in std_logic;
     y:out std_logic) ;
END a_mux4;
ARCHITECTURE one OF a_mux4 IS
  BEGIN
  y<= d0 WHEN (a='0' and b = '0') ELSE
  d1 WHEN (a ='0' and b ='1') ELSE
  d2 WHEN (a='1' and b ='0') ELSE
  d3 WHEN (a='1' and b ='1') ELSE
           'X';
  END one;
```

此段语句，当 ab 为 00 时，将 d0 值赋给 y；当 ab 为 01 时，将 d1 值赋给 y；当 ab 为 10 时，将 d2 值赋给 y；当 ab 为 11 时，将 d3 值赋给 y；否则将 X 值赋给 y。

（2）说明：各赋值子语句具有优先级差别，赋值条件可重叠。最后一句不要加 WHEN，且要加“;”。条件并发信号赋值语句不能嵌套使用。

3. 选择并发信号赋值语句

是与 CASE（分支控制型顺序语句）功能相同的分支控制型并发语句，可用于进程外，但 CASE 只用于进程和子程序内部。

（1）书写格式

```
WITH 选择表达式<=  SELECT
赋值目标信号<=表达式 1  WHEN 选择值 1；
表达式 2  WHEN 选择值 2；
…
表达式 n  WHEN others；
```

当选择表达式的值与选择值 1 一致时，将表达式 1 的值赋给赋值目标信号。

【例 3.6.3】 用选择并发信号赋值语句实现四选一数据选择器 2。

```
LIBRARY IEEE;
USE IEEE.std_logic_1164.ALL;
ENTITY prime IS
PORT(sel:in std_logic_vector(3 downto 0);
    a,b,c,d:in std_logic;
    q:out std_logic);
END prime;
ARCHITECTURE one OF prime IS
  BEGIN
  WITH sel SELECT
  q <= a WHEN "00",
  b WHEN "01",
  c WHEN "10",
  d WHEN others;
  END one ;
```

此段语句为，当 sel 为 00 时，将 a 值赋给 q；当 sel 为 01 时，将 b 值赋给 q；当 sel 为 10 时，将 c 值赋给 q；当 sel 为 11 时，将 d 值赋给 q。

（2）说明：选择值要覆盖所有可能的情况，若不可能一一列出，则可用 others 代表，选择值之间是互斥的关系，不能出现重复值。

3.6.2 进程语句

进程语句（Process Statement）本身是并行描述语句，是 VHDL 中最重要的语句，由关键词 PROCESS 引出，但进程内部的语句为顺序语句。PROCESS 不是一条单纯的程序语句，而是一个程序结构，该程序结构起始于进程的标识符，终止于 END PROCESS。当结构体中只有一个进程时，进程名可以省略。

进程只有两种状态：一种是“执行”，另一种是“挂起”。一个 VHDL 程序刚运行时，进程是“挂起”的，只要敏感信号表列出的任何信号发生变化，便能启动进程，执行进程内相应的顺序语句。

进程语句中可以定义变量（VARIABLE），但不能定义信号量（SIGNAL）。

一个结构体可以有多个进程存在，而且各进程可以边通信，边并行地同步执行。

1. 书写格式

```
[进程号：] PROCESS [(敏感信号表)] IS
〈说明区〉
BEGIN
〈顺序语句〉
END PROCESS [进程标号];
```

2．说明

（1）进程号：进程的名字，不是必须的，当结构体中只有一个进程时，名字可省略。在大型的多进程的程序中，标识进程号可增强程序的可读性。

（2）敏感信号表：一个进程可以有多个敏感信号，任意敏感信号表中的任何信号发生变化，都能启动进程，执行进程内相应的顺序语句。各敏感信号之间要用分号隔开。

（3）说明区：定义一些仅在本进程中起作用的局部量。信号是全局量，不可以在此处定义，变量可以在此处定义。

（4）顺序语句：按书写顺序执行的语句，如 IF THEN 和 CASE 语句。

【例 3.6.4】 D 触发器。

```
LIBRARY IEEE;
USE  IEEE.std_logic_1164.ALL;
ENTITY dff1 IS
PORT(d,clk:in std_logic;
     q:out std_logic);
END dff1;
ARCHITECTURE one OF dff1 IS
BEGIN
  PORCESS(clk)
  BEGIN
  IF clk'event AND clk ='1' THEN
         q<=d;
  END IF;
  END PROCESS;
END one;
```

3.6.3 块语句

块语句用于描述局部电路。

1．书写格式

```
BLOCK
[块头][定义语句]
BEGIN
[并行处理语句 concurrent statement]
END block 块名
```

2．说明

（1）块头：用于信号的映射或类属参数的定义，通常用 PORT 语句、PORT MAP 语句、GENERIC 语句和 GENERIC MAP 语句来实现。

（2）定义语句：与结构体中的说明语句一样，主要是对块内所用到的对象加以说明。

一个块语句可以与一个局部电路相对应。块语句与进程语句的最大区别是：块语句是并发处理语句，而进程语句内部是顺序执行语句。

【例 3.6.5】 块语句。

```
myblock1: BLOCK
BEGIN
```

```
temp1 <= data1 AND sel;
temp2 <= data2 AND (NOT sel);
temp3 <= temp1 or temp2;
q <= temp3 AFTER 5ns;
END BLOCK myblock1;
```

3.6.4　元件例化语句

在课程设计中经常会用到元件例化（COMPONENT），通过调用现有元件完成元件例化，来简化程序设计，利用 COMPONENT 来指定现有的逻辑描述模块。元件例化的实质是引入一种连接关系，将事先设计好的设计实体定义为一个元件，然后利用特定的语句将此元件与当前设计的实体指定的端口进行连接，从而为当前设计实体引入一个新的器件或低一级的设计层次。在这里，当前设计实体相当于一个较大的系统，所定义的例化元件相当于一个要插在这个电路系统板上的芯片，而当前设计实体中指定的端口或信号则相当于准备接受此芯片的一个插座。元件例化语句体现了 VHDL 设计在实体构成方面自上而下的层次化设计思想。

1. 书写格式

```
COMPONENT 元件名    IS
PORT (端口名，…：方式数据类型；
…
端口名，…：方式数据类型)；
END COMPONENT;
例化名：元件名[GENERIC MAP (类属表)]PORT MAP ([端口名=>] 连接端口名，…)；
```

2. 说明

它可分成两个部分。第一部分是 COMPONENT，是元件定义语句，把一个现成的设计实体定义为一个元件，相当于对一个已实现设计实体进行封装，使其只留出对外的接口界面，就像一个集成芯片只留出几个引脚在外一样，它的类属表可以列出端口的数据类型和参数，以及对外通信的各端口名；第二部分是元件例化语句，其中，例化名是必须存在的，是此元件与当前设计实体中的连接说明。这个例化名相当于在当前系统中的一个插座名，而元件名则是准备在此插座上插入的已定义好的元件名，PORT MAP 是端口映射的意思，其中，端口名是在元件定义语句中端口名表中已经定义好的元件端口的名字，连接端口名则是当前系统与准备接入元件对应端口相连的通信端口名，相当于插座上各插针的引脚名。语句的位置：在 ARCHITECTURE 和 BEGIN 之间。PORT 元件端口说明，描述的是该元件输入/输出端口。

元件例化语句中所定义的元件的端口名与当前连接端口名的接口表达式有两种方式。一种是名字关联方式，在这种关联方式下，例化元件的端口名和关联符号“=>”两者必须存在。这时，端口名与连接端口名的对应式在 PORT MAP 句中的位置可以是任意的。第二种是位置关联方式，在使用这种方式时，端口名和关联符号都可略去，在 PORT MAP 子句中，只需列出当前系统中的连接端口名即可，要求连接端口名的排列方式与所需例化的元件端口定义中的端口名一一对应。

【例 3.6.6】　如图 3.6.1 所示，在名为 test10 的电路设计中，用一个模为 10 的计数器 cntm10 和一个七段译码器 decode47 实现。

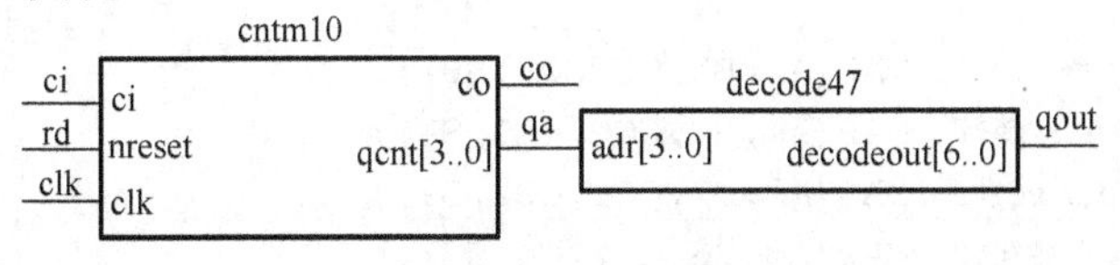

图 3.6.1　test10 的电路设计图

第一步，设计一个计数器 cntm10 和七段译码器 decode47，将程序保存在磁盘工程目录中，以待调用。

第二步，利用元件例化语句在结构体中调用已经生成的计数器和七段译码器模块，完成文件名为 test10 的程序。

该调用过程（元件例化）的 VHDL 程序如下。

```
LIBRARY ieee;
USE ieee.std_logic_1164.all;
ENTITY test10 IS
PORT (Rd, ci, clk: in std_logic;
co: out std_logic;
qout: out std_logic_vector(6 downto 0));
END  test10;
ARCHITECTURE one OF test10 IS
COMPONENT decode47 IS
PORT (adr: in std_logic_vector(3 downto 0);
     decodeout:outstd_logic_vector(6 downto 0));
END COMPONENT;
COMPONENT cntm10  IS
  PORT (ci,nreset,clk: in std_logic;
       co:out std_logic;
  qcnt:buffer std_logic_vector(3 downto 0));
  END COMPONENT;
SIGNAL qa:std_logic_vector(3 downto 0);
 BEGIN
   U1:cntm10 port map(ci,Rd,clk,co,qa);
   U2:decode47  port map(decodeout=>qout,adr=>qa);
 END arch;
```

【例 3.6.7】 利用全加器来实现 4 位串行进位加法器的程序设计，输入信号为 A0、B0、C0，A1、B1，A2、B2，A3、B3，输出信号为 S0、S1、S2、S3。

```
LIBRARY ieee;
USE ieee.std_logic_1164.all;
ENTITY test11 IS
PORT (A0,B0,C0, A1,B1,A2,B2,A3,B3: in std_logic;
     S0,S1,S2,S3:out std_logic);
END test11;
ARCHITECTURE one OF test11 IS
COMPONENT adder                        --元件声明
  PORT(A,B,Ci:in std_logic;
      CO,S:out std_logic);
  END COMPONENT;
SIGNAL CC0,CC1,CC2: std_logic;    --定义信号
  BEGIN
    U0:adder PORT  MAP(A0,B0,C0,CC0,S0);
    U1:adder PORT  MAP(A1,B1,CC0,CC1,S1);
    U2:adder PORT  MAP(A2,B2,CC1,CC2,S2);
    U3:adder PORT  MAP(A3,B3,CC2,C4,S3);
  END one;
```

从例 3.6.7 可以看出，先设计一个全加器模块，仿真后生成一个元件，然后通过特定语句调用这个模块，利用元件例化语句实现元件连接。

3.7 顺序语句

顺序语句（Sequential Statement）与并行语句相对而言，其每一条语句按书写顺序执行，改变顺序语句的书写顺序会改变综合结果，顺序语句只能出现在进程（Process）、函数（Function）和过程（Procedure）中。顺序语句分成赋值语句、流程控制语句、等待语句、子程序调用语句、返回语句、空操作语句等。

3.7.1 流程控制语句

常用的流程控制语句有三个：IF 语句、CASE 语句和 LOOP 语句。

1. IF 语句

IF 语句和其他高级语言中的 IF 语句一样，是选择分支语句，用来判断给定的条件是否满足，并根据判断结果的真或假来决定执行到哪个程序段。

（1）书写格式

```
IF 布尔表达式 THEN
 顺序语句
[ELSIF 布尔表达式 THEN
 顺序语句];
[ELSE
 顺序语句];
END IF [IF 标号]
```

【例 3.7.1】 D 触发器（带异步清零功能）。

```
LIBRARY ieee;
USE ieee.std_logic_1164.all;
ENTITY vposdff IS
   PORT(clk, clr, d: in std_logic; Q, Qn: out std_logic);
END  vposdff;
ARCHITECTURE one OF  vposdffIS
BEGIN
PROCESS (clk ,clr)
  BEGIN
     IF clr ='1'THEN Q<= '0'; Qn<= '1';
     ELSIF clk'event AND clk= '1'THEN
     Q<= d; Qn<=not d;
  END IF;
END PROCESS;
END one;
```

（2）使用范围：必须在进程体内使用。

（3）作用：体现电路中逻辑的顺序关系。

2. CASE 语句

CASE 也是一种分支控制语句，它可以用来描述总线或编码、译码的行为，从许多不同语句序列中选择其中之一执行。CASE 语句的可读性比 IF 语句强，用户可以很容易找到条件表达式和顺序执行语句的对应关系。

CASE 书写格式：

```
[CASE 标号:] CASE 表达式 IS
|WHEN 表达式值=>顺序语句|;
[WHEN Others=>顺序语句; ]
END CASE[CASE 标号];
```

该语句表示在控制表达式的作用下，当条件表达式成立时，就执行后面的顺序语句。CASE 与 WHEN 语句之间是互相并列的，不存在先后关系，并且每个 WHEN 语句后面的表达式的值必须是排斥的，即不可以同时为真。

【例 3.7.2】 四选一数据选择器。

```
PROCESS(sel, a, b, c, d)
BEGIN
CASE sel IS
WHEN "00" =>q <= a;
WHEN "01" =>q <= b;
WHEN "10" =>q <= c;
WHEN Others =>q <= d;
END CASE;
END PROCESS;
```

也可以用以下方法描述：

```
WITH sel SELECT
q <= a WHEN "00",
     b WHEN "01",
     c WHEN "10",
     d WHEN OTHERS;
```

注：当 WHEN 语句中有多个值相或时，相或的符号用“|”，与逻辑运算或 or 的功能是一样的。CASE 语句在很多场合可以与 IF 语句互换使用。

一般来说，CASE 语句是平行的结构，所有的 CASE 条件和执行都没有优先级，而 IF-ELSE 在大多数情况下是有优先级的。建立优先级结构会消耗大量的组合逻辑，如果能够使用 CASE 语句的地方，就不要用 IF-ELSE。如果 IF-ELSE 可以描述所有条件的判断逻辑，则其可以完全取代 CASE 语句。

3. LOOP 语句

书写格式一：

```
[LOOP 标号:]
[重复模式] LOOP
   顺序语句;
END LOOP [LOOP 标号]
```

书写格式二：FOR 循环 LOOP 语句

```
[循环标号:]FOR <条件表达式> IN <范围> LOOP
   顺序语句;
END LOOP[循环标号:];
```

说明：循环次数由“条件表达式”中变量的取值范围决定，通常是一个整数型。

书写格式三：WHILE 循环 LOOP 语句

```
[循环标号:]WHILE <条件表达式> LOOP
  顺序语句;
END LOOP[循环标号:];
```

说明：循环次数受表达式控制。循环时，若条件表达式结果为假，则结束循环。与 FOR LOOP 语句的行为是一样的，但 WHILE LOOP 不用在 RTL 描述。

【例 3.7.3】

```
LIBRARY ieee;
USE ieee.std_logic_1164.all;
USE ieee.std_logic_unsigned.all;
ENTITY shift4 IS
PORT (shft_lft: in std_logic;
      d_in: in std_logic_vector(3 downto 0);
      q_out: out std_logic_vector(7 downto 0));
END shift4;
ARCHITECTURE logic OF shift4 IS
BEGIN
 PROCESS(d_in, shft_lft)
 VARIABLE shft_var : std_logic_vector(7 DOWNTO 0);
 BEGIN
   shft_var(7 downto 4) := "0000";
   shft_var(3 downto 0) := d_in;
 IF shft_lft = '1' THEN
   FOR i IN 7 DOWNTO 4 LOOP
      shft_var(i) := shft_var(i-4);
   END LOOP;
   shft_var(3 downto 0) := "0000";
 ELSE          shft_var := shft_var;
 END IF;
   q_out <= shft_var;
 END PROCESS;
END logic;
```

3.7.2 等待语句

WAIT 语句可代替进程语句的敏感信号表，来完成进程语句的执行或挂起。当进程执行到 WAIT 语句时，判断 WAIT 语句的条件，如满足，则启动执行下面的语句；否则挂起。

WAIT 语句结构可分为以下三种。

（1）WAIT ON 敏感信号表，敏感信号表，…；

【例 3.7.4】 WAIT ON b,c; 当 b、c 变化时，执行后面的语句。

WAIT ON 后面接一个或多个信号量，该语句表明，当进程执行到该等待语句时挂起，然后等待后面敏感信号表中的信号发生变化，启动进程，执行 WAIT ON 后面的语句。

注：如果 PROCESS 语句中已经列出了敏感信号表，则在该进程中就不能再用 WAIT ON 语句了。

（2）WAIT UNTIL 布尔表达式；

布尔表达式也可以称为关系表达式。当进程执行到该语句时被挂起，运算直到布尔表达式返回一个“TRUE”值，进程才再次启动，执行语句后面的语句。

WAIT UNTIL 语句后面的布尔表达式实际上提供了一个隐式的敏感信号表，只要表达式中的任何一个信号发生变化，就计算一次表达式，如返回真值，则启动进程，继续执行下面的语句。

WAIT UNTIL (x<8); 当信号量 x 的值小于 8 时，启动进程，执行后面语句，否则等待。

（3）WAIT FOR 时间表达式；

时间表达式是一个物理量，即表示需要等待的时间。当进程执行到该语句时被挂起，直到设定时间到了之后，启动进程执行语句后面的语句。

【例 3.7.5】 WAIT FOR 20 ns;

当进程执行到该语句时被挂起，直到等待 20ns 后启动进程，执行后面语句。

注：数据和物理量单位之间应该有一个空格。

3.7.3 NULL 语句

类似汇编语言中的 NOP 语句，是一个空操作语句，用它可以给信号赋一个空值，在上、下语句间起过渡的作用，书写格式为：NULL。

在 CASE 语句中常常使用，因为 CASE 要经常列出全部选择，但有些情况下不需要执行任何动作，此时就可以用空语句。

【例 3.7.6】 WHEN OTHERS => NULL 语句。

3.7.4 NEXT 语句

NEXT 语句用于 FOR LOOP 和 WHILE LOOP 循环语句中跳出本次循环，执行下一次新的循环，是一种循环内部的控制语句。

NEXT 书写格式：

```
NEXT[标号][WHEN 条件表达式; ];
```

在 NEXT 语句中，方括号内的标号和 WHEN 条件表达式都可以省略，如省略，则表示无条件地跳出本循环，并从 LOOP 处开始新循环。

3.8 小　　结

VHDL 语言是一种独立于实现技术的语言，它不受任一特定工艺的限制，允许设计者在使用范围内选择工艺和方案，能支持众多的硬件模型，支持自底向上和自顶向下的设计，也支持模块化设计和层次化设计，具有多层次描述能力、数据类型丰富等特点。

本节通过基本的 VHDL 程序结构，详细介绍了库说明、程序包使用说明、实体说明、结构体说明和配置的功能含义及相应的语句格式。重点讲述了 VHDL 语言要素的基本含义和用法，包括基本命名规则、数据对象、数据类型、操作符等。在 VHDL 中，数据对象与数据类型是紧密相关的，数据对象是 VHDL 中各种运算的载体，而 VHDL 又是强数据类型的语言，不同数据类型之间的数据对象不能直接参加运算，并且 VHDL 中的数据类型非常丰富，因此较好地掌握数据类型及其使用方法，对设计和调试程序至关重要。

VHDL 分顺序处理语句和并行处理语句。从形式上看，VHDL 与计算机软件语言没有什么区别，但实际上由于 VHDL 描述的内容是硬件电路，因此它与一般编程语言不同的就是它具有独特的并行处理语句。VHDL 的并行语句所描述的内容从整体上看都是并发执行的，也就是说，程序的运行并不依赖语句本身的书写顺序。例如，进程语句是一条并行语句，在一个构造体内可以有几个进程语句同时存在，各进程语句是并发执行的，但是在进程内部，所有语句应是顺序处理语句，是按书写顺序，自上而下，一条语句一条语句地顺序执行。由于 VHDL 具有很强的描述能力，可以实现门级电路的描述，也可以实现行为算法和结构混合描述的系统级电路的描述，所以灵活掌握 VHDL 及其描述方法是设计硬件电路的基本要求。

3.9　问题与思考

1. VHDL 的英文全称是什么？
2. VHDL 的基本结构是什么？各部分的主要功能是什么？
3. 常用的库有哪些？常用的程序包有哪些？
4. std_logic 数据类型有几种取值？应何时使用？
5. 根据如下的 VHDL 描述，画出相应的电路原理图。

```
LIBRARY ieee;
USE ieee.std_logic_1164.all;
ENTITY lianxi IS
PORT ( d,cp: IN std_logic;
       q,qn: BUFFER std_logic;
       );
END lianxi;
ARCHITECTURE logic OF lianxi IS
  BEGIN
  PROCESS(d_in, shft_lft)
  SIGNAL n1,n2 : std_logic;
  BEGIN
   n1<=NOT (d AND cp);
   n2<=NOT (n1 AND cp);
   q<=NOT (qn AND n1);
   qn<=NOT (q AND n2);
END logic;
```

6. 试说明信号和变量的定义的语句格式、定义的位置及它们在程序中的作用范围。
7. 简述信号和变量在 VHDL 描述和使用时有哪些主要区别。
8. 数据类型 bit、integer 和 boolean 分别定义在哪个库中？哪些库和程序包总是可见的？
9. VHDL 中的数据类型包括哪些？试写出它们定义的语句格式。
10. VHDL 有哪几类主要运算？当一个表达式中有多种运算符时，应按怎样的优先级进行？
11. 并置运算应用于什么场合？下面的并置运算是否正确？

```
SIGNAL a : std_logic;
SIGNAL b : std_logic;
SIGNAL c : std_logic_vector(3 DOWNTO 0);
SIGNAL d : std_logic_vector(7 DOWNTO 0);
c<=a&a&b&b;
d<=c&b&b&b&b;
```

12. 阐述顺序处理语句和并行处理语句的定义及各自特点。
13. CASE 语句和 IF 语句有什么不同？它们在什么情况下可以互相替换？
14. 在 VHDL 程序中，如何描述时钟信号的上升沿或下降沿？
15. 用 VHDL 先设计一个与门和一个异或门，然后再用元件例化语句设计一位半加器。

第4章　EDA软件介绍

本章面对EDA的初学者，使读者能够了解目前使用较多的EDA软件的类型和特点，掌握Quartus II软件的设计要求、流程和基本方法，以三输入与门为例，熟悉设计步骤和实现方法，培养完成工程项目的能力。读者在阅读本章时，可以有所选择，例如，用文本输入实现，可以直接阅读第4.1.3节的文本编辑方法；如果用原理图输入实现，可以直接阅读第4.1.4节的原理图输入法。

4.1　Quartus II软件

Quartus II软件是世界最早的PLD开发商之一Altera公司提供的FPGA/CPLD（现场可编程门阵列/复杂可编程逻辑器件）综合开发工具，其界面友好，使用便捷。它集成了Altera的FPGA/CPLD（Field Programmable Gate Array/Complex Programmable Logic Device）开发流程中所涉及的所有工具和第三方接口，提供了完整的多平台设计环境，能满足众多特定设计的需要，也是单芯片可编程系统（SOPC）设计的综合性环境和SOPC开发的基本设计工具。通过使用此综合开发工具，设计者可以一次性完成整体应用的开发，也可以创建、组织和管理自己的设计。

4.1.1　Quartus II软件的设计流程

Quartus II软件为设计流程的每个阶段都提供Quartus II图形用户界面、EDA工具界面及命令行界面。用户可以在整个流程中只使用这些界面中的一个，也可以在设计流程的不同阶段使用不同界面。图4.1.1所示为利用Quartus II完成应用开发的设计流程。

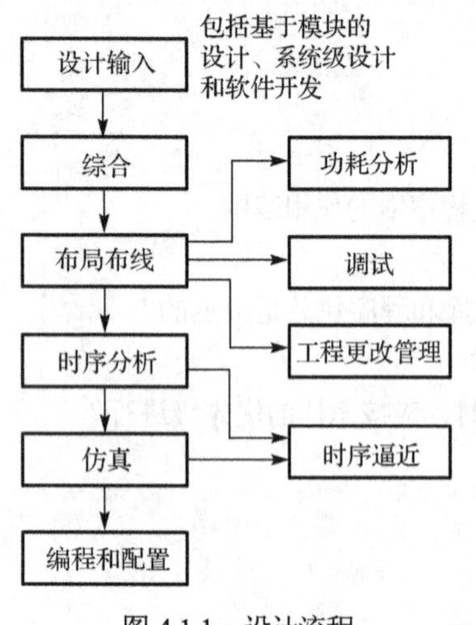

图4.1.1　设计流程

1．设计输入

设计输入是CPLD/FPGA开发阶段的第一步，它完成了器件的硬件描述。设计者从概念或构想出发，将自己要实现的电路按设计要求表示出来，可用逻辑图或表达式等。并利用软件实现这些表达，最常用的是通过电路原理图、硬件描述语言（如VHDL、Verilog HDL）的方式将所需的电路输入到软件中，即本章即将详细介绍的电路原理图和VHDL两种输入方法。

原理图输入法是图形化的表达方式，使用元件符号和连线来描述设计。其特点是适合描述连接关系和接口关系，而描述逻辑功能则比较烦琐。文本输入法多用硬件描述语言来描述和设计电路，采用EDA工具进行综合和仿真，最后变为目标文件，再用硬件芯片（FPGA）来具体实现。

在设计输入和综合之间通常还有功能仿真验证，其作用是完成电路设计后，对电路功能是否符合设计要求、设计方法中是否存在错误等进行检查，提高了设计的可靠性。

2．综合（Synthesize）

综合是将所输入的设计转换为若干由与、或、非门、RAM、触发器等基本逻辑单元（Logic Element，

LE）互连构成的电路（通常将这种逻辑连接称为网表，输出标准格式为 EDF 和 EDN 等），它们是具有通用性的基本电路模块。

3. 布局连线

布局连线是将设计综合后的网表文件映射到实体器件的过程。该过程包括：将设计工程的逻辑和时序要求与器件的可用资源相匹配；为每个逻辑功能分配最好的逻辑单元位置，进行布线和时序分析；选择相应的互连路径和引脚分配。Quartus II 提供了丰富的布局连线工具，如 Fitter 工具、约束编辑器、布局图编辑器、芯片编辑器和增量布局连线工具。如果在实验过程中未指定任何约束条件，那么通常使用 Fitter 工具进行自动优化设计。

如果利用约束编辑器工具为设计指定初始约束条件（引脚分配、器件选项、逻辑选项和时序等约束条件），再使用 Fitter 工具将设计约束与器件上的资源相匹配，并努力满足约束条件，然后试图优化设计中的其余逻辑。在布局连线过程中，设计者还会遇到“整体设计工程更改管理”的情况，这种工程更改管理是指在完成全编译之后，使用芯片编辑器查看设计布局布线详细信息，并确定要更改的资源，从而避免了过多地修改设计源文件或 Quartus II 设置。

4. 时序分析（Timing Analyzer）

Quartus II 提供了专用的时序分析器，可用于分析设计中的所有逻辑，并有助于指导 Fitter 工具达到设计的时序要求。时序分析的结果包括 f_{MAX}（最大时钟频率）、t_{SU}（时钟建立时间）、t_H（时钟保持时间）、t_{CO}（时钟至输出延时）、t_{PD}（引脚至引脚延时）、最小 t_{COMIN}（最小的时钟到输出引脚延时）和最短 t_{PDMIN}（最小的引脚到引脚延时）。

5. 仿真

Quartus II 提供了功能仿真和时序仿真两种仿真工具，其功能十分强大。设计者视所需的信息类型而定，可以进行功能仿真以测试设计的逻辑功能，也可以进行时序仿真，在目标器件中测试设计的逻辑功能和最坏情况下的时序。在时序仿真过程中，Quartus II 可根据设计者提供的向量波形文件（.vwf）、间量表输出文件（.tbl）、向量文件（.vec）和仿真基准文件（.tbl）格式的波形文件进行仿真，输出仿真波形。除此之外，Quartus II 还可以估计在时序仿真期间当前设计所消耗的功率。布局布线后生成的延时文件包含的延时信息最全，不仅包含门延时，还包含实际布线延时，所以布局布线后仿真最准确，能较好地反映芯片的实际工作情况。这一步骤是必须要进行的，不可省略，这样才能确保设计的可靠性和稳定性。

6. 器件编程与配置

Quartus II 编译成功后，设计者就可以对器件进行编程或配置了。器件编程器使用编译过程中的 Assembler 工具生成的 POF 和 SOF 文件对器件进行编程，其编程模式以下有 4 种。

（1）被动串行模式：该模式可实现对多个器件进行编程。

（2）TAG 模式：该模式也可实现对多个器件进行编程。

（3）主动串行编程模式：该模式可实现对单个串行配置器件进行编程。

（4）插座内编程模式：该模式可实现对单个 CPLD 或配置器件进行编程。

这是一个完整的设计流程，在实际的设计过程中，其中的一些步骤可以进行简化。简化后的设计流程如图 4.1.2 所示。

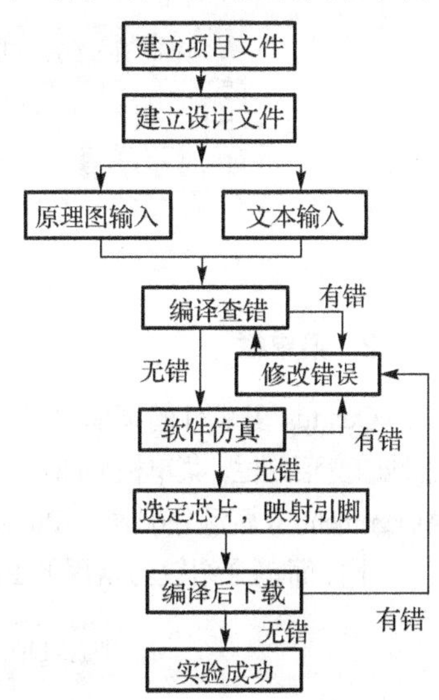

图 4.1.2　简化后的设计流程

本书涉及实验是在计算机平台上，用原理图或文本进行输入，然后进行编译，通过之后再进行波形仿真，如有缺陷，再重新对源文件进行修改。

4.1.2 Quartus II 软件的图形用户界面

Quartus II 软件启动后的图形用户界面如图 4.1.3 所示，由标题栏、菜单栏、工具栏、工程导航器、编译状态显示窗口、信息显示窗口和工程工作区等部分组成。下面分别介绍各个部分的作用和使用方法。

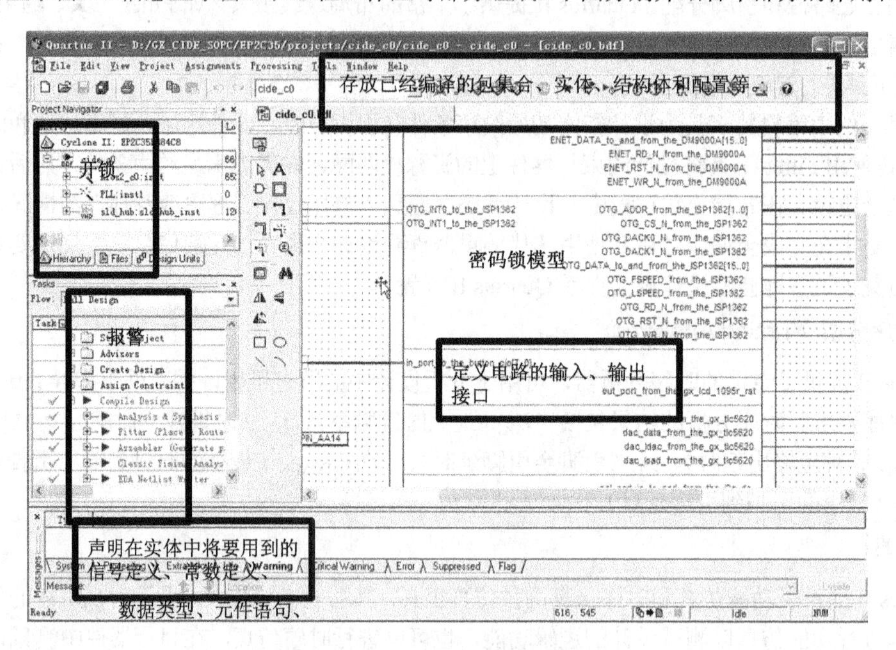

图 4.1.3 Quartus II的图形用户界面

1. 标题栏

显示当前工程的路径和程序的名称，操作与 Windows 的标题栏相同，如图 4.1.4 所示。

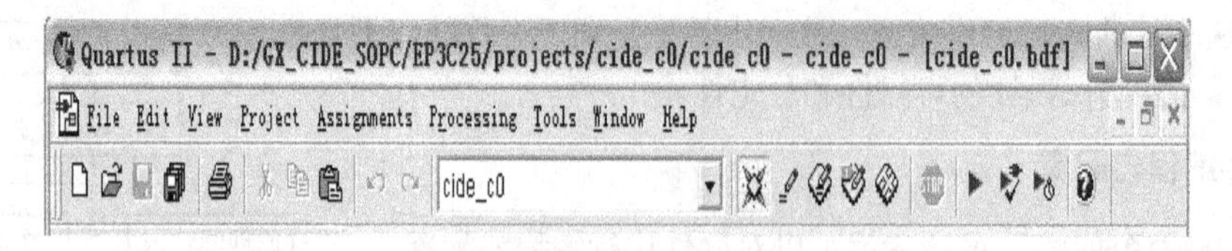

图 4.1.4 标题栏

2. 菜单栏

Quartus II软件的菜单栏可以帮助操作人员方便地操作软件，同时又可根据软件的功能不同，实时动态地改变菜单栏。菜单栏如图 4.1.5 所示，主要由 File（文件）、Edit（编辑）、View（视图）、Project（工程）、Assignments（资源分配表）、Processing（处理操作）、Tools（工具）、Window（窗口）和 Help（帮助）。

下面简单介绍较为常用的 Project（工程）和 Tools（工具）菜单栏。

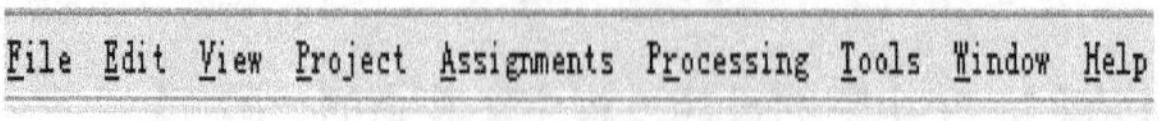

File Edit View Project Assignments Processing Tools Window Help

图 4.1.5 菜单栏

（1）Project 菜单

该菜单项主要完成对工程的一些操作，如图 4.1.6 所示。

Add/Remove Files in Project：添加或新建某种资源文件。

Revisions：创建或删除工程，在其弹出的窗口中单击“Create…”按钮创建一个新的工程；或者在创建好的几个工程中选中一个，单击“Set Current”按钮，就把选中的工程设置为当前工程。

Archive Project：为工程归档或备份。

Generate Tcl File for Project：产生工程的 Tcl 脚本文件，选择好要生成的文件名及路径后，单击 OK 按钮即可。如果选中了“Open generated file”，则会在工程工作区打开该 Tcl 文件。

Generate PowerPlay Early Power Estimator File for Project：产生功率估计文件。

HardCopy Utilities：与 HardCopy 器件相关的功能。

Locate：将 Assignment Editor 中的节点或原代码中的信号在 Timing Closure Floorplan 编译后布局布线。

Hierarchy：打开工程工作区。

（2）Tools 菜单

该菜单项调用 Quartus Ⅱ软件中集成的一些工具，如 MegaWizard Plug-In Manager（用于生成 IP 和宏功能模块）、ChipEditor、RTL Viewer、Programmer 等工具，如图 4.1.7 所示。

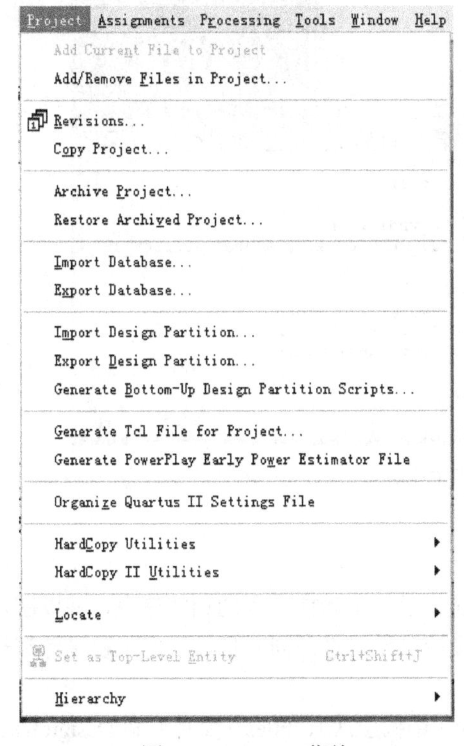

图 4.1.6　Project 菜单

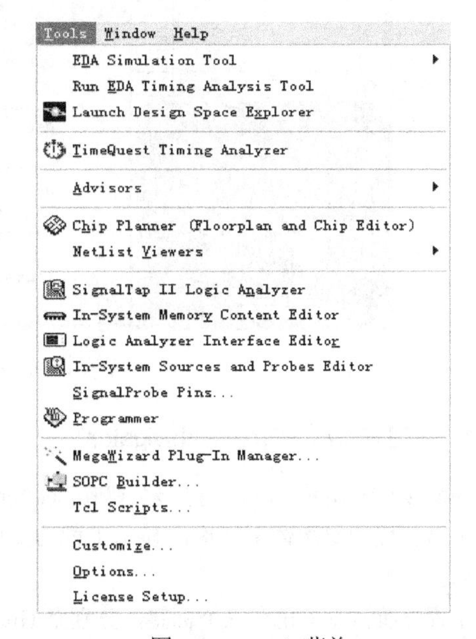

图 4.1.7　Tools 菜单

3. 工具栏

如图 4.1.8 所示，工具栏包含常用命令的快捷图标。将鼠标移到相应图标时，在鼠标下方将出现此图标对应的含义，而且每种图标在菜单栏中均能找到相应的命令菜单。用户可以根据需要，将自己常用的功能定制为工具栏上的图标，方便在 Quartus II 软件中灵活快速地进行各种操作。

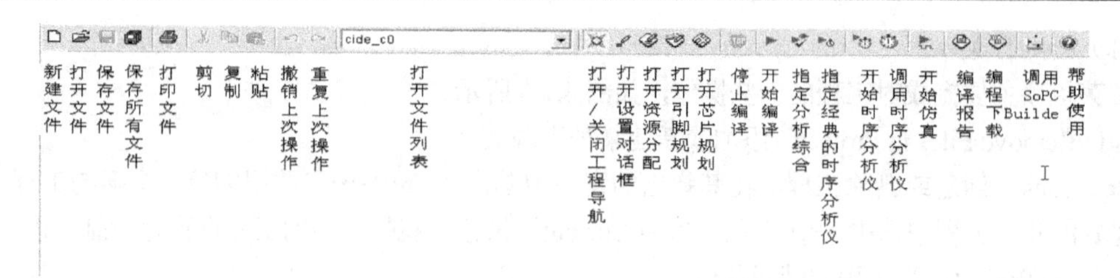

图 4.1.8　工具栏

4．工程工作区

这是 Quartus II 软件界面的主要部分，所有的输入设计文档都在此窗口显示和编辑。

如图 4.1.9 所示，器件设置、定时约束设置、底层编辑器和编译报告等均显示在工程工作区中，当 Quartus II 实现不同功能时，此区域将打开相应的操作窗口，显示不同的内容，进行不同的操作。

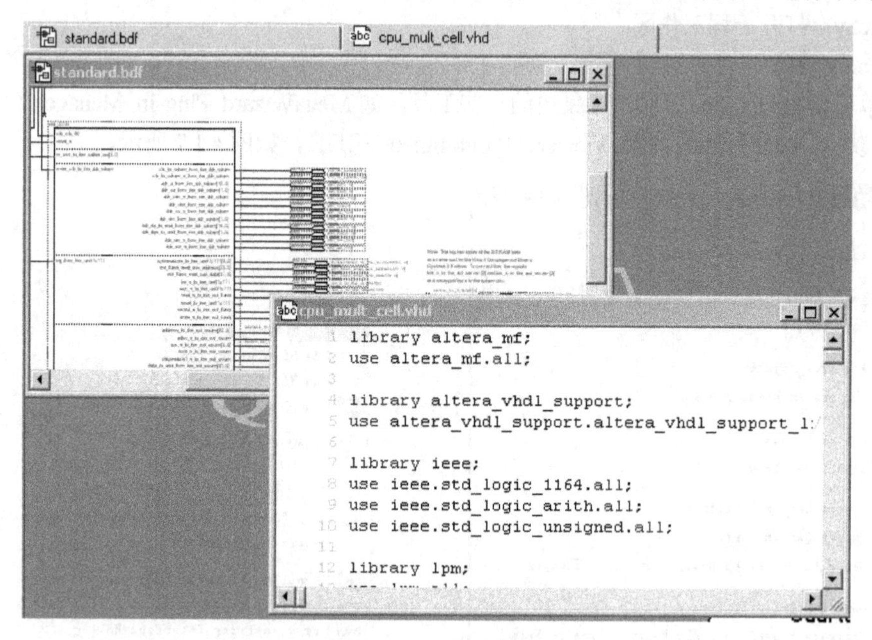

图 4.1.9　工程工作区

5．工程导航器（Project Navigator）

如图 4.1.10 所示，工程导航器（Project Navigator）显示了当前工程的相关信息，并以图形的方式显示出工程的层次体系结构，显示工程的文件，设计单元信息，同时也显示出工程设计消耗的资源信息。

工程导航器左下角有三个标签，分别是 Hierarchy（结构层次）、Files（文件）和 Design Units（设计单元）。结构层次窗口中在工程编译之前只显示了顶层模块名，工程编译了一次后，此窗口按层次列出工程所有的模块，并列出每个源程序所用资源的具体信息。顶层文件可以是用户产生的文本文件，也可以是图形编辑文件。文件窗口中列出了工程编译后的所有文件，文件类型有 Design Device Files（设计器件文件）、Software Files（软件文件）和 Other Files（其他文件）。设计单元窗口中列出了工程编译后的所有单元，如 AHDL 单元、Verilog 单元、VHDL 单元等，一个设计器件文件对应生成设计单元，参数定义文件没有对应设计单元。

6. 状态显示窗口（Status）

如图 4.1.11 所示，此窗口主要显示正在编译的模块名称，显示 Quartus II 软件在综合和编译过程中的进度及各项操作使用的时间。Module（模块）列出正在编译的工程模块，Progress（进度条）显示综合、布局布线进度条，Time*（时间）表示综合、布局布线所耗费时间。

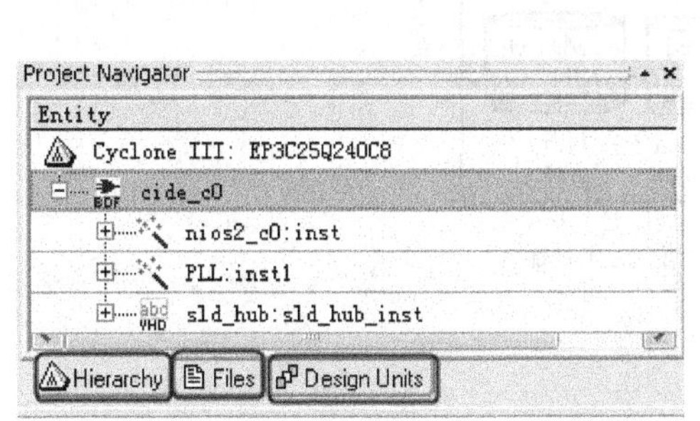

图 4.1.10　工程导航器

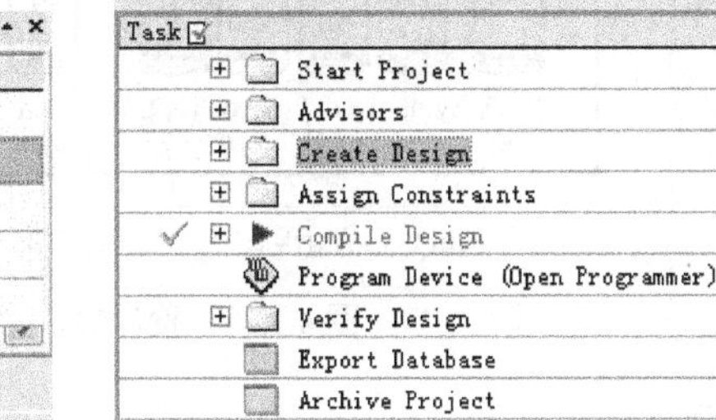

图 4.1.11　状态显示窗口

7. 消息显示窗口（Message）

如图 4.1.12 所示，此窗口显示 Quartus II 软件在处理过程（综合、布局布线）中的各种输出信息，如综合时的警告信息、输入文件的出错信息等。在设计输入过程中，设计者主要就通过 Message 窗口的输出信息对设计输入进行查找及修改错误，在此窗口中单击错误条目，可以直接找到错误对应的位置。

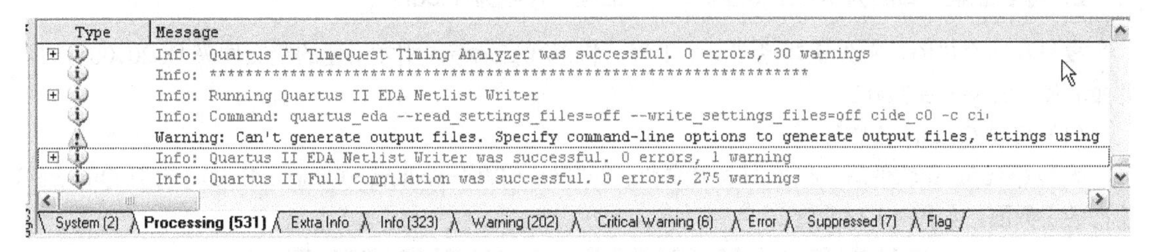

图 4.1.12　消息显示窗口

4.1.3 Quartus II 软件文本输入

Quartus II 共分三种设计模式：Compile Mode（编译模式）、Simulate Mode（仿真模式）和 Software Mode（软件模式）。在不同的操作步骤中，使用的是不同的设计模式。其中，在编译模式下，经常使用的 Quartus II 设计有三种输入方式：一种是文本输入，在 Text Editor 中通过 VHDL、Verilog 设计语言建立设计；另一种是原理图输入，在 Block Editor 中建立设计；还有一种是采用 EDA 设计输入和综合工具生成的 EDIF 输入文件或 VQM 文件建立设计。在大多数情况下，创建模块时多采用语言设计输入法，而构建系统时多采用原理图法。输入方法不同，生成的文件格式也有所不同，如图 4.1.13 所示。

本节将介绍如何使用 Quartus II 进行建立工程、HDL 文件输入、编译、仿真、引脚锁定、配置 FPGA 等实验流程。

下面以三输入与门为例，详细介绍用文本输入通过 VHDL 语言完成设计的方法。

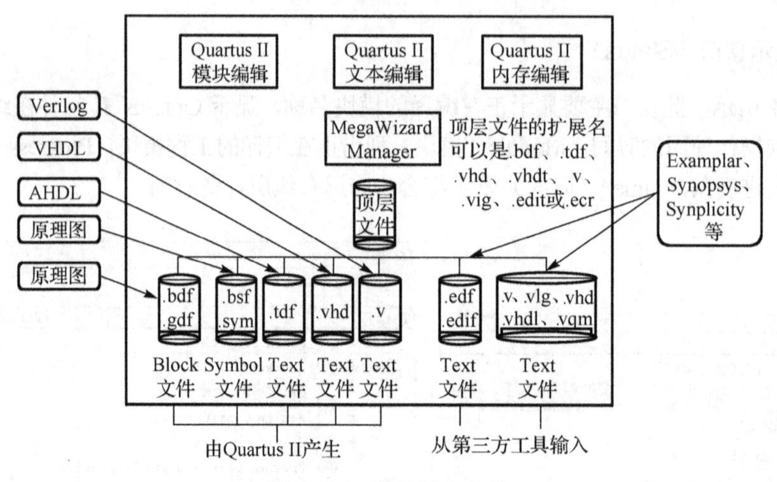

图 4.1.13　设计输入文件

1．为工程设计建立以学号命名的文件夹（D:\201005102）

Quartus II 软件设计的一个电路或电路模块称为工程，Quartus II 软件在一段时间内只能处理一个工程。一个设计对应一个工程项目文件（设计项目文件），即所有的与该工程相关的内容都应保存在一个目录下，建议不要在一个目录下放入多个工程项目，最好建立一个有实际意义的目录结构来保存不同的工程项目。一个工程项目可以包含多个设计文件，如路径：D:\201005102\yumen3。

注意：工程目录不能是根目录，比如“D:”，只能是根目录下的子目录；由于开始时文件夹中并没有设计文件，所以先建立一个空的工程。

2．建立工程，命名为 yumen3.qdf（注：工程文件名为＊.qdf）

要设计一个电路，首先就要建立一个工程，将工程目录指向刚才新建的空文件夹 D:\201005102，并命名该工程 yumen3.qdf。

（1）启动 Quartus II 软件

安装 Quartus II 软件后，在桌面双击或者选择开始→程序→Altera→Quartus II 9.0，打开 Quartus II 软件的主界面，如图 4.1.14 所示。

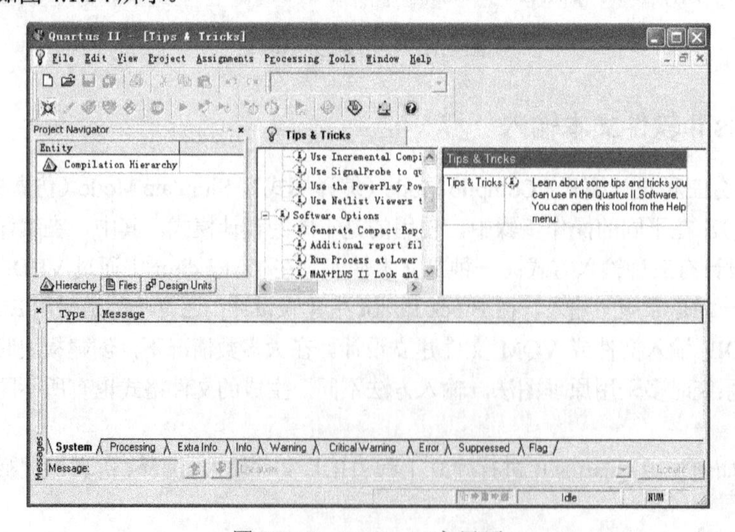

图 4.1.14　Quartus II 主界面

（2）打开新建工程向导

新建工程，单击 File→New Project Wizard…，打开新建工程向导，如图 4.1.15 所示。

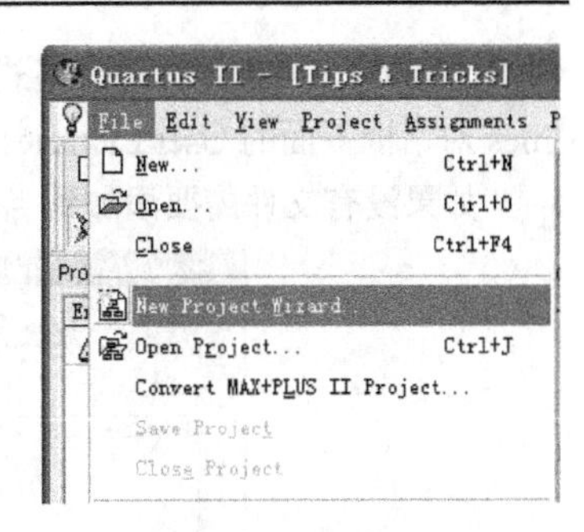

图 4.1.15　新建工程

（3）设置工程属性

弹出新建工程向导窗口，如图 4.1.16 所示。通过 New Project Wizard…可以引导用户完成工程创建、为工程指定工作目录、分配工程及指定最高层设计单元实体的名称，还可以指定工程中使用的设计文件、其他源文件、用户库、EDA 工具及目标器件。根据提示，在对话框第一栏填写工程路径，在路径中选择新建工程的目录（工程目录路径中不能包含中文，不能建立在桌面上，正确示例如 E:\work\yumen3）；在第二栏的工程名中输入当前新建工程的名称（要以英文字母开头，如 yumen3），在第三栏输入顶层文件的实体名，即顶层模块名称，可以默认与工程名相同。接着单击 Next 按钮，进入添加文件窗口，如图 4.1.17 所示。

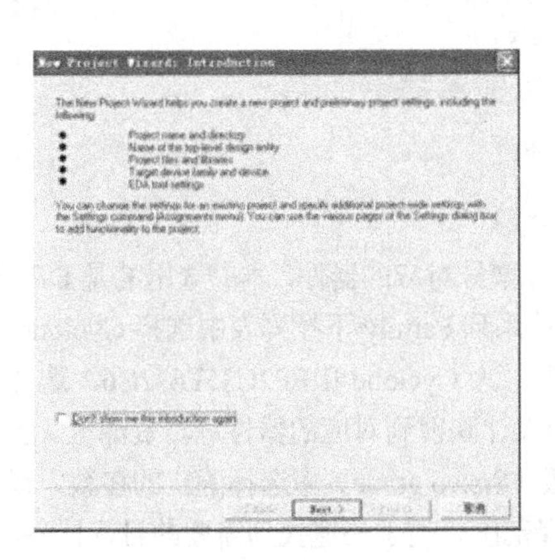

图 4.1.16　新建工程向导窗口

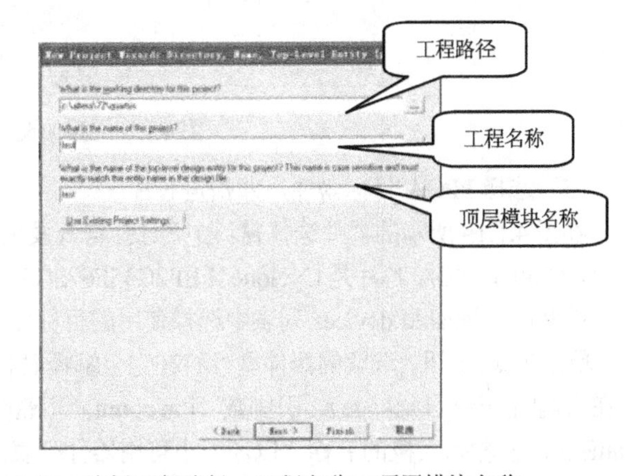

图 4.1.17　选择工程路径、工程名称、顶层模块名称

注： 工程项目名称、文件名、实体名要求相同，且需要符合命名原则。

VHDL 的标识符是由字母 A～Z（a～z）、数字 0～9 和下画线“_”组成的字符序列，用来给程序中的实体、结构体、端口、变量、信号等进行命名。

命名原则如下。

① 必须以英文字母开头。

② 不能以下画线“_”结尾，并不能出现连续两个或多个下画线。

③ 不区分字母的大小写。

④ 不能使用关键字（如 entity 等）和运算符（and、or 等）。

⑤ 通常采用有意义、能反映对象特征、作用和性质的单词命名，单词之间可以用“_”分开，为了避免太长，可采用缩写。

例如：and3 表示三输入与门；max_delay 表示最大延时。

（4）在新建工程中添加设计文件

如图 4.1.18 所示，添加设计文件窗口可将已经编写好的文件添加到新建的工程中，也可以略过，在工程建立好后另行添加。添加完毕后单击 Next 按钮。

如果有已经设计好的文件需要添加到当前新建工程中，则单击 File name 栏后面的浏览按钮找到文件，单击 Add 按钮，可将该文件添加到当前工程。添加的文件可以是原理图文件、VHDL、Verilog HDL、

EDIF、VQM、AHDL文件等格式。若新建工程中需要使用特殊的或用户自定义的库，则需要单击Add Files对话框下面的User Libraries按钮添加相应的库文件。

如果没有文件需要添加到当前新建的工程中，直接单击Next按钮进入下一步。

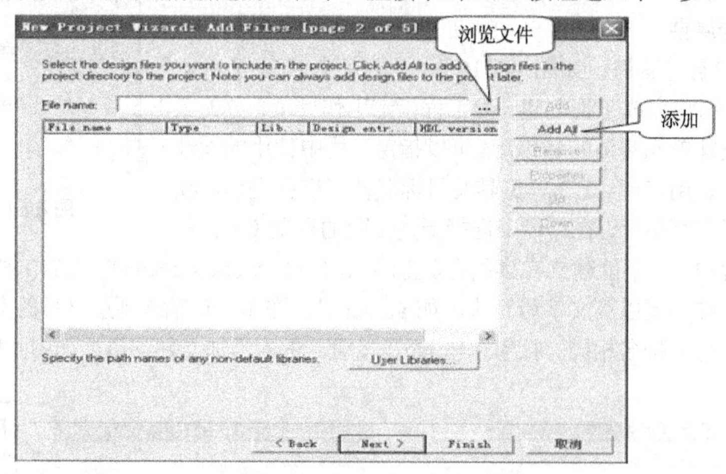

图4.1.18 添加设计文件窗口

（5）选择FPGA目标器件，即指定芯片

在图4.1.19所示的器件选择窗口中，选择与开发板上芯片型号对应的器件，本书选用的是DE2开发板，对应的FPGA芯片是Cyclone II EP2C35F672C6，在器件系列Family下拉列表中选择Cyclone II，在可用器件Available devices列表中选择使用的目标器件的型号为Cyclone II EP2C35F672C6，选择完毕，单击Next按钮。选取的器件型号将在完全编译时将工程设计映射到对应的器件逻辑资源上。也可以在右侧的封装（Package）、引脚数（Pin count）和速度等级（Speed grade）中选择确定的参数，或在Name filer栏输入大概的名称，以便缩小可用器件列表的选择范围，便于快速找到需要的目标器件。

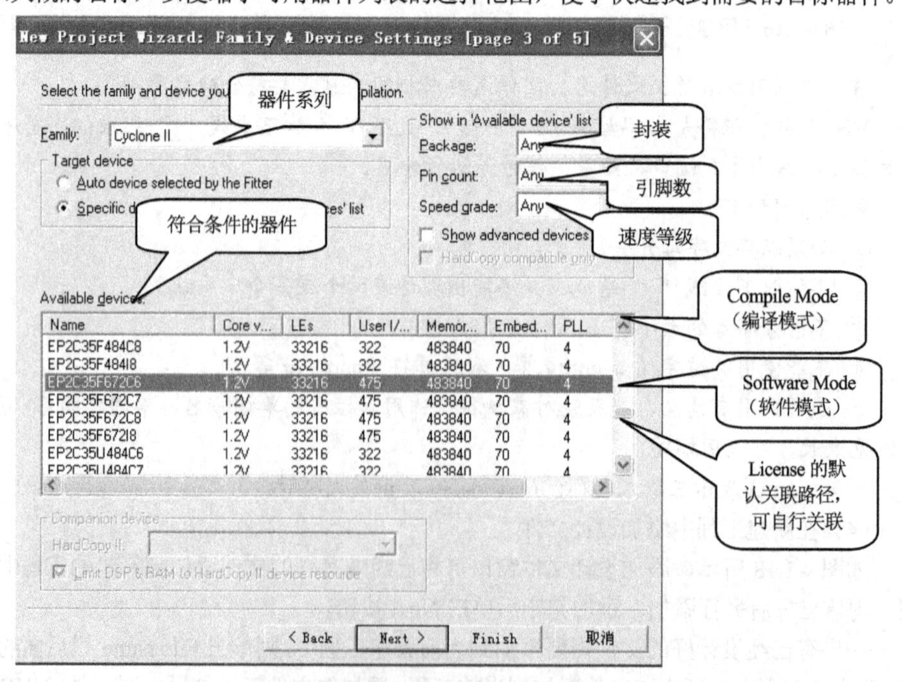

图4.1.19 器件选择窗口

（6）配置第三方 EDA 工具（忽略）

在 Quartus Ⅱ 中，允许用户使用第三方工具对工程进行设计、仿真，以及时序分析，当然也可以使用 Quartus Ⅱ 本身自带的工具。如图 4.1.20 所示，此窗口是第三方 EDA 工具选择窗口，在此可以选择使用第三方的 EDA 工具，如一些布局布线、综合、仿真软件，不同的工具对应的输入资源类型、综合工具、操作步骤略有不同。

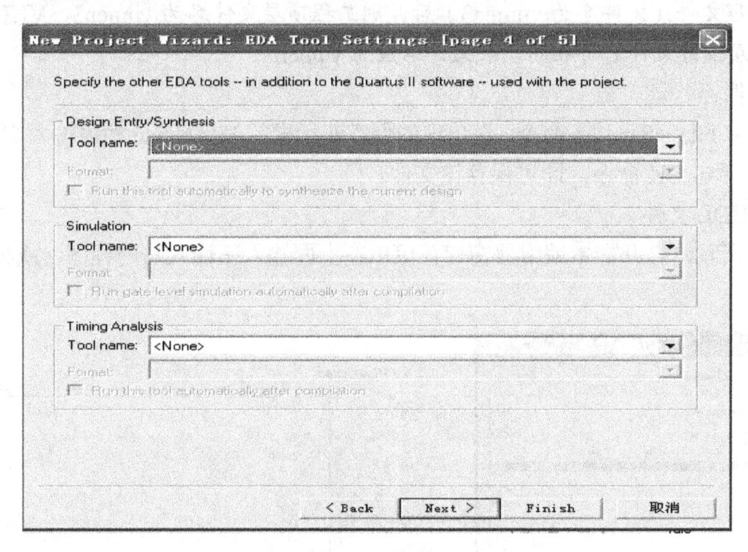

图 4.1.20　第三方 EDA 工具选择窗口

注：实验中我们使用 Quartus Ⅱ 软件自带的综合、仿真软件，故略过该步骤，单击 Next 按钮。

图 4.1.21 所示为工程概况窗口，在此处可以查看刚刚新建工程的一些基本信息。单击 Finish 按钮，完成工程的创建，弹出图 4.1.22 所示的工程结构窗口。此时工程文件夹中将出现 db 子文件夹（存放工程的一些基本信息）、yumen3.qdf 和 yumen3.qsf 文件。

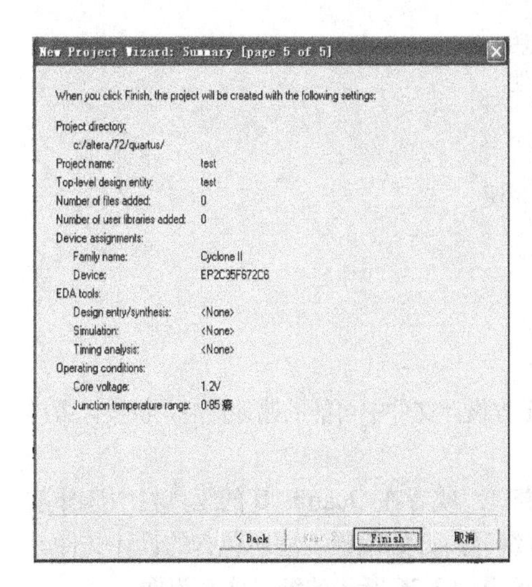

图 4.1.21　工程概况窗口

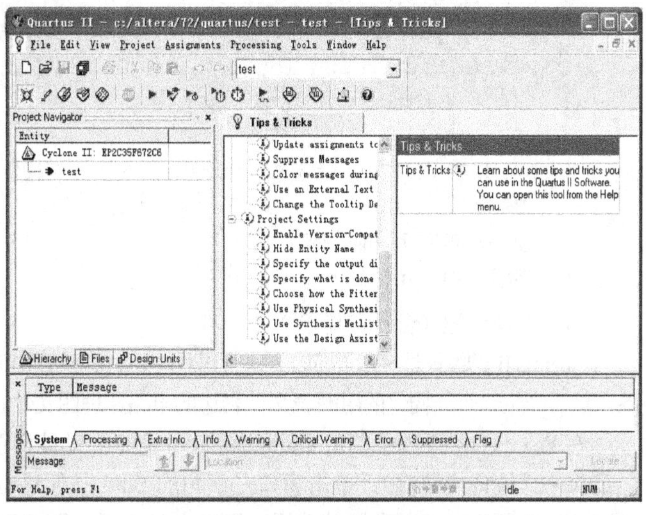

图 4.1.22　工程结构窗口

Quartus Ⅱ 软件中，也可以在 Project Navigator 中看到之前所创建的工程，如图 4.1.22 所示。通过下方的 Hierarchy Files Design Units 可以分别查看工程结构、工程文件和设计单元。

3. VHDL 语言设计文本输入

（1）选择输入方式

单击工具栏最左边的 New File 按钮（或选择菜单 File→New），弹出图 4.1.23 所示的 New 窗口对话框，在窗口中选择 VHDL File，然后单击 OK 按钮，将出现文本编辑窗口。

注：建立工程文件（文件名为 yumen3）后，则工程顶层文件名为 yumen3，VHDL 的顶层模块名称必须与工程顶层设计文件名称相同，故文件名应为 yumen3。

（2）保存文件

选择菜单栏中 File→Save As 命令，在出现的保存对话框的 File Name 栏内输入文件名 yumen3.vhd（后缀为 VHD），单击 OK 命令，即可保存该文件。

（3）编写 VHDL 文件

如图 4.1.24 所示，打开文本编辑器窗口，可以在上面输入三输入与门程序，或将已有的 HDL 文件加入工程。

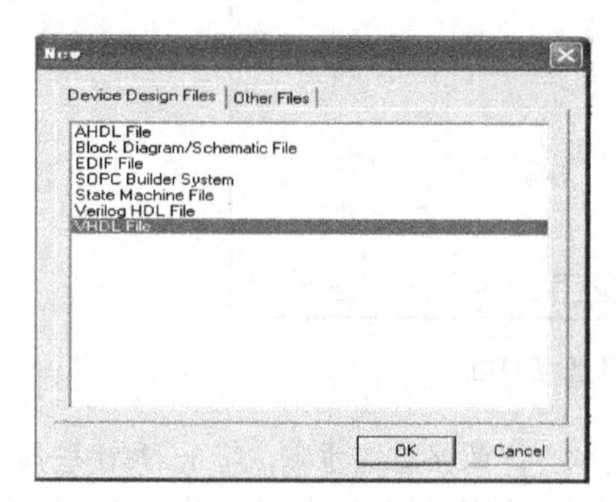

图 4.1.23 新建窗口

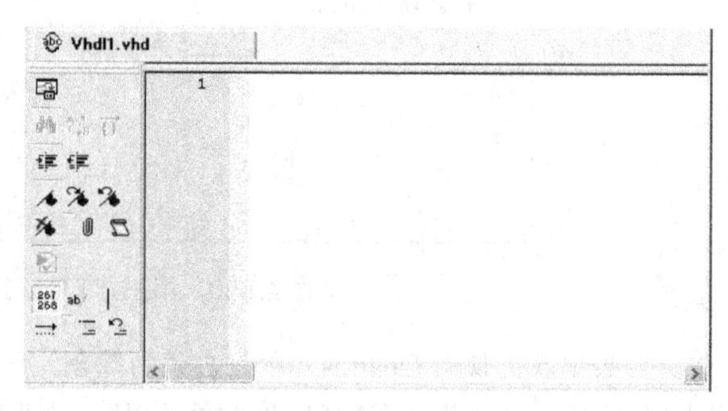

图 4.1.24 文本编辑器窗口

```
LIBRARY ieee;                          --ieee 库使用说明
USE ieee.std_logic_1164.all;
ENTITY yumen3 IS                       --实体说明
PORT(a,b,c:in std_logic;               --端口说明
        y:out std_logic );
END yumen3;
ARCHITECTURE nand3 OF yumen3 IS        --结构体说明
 BEGIN
 y<=a AND b AND c;
 END nand3;
```

（4）编译工程（分析与综合）

Quartus II 的编译器（Compiler）执行过程中，首先检查出工程设计文件中可能的错误信息，供设计者排除，然后产生一个结构化的用网表文件表达的电路原理图文件。

在 Processing 菜单中单击 Compiler Tool 命令启动编译窗口，或者在 Quartus II 的工具栏中选择紫色箭头（编译快捷键），单击窗口左下角的 Start 按钮进行编译，开始编译工程所包含的设计文件，如图 4.1.25 所示。若顺利通过编译，则编译结束后，即可看到图 4.1.26 所示的编译成功界面。

编辑过程中要注意工程管理窗口下的 Processing 处理栏中是否存在错误信息，在错误信息上双击鼠标左键（如为语句格式错误，则可双击此条文），或右击鼠标从弹出的菜单中选择 Locate in Design File，即弹出对应的 VHDL 文件并定位错误所在的地方，修改后再次进行编译，直至排除所有错误，编译成功为止。如果出现多条错误信息，要首先检查和纠正最上面报出的错误。在弹出的菜单中选择 Help，可以查看错误信息的帮助。

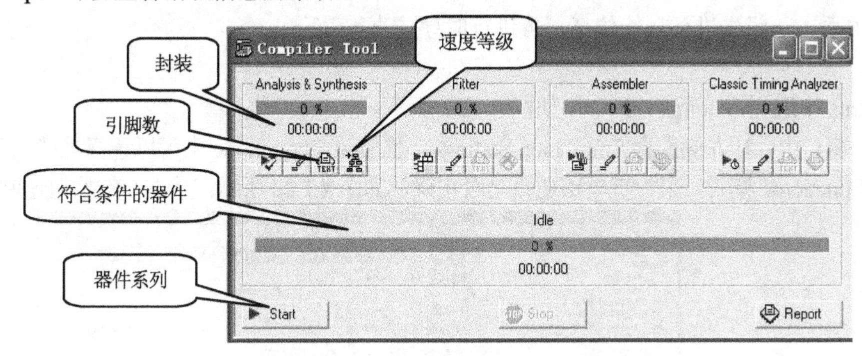

图 4.1.25　编译窗口

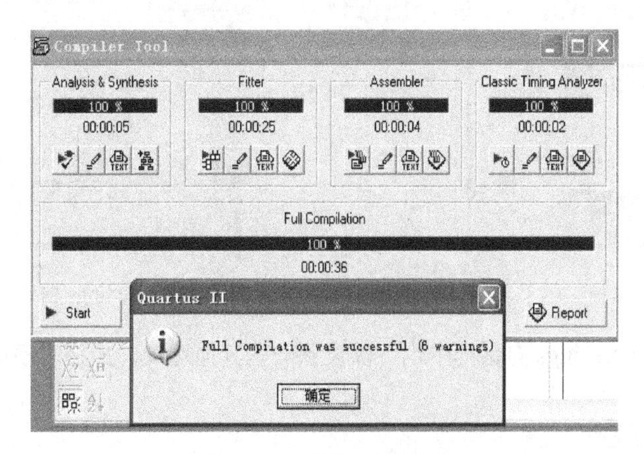

图 4.1.26　编译成功界面

在编译过程中，可以通过查看编译报告来获知各个功能模块的详细信息。

程序调试错误类型小结：

① 创建文件夹时使用汉字命名；

② 文件名、工程名和实体名三个名字应该相同却不同，错误地以数字学号命名；

③ 程序中的关键字应以蓝色提示，如未提亮成蓝色，说明少敲或敲错字母；

④ 表达式中，“F <= x and y;”要注意操作符前后要有空格，应以分号结尾；

⑤ Process(clk)后无分号结尾。

4．仿真

为了验证程序的可行性，用户应进行仿真。在工程中可以利用 Quartus II Simulator 仿真全部设计，也可以仿真设计的某一部分。

Quartus II 提供三种仿真：功能仿真、时序仿真和快速时序仿真。

功能仿真是在综合之后、布局布线之前进行的仿真。主要用来验证 VHDL 代码经过综合变成具体器件后是否能实现预期的功能。简单地说，主要是检验所编写的程序虽然语法上没有错误，但从逻辑功能上是否与预想设计器件的逻辑功能一致。功能仿真比较简单，不考虑信号传输中的传输延迟，只考查电路逻辑功能和设计的正确性，在输入端加入各种可能的激励，观察输出端的响应是否满足设计要求。

时序仿真是验证设计经过布局布线后产生的延时，在最坏情况下对电路的行为做出实际的估计，即看电路能否符合参数设计要求，能否使用。时序仿真比较复杂，时序仿真结果与设计规则、选择的FPGA芯片有直接的关系。一般先进行功能仿真，再进行时序仿真。

（1）仿真设置

在菜单Assignments中选择Settings…命令，如图4.1.27所示。

在弹出的Settings窗口中，在左侧选择Simulation Settings，在Simulation mode中可以选择功能仿真或时序仿真，先选择Functional模式，来检查电路逻辑是否正确，如图4.1.28所示。单击OK按钮返回。

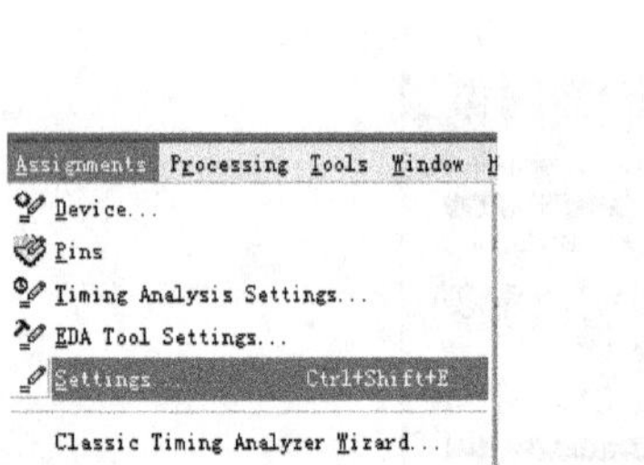

图4.1.27　Settings命令

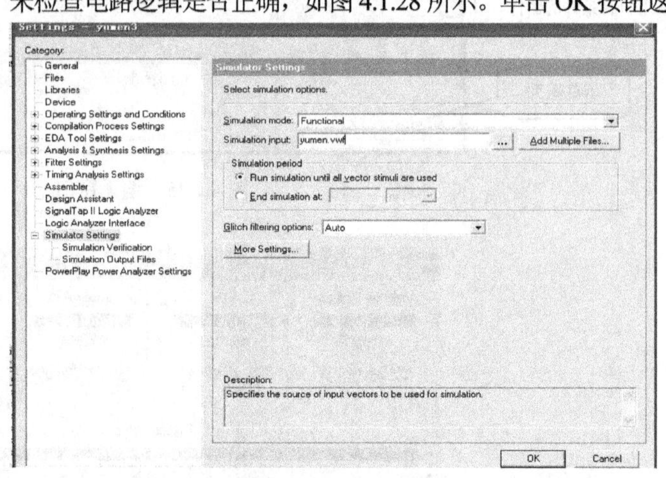

图4.1.28　Settings窗口

在弹出的Simulator Settings对话框中也可以设置一些其他选项，如在时序仿真模式下可选择毛刺检测的宽度。

（2）新建仿真波形文件

新建仿真波形文件，选择New→Verification/Debugging Files命令，选择新建Vector Waveform File，如图4.1.29所示。

（3）打开波形编辑器

弹出图4.1.30所示的波形编辑器窗口，在此窗口可以编辑所需要的激励波形文件。该窗口分成两部分：左边是信号窗口，用户可根据需要选择预仿真的信号名称及标定时刻的信号值；右边是波形窗口，是对应信号的波形图。最左侧是赋值工具栏。注意将窗口放大便于观察，即单击工具栏中的“全屏按钮”▣可以扩大工作区。

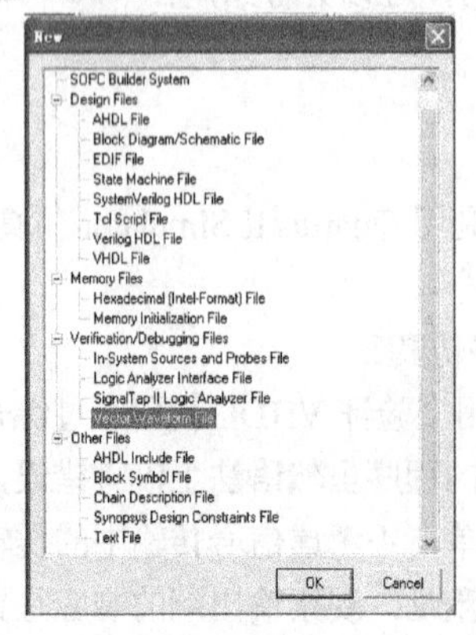

图4.1.29　新建窗口

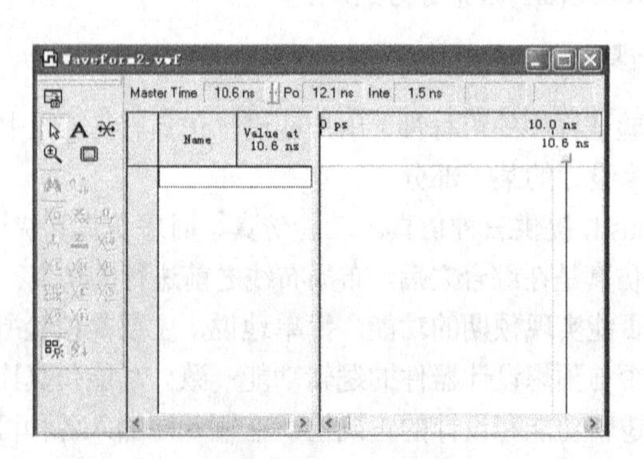

图4.1.30　波形编辑器窗口

（4）输入信号节点（输入/输出端口）

在图 4.1.30 所示波形编辑器窗口的信号窗口中空白区域双击鼠标左键，弹出 Insert Node or Bus 对话框，如图 4.1.31 所示。单击 Node Finder 按钮，弹出 Node Finder 对话框，如图 4.1.32 所示。

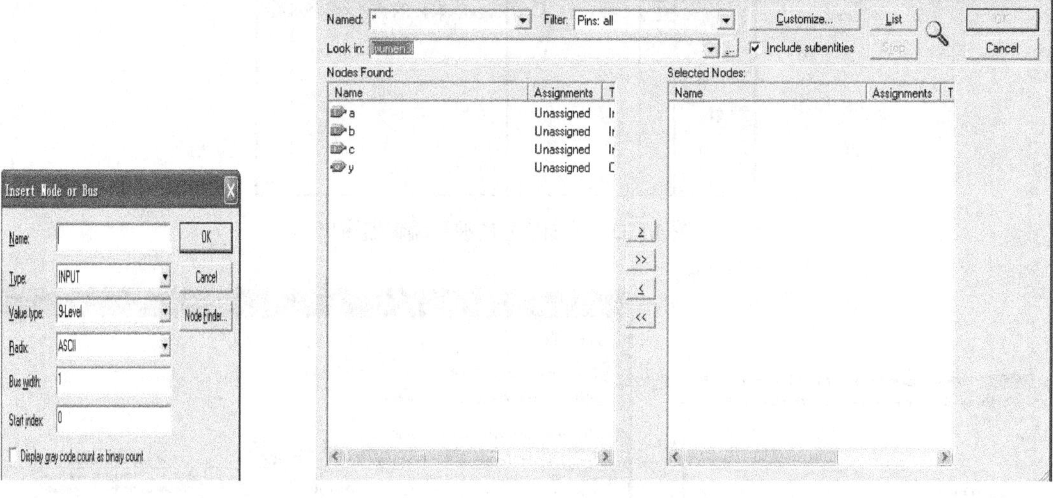

图 4.1.31　Insert Node or Bus 对话框　　图 4.1.32　Node Finder 对话框

在图 4.1.32 所示的对话框中，先在信号过滤栏 Filter 上选择“Pin：all”，再单击 List 按钮，在 Nodes Found 窗口中会列出设计项目的所有输入/输出信号。在左侧窗口中选出所需观察的信号和需要添加激励的信号，双击信号名，或者单击“>”按钮，将所选信号添加至右侧列表，如选择全部输入输出信号，可直接单击“>>”按钮，出现图 4.1.33 所示的对话框。随后单击 OK 按钮确认，出现图 4.1.34 所示的对话框，再单击 OK 按钮确认，出现图 4.1.35，即可在波形仿真窗口中看到刚才添加的预仿真信号。

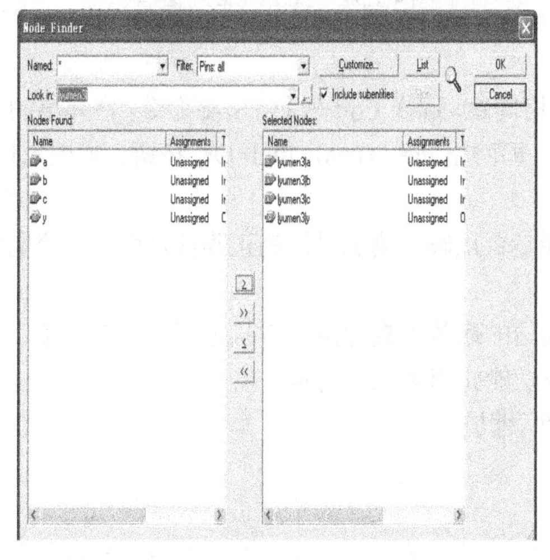

图 4.1.33　选择输入/输出信号表

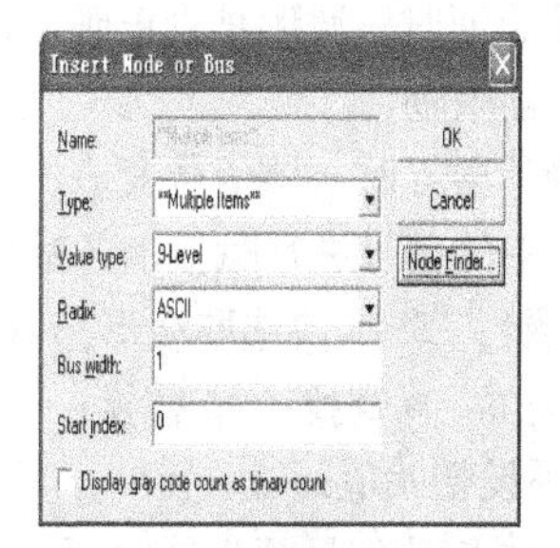

图 4.1.34　完成设置对话框

（5）设置仿真时间区域

仿真过程需要设置合理的仿真时间长度，通常设置的时间范围在数十微秒间。选择 Edit→End Time 命令，如图 4.1.36 所示。在弹出的图 4.1.37 所示的“End Time”窗口中输入 10，单位为“μs”，即整个仿真域时间为 10μs，单击 OK 按钮，则结束设置时间长度的仿真。时间单位有 s、ms、μs、ns。

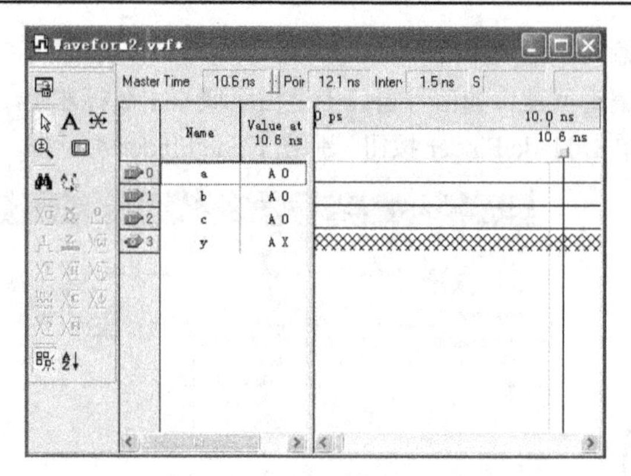

图 4.1.35　添加信号的波形编辑器窗口

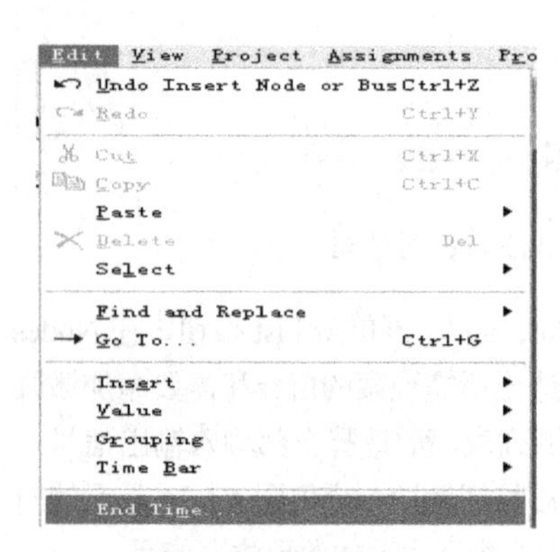

图 4.1.36　Edit 菜单

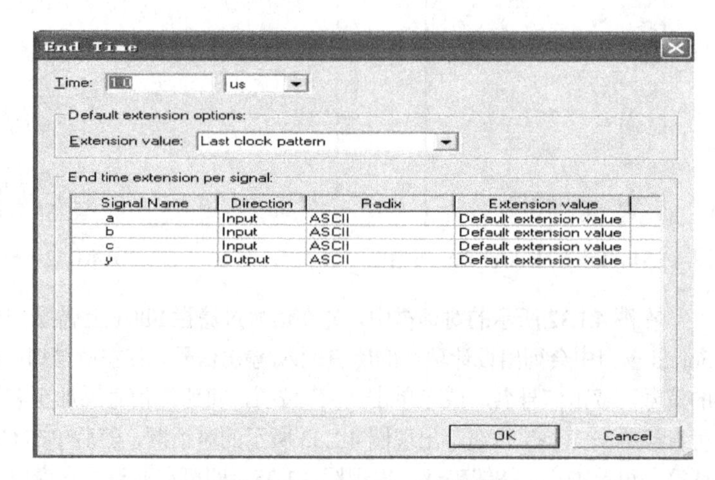

图 4.1.37　End Time 对话框

（6）设置仿真网格间距

在编辑输入波形信号时，还需要设置仿真网格间距，选择 Edit→Grid Size 命令，在弹出的 Grid Size 窗口中输入所需值，通常使用 10，单位为“ns”，即网格间距 10ns，单击 OK 按钮，如图 4.1.38 所示。

（7）添加激励

为了验证时序波形是否正确，检查电路功能是否正确，测试设计的正确性，可以按照电路功能特点添加适当激励。

选择信号 a 时，该信号变成深蓝色，同时左边的赋值工具栏由无效状态变为有效状态，单击它们即可为选中的信号进行赋值，各赋值工具图标及功能如图 4.1.39 所示。

指针；拖拽选取波形；A 添加文本；缩放；

全屏；查找；替换；

不设初始值；

、把该信号置为低电平；

、把该信号置为高电平；

把该信号置为弱不确定态；

把该信号置为任意电平，表明与该信号无关；

把该信号置为高阻态；

把该信号忽略；

把该信号值取反；

一个时钟信号；一个加计数器；

设置数据；为该信号置随机值；

技巧：通常为设置方便，可利用时钟按钮来设置多输入信号。

例如，为三输入 a、b、c 与门添加输入激励信号，y 是依靠仿真得到的结果（不要赋值，其波形为仿真后生成），三输入 a、b、c 波形可以手工设置，也可以利用时钟按钮来设置，步骤如下。

用鼠标选择信号名 a，该信号整行变成深蓝色，然后再单击时钟信号按钮，设置周期为 5ns，Clock 窗口中的占空比（Duty cycle）默认为 50，即 50%占空比的时钟信号，如图 4.1.40 所示。占空比是高电平导通时间占整个周期的比值。

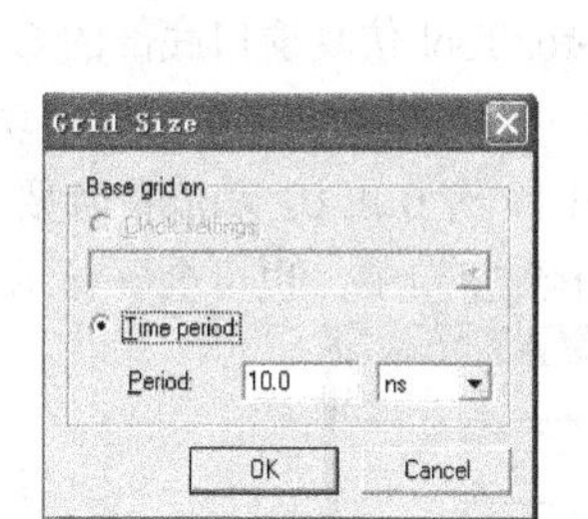

图 4.1.38　设置仿真网格间距对话框

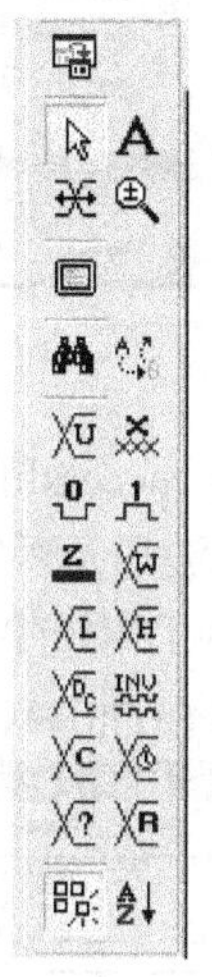

图 4.1.39　波形赋值工具栏

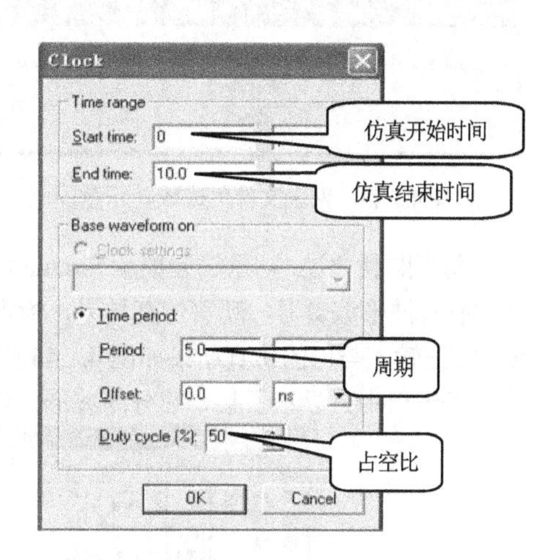

图 4.1.40　设置对话框

再对 b、c 进行激励波形设置，可以将周期改成 2 倍关系（即 b 周期设为 10ns，c 周期设为 20ns）。单击 OK 按钮，设置好的激励信号波形如图 4.1.41 所示。

（8）保存波形文件

单击工具栏上的保存按钮，弹出保存文件对话框，输入文件名，将其命名为 yumen3.vwf，并保存在 yumen3 文件夹中，如图 4.1.42 所示。之后关闭波形编辑器窗口。

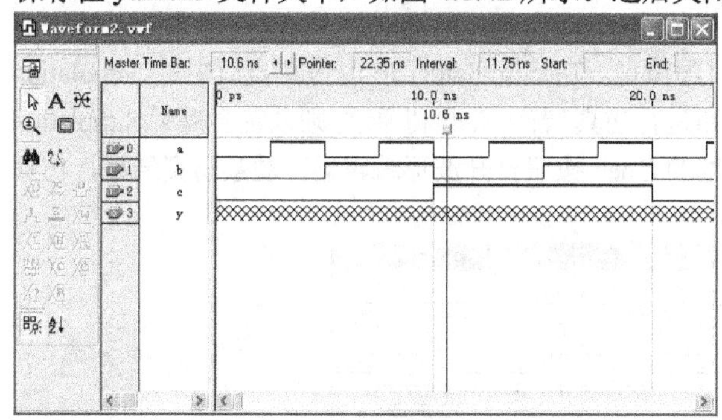

图 4.1.41　激励信号波形示例

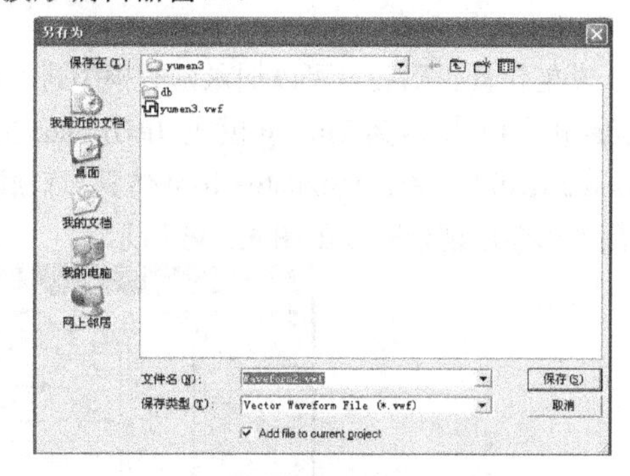

图 4.1.42　保存波形文件对话框

（9）功能仿真

首先进行功能仿真，选择 Processing→Generate Functional Simulation Netlist 命令，生成仿真所需要的网表文件，如图 4.1.43 所示。

然后，选择 Processing→Simulator Tool 命令启动仿真窗口，如图 4.1.44 所示。选中“Overwrite simulation input file with simulation results”（否则不能显示仿真结果），单击 Start 按钮进行仿真。

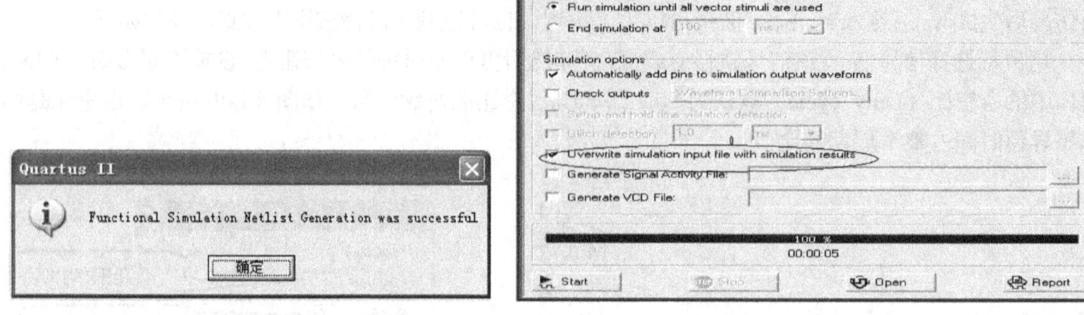

图 4.1.43　网表文件生成成功示意图　　　　图 4.1.44　仿真窗口

仿真顺利通过，则系统会提示 Simulation was successful。单击 Simulator Tool 仿真窗口底部的 Open 按钮打开波形编辑器，观察仿真结果，检查输出波形是否符合预先要求，从而判断设计是否满足功能要求。三输入与门的仿真结果如图 4.1.45 所示，从图中可以看出，全 1 出 1，有 0 出 0，功能符合要求。

若窗口中只显示了某一部分的波形，可用组合 Ctrl+W 缩放全部波形到窗口中，也可全屏显示。

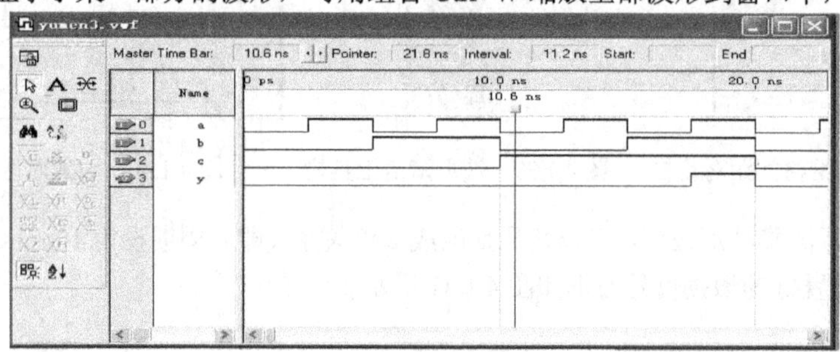

图 4.1.45　功能仿真结果

（10）时序仿真

功能仿真正确后，可以加入延时模型进行时序仿真。在 Simulator Tool 仿真窗口中将 Simulation mode（仿真模式）改为 Timing 模式。单击 Start 按钮进行仿真。若仿真顺利通过，则系统会提示 Simulation was successful。单击 Simulator Tool 仿真窗口底部的 Open 按钮打开波形编辑器，观察仿真结果，仿真输出波形会出现延时，如图 4.1.46 所示。

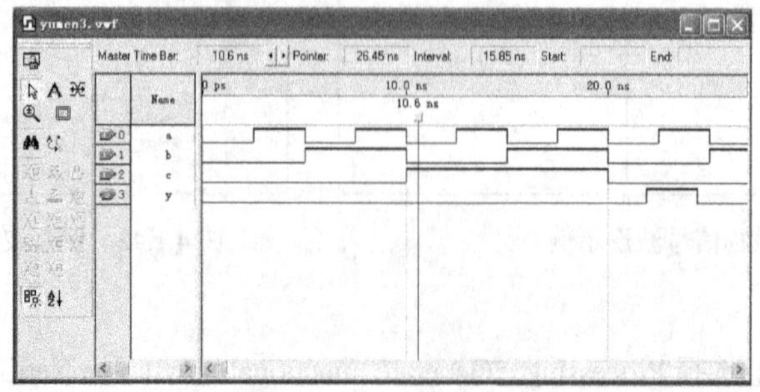

图 4.1.46　时序仿真结果

（11）时序分析

可以使用 Timing Analyzer 和 TimingQuest 时序分析仪对设计的时序性能进行分析，对设计的所有路径的延时进行分析，并与时序要求进行对比，以保证电路在时序上的正确性。

使用 Timing Analyzer，选择 Processing→Classic Timing Analyzer Tools→Start 命令开始分析，产生分析报告。

5. 器件选择及引脚锁定

有很多读者不明白这一步为什么要锁定引脚？回顾一下，做基础实验时，我们知道使用与门，输入端 *A*、*B* 要直接用导线接到逻辑开关上，*L* 接灯。逻辑 1 和 0 要由逻辑开关产生，现在则要用集成在开发板上的滑动开关产生，输入仍可通过拨动开关产生 0 和 1，但开关的输出却隐藏在开发板上，成为开发板上定义的一个引脚如 PIN_N25，不能再使用导线将其连接了。因此需要通过软件设置将开关的输出引脚连到通过编程变成与门的 Cyclone II 芯片上。通过指定 Cyclone II 某一个 I/O 引脚作为与门的输出端，再用软件设置将其与 LED 连接，当然集成在开发板上的 LED 也对应着一个引脚号，如图 4.1.47 所示。举例，已写了一段两输入与门程序，调试好并下载到芯片中，那么 Cyclone II 就变成了一个两输入与门，如何连接输入、输出？

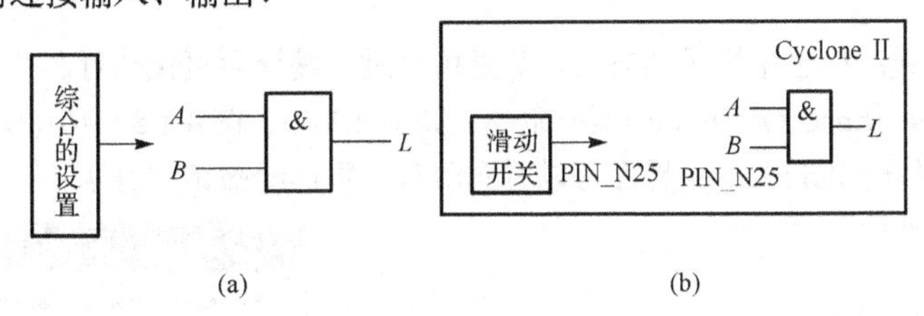

图 4.1.47　引脚锁定说明图

因此只能通过软件将其连接到一起，即锁定引脚。程序中如果与门输入用 *A*，则将其与 PIN_N25 对应，相当于与门 *A* 输入端用连线连了一个滑动开关 SW0。

工程项目编译通过后，若仿真检查无误，就可以进行配置芯片的引脚锁定，然后下载运行。如果在创建工程时已经选择器件，此时可直接进行引脚锁定。

如果一直未选择器件，可以选择 Assignments→Device 命令，弹出 Settings 对话框，选择器件 Cyclone II，EP2C35F672C6，单击 OK 按钮。

引脚锁定即是告知综合器，所生成的电路的输入/输出应该与硬件 CPLD/FPGA 芯片的哪个引脚相连接。引脚锁定的方式有手动锁定和自动锁定两种，只采用一种方式即可。

（1）手动锁定方式：多采用方式。如果电路在 DE2 平台上正常工作，选择 SW0、SW1、SW2 作为输入，分别对应 a、b、c，参照本书的附录可以知道，SW0 对应 FPGA 引脚 N25，SW1 对应 N26，SW2 对应 P25。选择绿色发光二极管 LED G0 作为输出 y，则对应 FPGA 的引脚应为 AE22。

选择 Assignments→Pins 命令，打开 Pin Planer 引脚锁定编辑器。窗口左侧列出了全部引脚 All Pins 的信息，节点 a、b、c、y 对应的 Location 一栏都是空的，说明没有分配引脚，将左侧信号拖动至右侧芯片响应引脚上，或者在窗口下方双击信号的 Location 栏，在下拉框中选择 PIN_ N25、PIN_ N26、PIN_ P25 和 PIN_AE22 响应引脚进行锁定，如图 4.1.48 所示。

本例程的引脚锁定信息如表 4.1.1 所示。

表 4.1.1　引脚锁定信息

节点名称	响应引脚	节点名称	响应引脚
a	PIN_N25	c	PIN_P25
b	PIN_N26	y	PIN_AE22

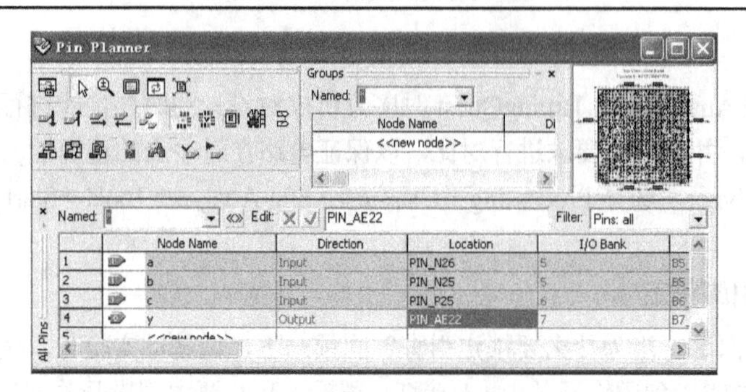

图 4.1.48　引脚锁定编辑器

此步可以省略：在进行编译之前，可检查引脚分配是否合法。选择 Processing→Start→Start I/O Assignment Analysis 命令，当 I/O 分配分析成功时，单击 OK 按钮关闭提示。Start I/O Assignment Analysis 命令会给出一个详细的分析报告和一个引脚分配输出文件*.pin。要查看分析报告，可选择 Processing→Compilation Report 命令，在出现的 Compilation Report 界面中，单击 Fitter 前面的加号查看不同部分内容。

（2）自动锁定方式：如已采用手动方式，此处可略过，编译后直接执行芯片下载。

选择 Assignments→Import Assignments…命令（如图 4.1.49、图 4.1.50 所示），将 CSV 文件导入，完成引脚锁定。重新打开 Pin Planner 界面可以看到所有引脚已经被锁定好了。

图 4.1.49　选择 Import Assignments…命令

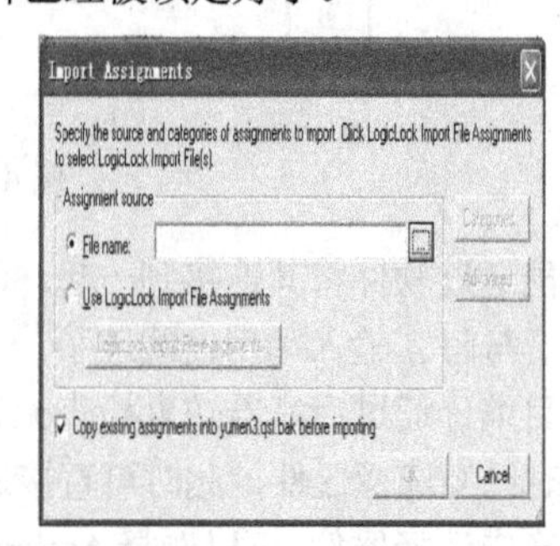

图 4.1.50　Import Assignments 对话框

6. 形成下载文件

关闭锁定引脚对话框，在 Processing 菜单中选择 Compilation Tool→Start 命令，重新启动编译工程，形成下载文件。

在设计项目的编译过程中，状态窗口和消息窗口会自动显示出来。状态窗口将显示全编译过程中各个模块和整个编译进程的进度及所用时间；消息窗口将显示编译过程中的信息。最后的编译结果在编译报告窗口中显示出来，整个编译过程在后台完成。

7. 器件编程下载（FPGA 的烧录）

使用 Quartus II 软件成功编译设计工程之后，就可以对 Altera 器件进行编程或配置。Quartus II 编译器的 Assembler 模块自动将适配过程的器件、逻辑单元和引脚分配信息转换为器件的编程图像，并将这些图像以目标器件的编程对象文件（.pof）或 SRAM 对象文件（.sof）的形式保存为编程文件，Quartus II 软件的编程器（Programmer）使用该文件对器件进行编程配置。

DE2 开发板编程器硬件包括 MasterBlaster、ByteBlaster MV（ByteBlaster MultiVolt）、ByteBlaster II、USB-Blaster、USB-Blaster II、Ethernet Blaster 下载电缆及 Altera 编程单元（APU）。其中，MasterBlaster

和 ByteBlaster MV 电缆功能相同，不同的是，ByteBlaster MV 电缆用于并口，而 MasterBlaster 既可用于串口，也可用于 USB 口；USB-Blaster、USB-Blaster II、Ethernet Blaster 增加了对串行配置器件提供编程支持的功能，其他功能与 MasterBlaster 和 ByteBlaster 相同；USB-Blaster、USB-Blaster II 用 USB 口。在 Quartus II 编程器中，可以建立一个包含设计中所用器件名称和选项的链式描述文件（.cdf）。如果对多个器件同时编程，在 CDF 文件中还可以指定编程文件和所用器件从上到下的顺序。DE2 开发板有两种烧录模式，JTAG（IEEE 标准 Joint Test Action Group）、AS（主动串行 Active Serial）。JTAG 模式中，比特流直接烧录到 FPGA 芯片中，只要电源打开，即可维持 FPGA 的配置，但断电后失去配置信息，而 AS 模式有非易性存储器，故断电不丢失信息。为了直接对 FPGA 进行配置，在编程窗口中的编程模式 Mode 中选择 JTAG（默认），并选中打勾下载文件右侧的第一个小方框。注意要仔细核对下载文件路径与文件名，可单击左侧 Add File 按钮，手动选择配置文件*.sof。

（1）下载配置

在计算机的下载电缆连接正确，且 DE2 开发板已经上电的情况下，在 Quartus II 中选择 Tools→Programmer 命令打开下载器界面，如图 4.1.51 所示。

（2）通过 Hardware Setup 可以选择所使用的下载电缆类型，用鼠标在 Avaliable Hardware Items 清单中的 USB-Blaster 上双击左键，在 Currently Selected Hardware 中会出现 USB-Blaster[USB-0]，单击 Close 按钮退出 Hardware Setup 对话框。此时在 Programmer 对话框的 Hardware Setup 按钮右边显示 USB-Blaster[USB-0]。

（3）选好文件和器件后，选中 Program/Configure 任务，单击 Start 按钮进行下载。如果 Progress 段显示下载数据的百分比为 100%，表示下载顺利完成，软件将提示配置成功。

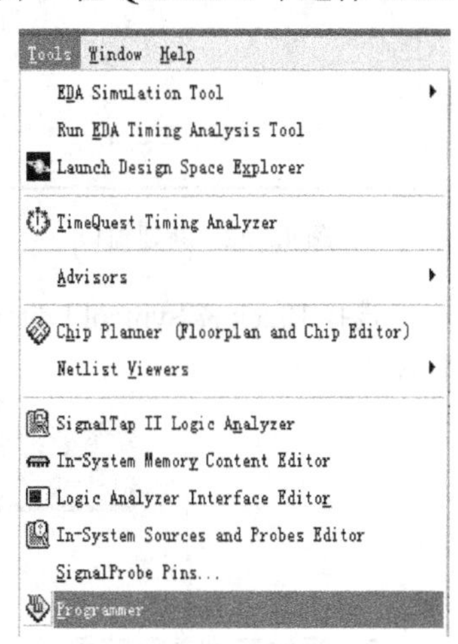

图 4.1.51　选择 Tools Programmer

8．硬件验证

对照真值表进行功能验证，完成基于 Quartus II 的 EDA 设计。

4.1.4　Quartus II 软件原理图输入

应用数字逻辑电路的基本知识，使用 Quartus II 原理图输入法可非常方便地进行数字系统的设计。尤其是较大的系统在基本单元设计完成后，通常需用原理图输入方法实现系统级联，有时也可以直接使用，几乎所有的 FPGA/CPLD 设计集成环境都有原理图输入方法。Quartus II 提供了强大、直观、便捷和操作灵活的原理图输入设计功能，通过图形编辑器可以编辑图形和图表模块，生成原理图文件（.bdf）。原理图文件产生后，同样需要进行设计处理、波形仿真、器件编程，这些操作同 VHDL 输入法介绍过程基本相同，首先确定文件路径（d:\test\h_adder），建立好工程文件（h_adder.qpf），工程顶层设计文件名为 h_adder。

为简化原理图的设计过程，Quartus II 建立了更丰富的适用于各种需要的元件库，其中包含基本逻辑元件库（Primitive），如与非门、反相器、D 触发器等，宏功能元件库（Macrofunction）包含几乎所有 74 系列的器件，以及类似于 IP 核的可设置的宏功能块 LPM 库，供设计人员直接调用。Quartus II 同样提供了原理图输入多层设计功能，使用户能设计更大规模的电路系统。

原理图的设计与编译在 Compile Mode（编译模式）下进行。

本节通过设计一个半加器，使读者熟悉原理图输入方法。

1．新建原理图文件

选择 File→New 命令，出现图 4.1.52 所示的新建窗口。

在 Device Design Files 标签中，选择 Block Diagram/Schematic File 项，单击 OK 按钮即可打开原理图编辑器（如图 4.1.53 所示），出现空白的原理图文件，进行原理图的设计与编辑。

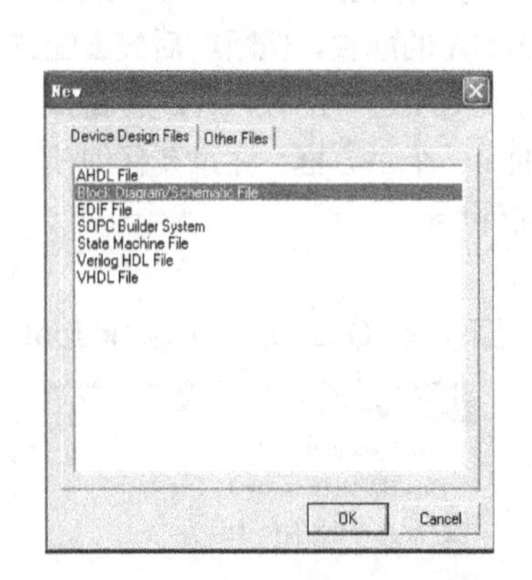

图 4.1.52 新建窗口

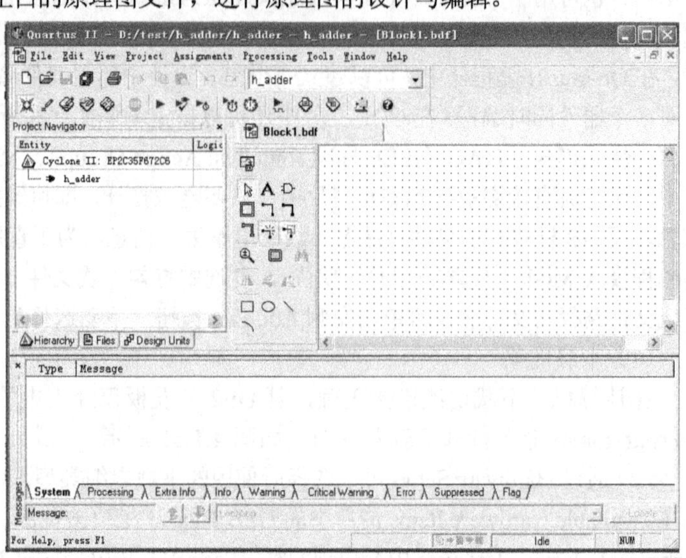

图 4.1.53 原理图编辑器

选择 Block & Symbol Editors 中的不同器件（如图 4.1.54 所示），在编辑区中就可完成原理图的设计编辑。

图 4.1.54 Block & Symbol Editors

2. 添加基本单元符号

符号是原理图的构成要素之一，是器件或功能部件的图形表示，是原理图中最基本的成分。一个符号可以代表一种常用的器件，如逻辑门（与门 7408）和 74 系列器件，也可以代表一个具有复杂功能的宏或电路模块。每个符号都对应一个以.sym 为扩展名的文件，该文件可能包括在以.lib 为扩展名的文件中，用户也可以自己创建。每个符号文件中包含该符号的显示图像、文字说明、引脚和属性等信息，在引用符号时会自动引用这些信息。

在选取状态，即 为按下状态，添加元器件可单击 Block & Symbol Editors 中的元器件符号，或在编辑区的空白处双击左键，或单击 按钮，出现 Symbol 对话框，如图 4.1.55 所示。在该对话框下可以选择各种逻辑电路符号。这些都是 Quartus II 已经预先存放的常用电路模块符号，在进行原理图设计输入时可以随时调用，极大地方便了设计过程。

在 Quartus II 的 Libraries 库中包含三个文件夹子目录，megafunctions（宏功能模块，包含多种可直接使用的参数化模块）、others（其他功能模块，包含所有中规模器件，如 74 系列的符号等）、primitives（基本逻辑元件库，包含所有 Altera 基本图元，如逻辑门、输入/输出端口等）和自己创建的模块符号。

如图 4.1.56 所示，单击 Libraries 中单元库前面的箭头展开符号，所有库中图元将以列表的方式显示出来，选择所需元器件，或直接在 Name 文本框中输入元器件名称，如 7408（二输入与门），单击 OK 按钮确认，返回到原理图编辑窗口，在合适的位置单击左键即可放置到编辑区中，如连续单击左键则可放置多个相同元器件，按 Esc 键为止。

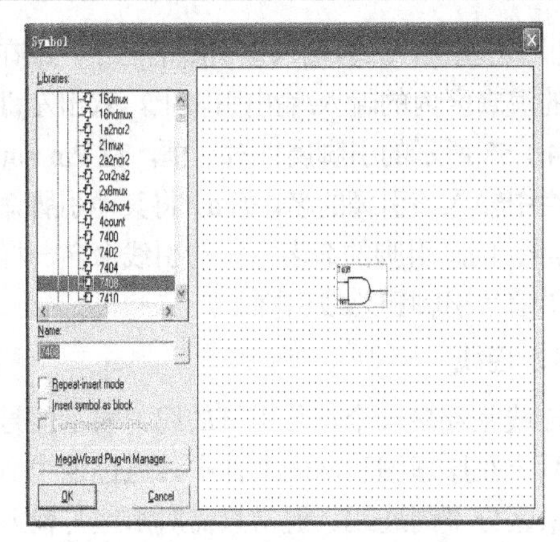

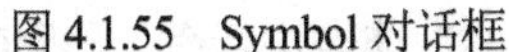
图 4.1.55　Symbol 对话框

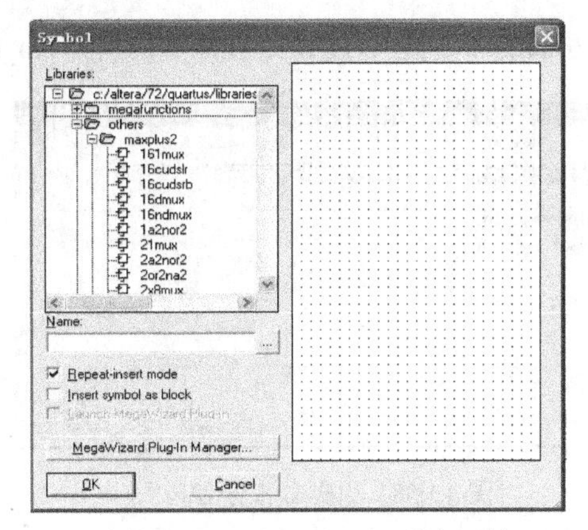

图 4.1.56　用 Libraries 选取器件

若要重复放置同一个符号，可选 Copy 进行复制，或单击所要复制的符号，在原理图编辑窗口中，选择某一元件，同时按住 Ctrl 键，拖动即可。

也可以拖动 Libraries 窗口右边的滚动条，在展开的库中选取所需的元件。库中提供了各种逻辑功能符号，包括图元（primitive）、LPM（Library of Parameterized Modules）函数和宏功能（macrofunction）符号。图元库中主要包括基本逻辑元件库，如各种门电路、缓冲器、触发器、引脚、电源和地。其中，.bdf 文件包含模块符号，又包含原理图符号，供设计人员在图形模块编辑时直接使用。

当元件处于选中状态时，边框呈蓝色，这时可对该选中对象进行命名、删除等操作。用同样的方法，输入需要的器件或 I/O 接口，如电源（Vcc）、地（GND）、输入（Input）引脚和输出（Output）引脚。

选中某一个元器件，通过单击原理图编辑工具栏中的“元器件翻转工具”按钮，可改变元器件的引脚顺序及摆放方向。可实现垂直翻转、水平翻转和上下翻转。

图形编辑器中的符号都有一个实例的名称（如 7408），其属性可以根据设计者的需要进行更改。在符号上单击鼠标右键，在弹出的下拉菜单中选择 Properties 项，则弹出属性对话框。属性对话框中，在 General 标签页上可以修改符号的实例名；在 Ports 标签页上可以对端口状态进行修改；Parameters 标签页可以对参数化模块的参数进行设置；Format 标签页可以修改符号的显示颜色等。通常情况选择默认即可。

3．导入引脚（输入/输出符号）

不能像画电路图一样，在逻辑符号上直接写上输入 a、b 和输出 y，而需要通过导入引脚来实现添加输入和输出信号。引脚包括输入（Input）、输出（Output）和双向（Bidir）三种类型。如图 4.1.57 所示，异或门有两个输入和一个输出，则需要引入两个输入引脚和一个输出引脚来实现。添加引脚同添加符号有同样的步骤，在 Symbol 对话框的符号名框中输入引脚名或从 primitives/pin 库中选择 input（输入引脚）和 output（输出引脚），单击 OK 按钮，对应的引脚就显示在图形编辑窗口中，也就相当于放置在电路中。

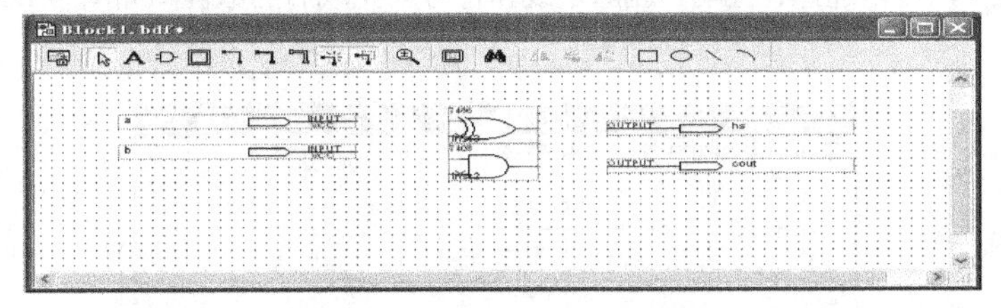

图 4.1.57　放置输入/输出引脚

要重复添加同一个符号，可以在 Symbol 对话框中选中重复插入复选框，也可以将鼠标放在要重复添加的符号上，同时按下键盘上的 Ctrl 键和鼠标左键，这样就可以复制拖动的元件符号。

引脚的命名输入方法是：在添加的引脚 pin_name 处双击左键，然后输入该引脚的名字；或在需要命名的编辑区内的输入/输出引脚上，双击左键，弹出图 4.1.58 所示的引脚属性对话框，在 Pin name 引脚名栏中输入该引脚的名，如 a，将其他引脚命名为 b、cout、hs。引脚的命名方法与引线命名一样，也分为单信号引脚和总线引脚。

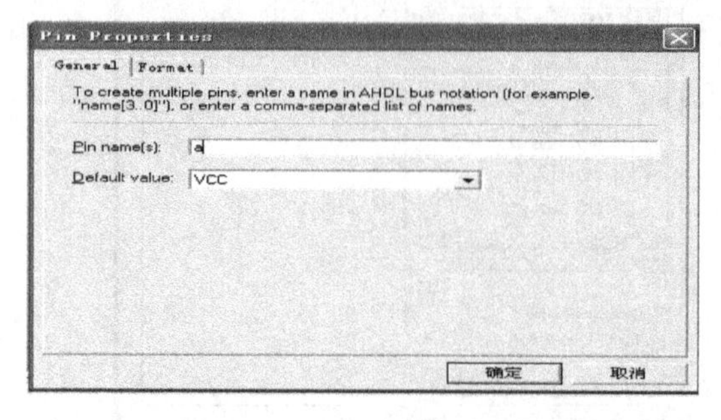

图 4.1.58 引脚命名对话框

4．连线

连线是连接一个符号引脚的线，表示信号的连接关系。在原理图和网表文件中，通过连线命名的不同来区分不同连线。通常只需对那些与输入或输出相连的连线，以及那些与在仿真时需要查看的信号对应的“内部”连线进行命名。同时按照设计需要，使用“单线连接线 Node Line”或“总线连接线 Bus Line”将各器件的引脚连接起来。

对单线连接线的命名通常采用简单格式，对总线连接线的命名采用复合形式，即数组形式，如 out[7..0]，与总线相连的引脚也采用相同的数组形式命名；当需从总线中引出单线时，须指出各单线对应的总线位号（双击线条即可命名）。如图 4.1.59 所示，两根连接线的名称相同，均为 A，表示两线是连通的。

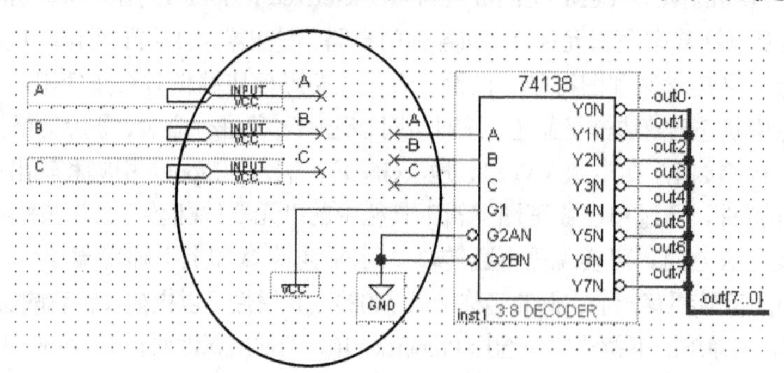

图 4.1.59 连线示意图

在工具栏中单击直角连线按钮 ，在元件块的输入/输出端点之间绘制连线。将鼠标置于 A 引脚的右边沿，按下左键保持不放，拖动连线至与门引脚的端点，放开鼠标，即可将引脚 A 和与门的引脚相连，依次连接各节点。在连线过程中，如果需要在某个地方拐个弯，只要在该处放开鼠标左键，然后继续按下左键拖动即可。如果连线错误，可按下 Esc 键，退出直角连线状态，再用鼠标选中绘错的线段点 Delete 可删除。

注：如果两条线相连时，在连接点会出现一个圆点。

连好后，单击 ，可以选择、拖动、删除连线和符号。完成后的原理图如图 4.1.60 所示，最后保存 h_adder.bdf 文件。

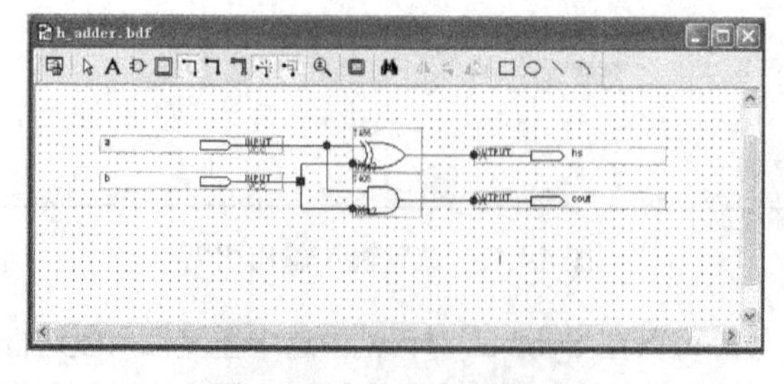

图 4.1.60 完成后的原理图

5. 编译原理图

原理图设计完成后，编译器调用一系列工具对输入的电路原理图文件 h_adder.bdf 进行分析、综合，并针对目标器件生成一个实现。

在编译模式下，选择 Processing→Start Compilation 命令或单击▶按钮进行编译，如图 4.1.61 所示。

编译过程分成多个步骤完成，如果编译无误，将弹出编译成功对话框。如有错误，编译会自动停止，并在消息框中显示错误信息，每个错误会对应一条错误信息提示，双击该条提示，光标会自动定位错误的位置，要获得帮助，可以按下 F1 键。请根据“调试信息”框中的错误提示修改原理图，直至编译通过并弹出成功对话框，如图 4.1.62 所示。

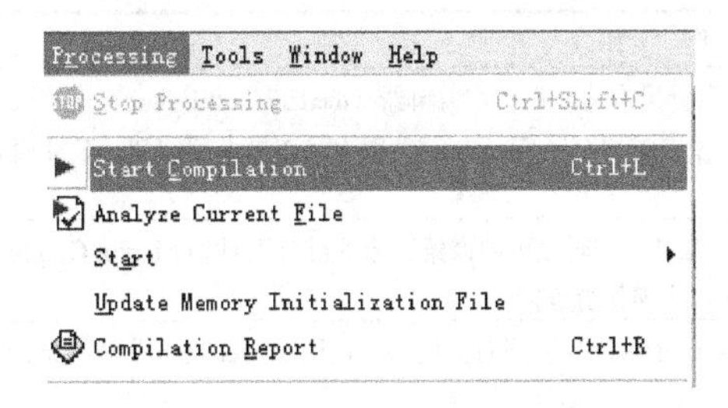

图 4.1.61　编译菜单示意图

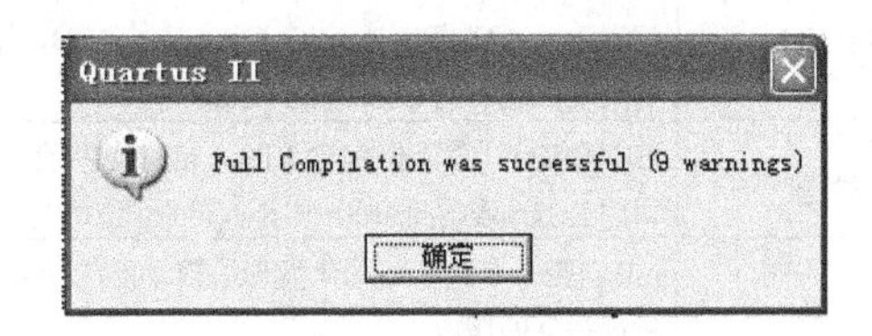

图 4.1.62　编译成功显示

编译结束之后还会自动出现一个 Compilation Report 窗口，可查看各部分的详细报告。

6. 创建自定义模块

在原理图编译通过后，如果用户需要反复使用设计好的模块，可将上述设计生成自定义模块。

选择 File→Creat/Update→Creat Symbol Files for Current File 命令，如图 4.1.63 所示。芯片的名称是编译通过的原理图的名称。用户可在 Symbol 对话框中 Libraries 文本框的 Project 菜单下找到自己设计的芯片，如图 4.1.64 所示。

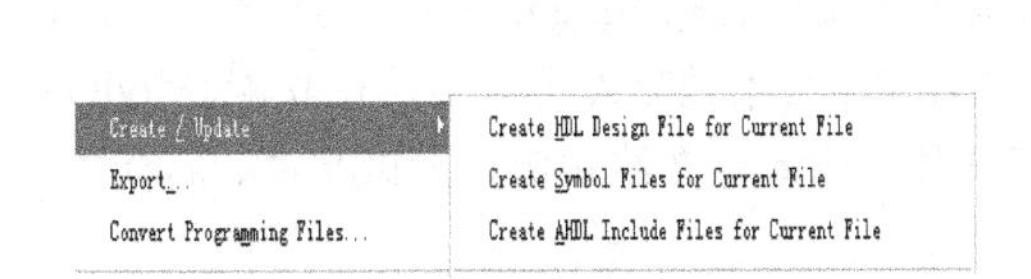

图 4.1.63　创建模块下拉菜单

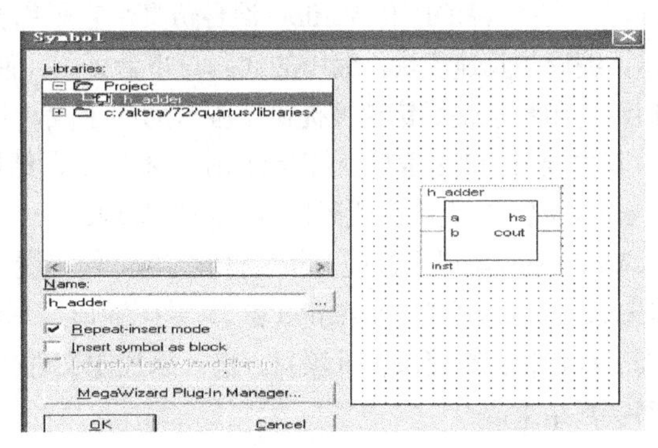

图 4.1.64　自定义芯片选择界面

7. 功能仿真和时序仿真

当原理图编译完成后，需要新建波形文件，以便利用波形文件对前面完成的设计进行仿真分析。本过程同前面 VHDL 设计语言中的仿真步骤和方法一致。

8. 引脚锁定和硬件下载

本过程与之前 VHDL 设计语言编程实例一致。

4.2 其他 EDA 软件

4.2.1 ISE 软件

ISE 软件开发平台是 Xilinx 公司提供的针对 Xilinx 各型号可编程逻辑器件开发应用的基本 EDA 套件之一。其主要功能包括设计输入、综合、仿真、实现和下载，涵盖了可编程逻辑器件开发的全过程。从功能上看，完成 CPLD/FPGA 的设计流程无须借助任何第三方 EDA 软件。表 4.2.1 列出了 ISE 的主要功能和作用。

表 4.2.1 ISE 的主要功能和作用

ISE 的主要功能	作 用
设计输入	ISE 提供的设计输入工具包括用于 HDL 代码输入和查看报告的 ISE 文本编辑器（the ISE Text Editor）、用于原理图编辑工具（The Enginnering Capture，ECS）、用于 IP 核生成的 Core Generator、用于状态机设计的 StateCAD 和用于约束文件编辑的 Constraint Editor 等
综合	ISE 的综合工具不但包含 Xilinx 自身提供的综合工具 XST，同时还可内嵌第三方的综合工具如 Mentor Graphics 公司的 Leonardo Spectrum 和 Synplicity 公司的 Synplify，实现无缝连接
仿真	ISE 自带一个具有图形化波形编辑功能的仿真工具 HDL Bencher 的，同时又提供了使用 Model Tech 公司的 ModelSim 进行仿真的接口
实现	此功能包括编辑、映射和布局布线等，还具备时序分析、引脚指定及增量设计等高级功能
下载	下载功能包括生成位流（bit）文件，即布局布线后的设计文件；还包括 imPACT 工具，进行芯片配置和通信，控制将位流写到 FPGA 芯片中

ISE 软件的设计流程包括：电路设计与输入、功能仿真、综合、综合后仿真、实现、布局布线后仿真与验证，以及下载调试等主要步骤。

4.2.2 ModelSim 软件

ModelSim 是由 Mentor Graphics 公司推出的业界公认的优秀 HDL 语言仿真软件。它提供友好的仿真环境，支持 VHDL 和 Verilog 混合仿真。它采用直接优化的编译技术、Tcl/Tk 技术和单一内核仿真技术，编译仿真速度快，编译的代码与平台无关，便于保护 IP 核。此外，其个性化的图形界面和用户接口，为用户加快调错速度提供了强有力的手段，是 FPGA/ASIC 设计的首选仿真软件。

其主要特点有：RTL 和门级优化，本地编译结构，编译仿真速度快，跨平台跨版本仿真；VHDL 和 Verilog 混合仿真；源代码模板、项目管理。

ModelSim 集成了性能分析、波形比较、代码覆盖、数据流 ChaseX、Singnal Spy、虚拟对象（Virtual Object）、Memory 窗口、Assertion 窗口、源码窗口显示信号值和信号条件断点等众多调试功能。ModelSim 仿真流程包括：新建或打开项目、输入添加源文件仿真文件、编译源文件和仿真测试文件、启动仿真、观察仿真结果。

4.2.3 Max+plus II 软件

Max+plus II 是 Altera 公司提供的简单且界面友好的综合与仿真工具，它提供了从设计输入、设计处理到模拟仿真、编程下载等一套完整的工具。Max+Plus II 提供了一种与结构无关的设计环境，设计者无须精通器件内部的复杂机构，只要用自己熟悉的设计输入工具（如原理图输入或 HDL 输入），把设计输入到计算机中，Max+Plus II 就会自动把这些设计转换成下载到芯片中所需的文件格式。用户把最后得到的编程数据通过下载电缆下载到芯片中，即完成了所有的工作。

其主要缺点在于对 VHDL 的支持不够全面，除少数相对简单的语法外，大多需要借助外部综合软件（如 Lenoardo Spectrum 或 Advanced Synthesis Software）进行综合。然而正因为其使用简单，因此很适合 VHDL 的初学者使用。另外 Altera 公司近期发布了支持大多数 VHDL 语法结构的 Advanced Synthesis Software（免费软件），这使 Max+plus II 的功能更加强大。Max+plus II 可以用于综合 VHDL 代码、生成可以进行设计实现和仿真的 EDIF 文件。本书着重介绍的 Quartus II 9.0 则是 Altera 公司提供的一套集成了编译、布局布线和仿真工具在内的综合开发环境，它能完成从代码输入到物理实现的全部设计流程。支持 Altera 公司的所有 FPGA 和 CPLD 器件，是 Max+plus II 的后继版本。

4.3 小　结

本章介绍了 Altera 公司和其他公司目前比较流行的 EDA 软件的基本功能和设计流程。Altera 公司的 Quartus II 设计软件界面友好，为设计者提供了一比较完善的多平台设计环境，与以往的 EDA 工具相比，它更适合基于模块化的层次设计方法，便于学生学习。Quartus II 含有许多更具特色和更强的实用功能，可在今后的进阶学习中不断地扩展，大致有以下 5 个方面。

（1）Quartus II 与 MATLAB/Simulink 和 DSP Builder 以及第三方的综合器和仿真器相结合，用于开发 DSP（数字信号处理系统）硬件系统；

（2）Quartus II 与 SOPC Builder 结合用于开发 Nios 嵌入式系统；

（3）Quartus II 含有实时调试工具，嵌入式逻辑分析仪 SignalTap II；

（4）Quartus II 使用一种十分有效的逻辑设计优化技术，即设计模块在 FPGA 中指定区域内的逻辑锁定功能，LogicLock 技术。

同时本章在 Quartus II 9.0 平台上，通过一个设计实例详细介绍了数字电路的设计开发，包括新建工程、设计输入（文本输入法和原理图输入法两种实现方法）、编译、模拟仿真、引脚锁定、编程下载等过程。此外，还介绍了其他 EDA 软件。

4.4 问题与思考

1．简述用 Quartus II 设计开发 PLD 的流程。
2．用 Quartus II 原理图输入方式设计 8 选 1 数据器电路，并通过仿真验证。
3．给出利用 Quartus II 进行 VHDL 输入完整的设计流程，并举例说明。
4．用 Quartus II VHDL 输入方式实现 8 位乘法器电路，并通过仿真验证。
5．用 Quartus II 层次化输入方式设计实现 4 位十进制频率计电路。

第5章　数字电路与系统课程设计基本知识

本章介绍数字电路与系统课程设计相关的理论和知识。以具体实例介绍数字系统的设计方法，包括传统的自底向上设计方法和现代数字系统设计的主流方法——自顶向下法，并对数字系统综合设计中的抗干扰、毛刺消除等关键技术进行介绍。

5.1　数字系统设计概述

数字系统是指由若干数字电路和逻辑部件构成的对数字信号进行采集、存储、传输和处理的电子系统。数字系统一般可划分为输入/输出接口、控制器和数据处理单元三部分，其结构框图如图 5.1.1 所示。

输入/输出接口主要用于系统和外界交换信息。输入接口将各种外部信号变成数字系统能够接收和处理的数字信号，外部信号一般表现为声、光、温度、湿度及位移等模拟信号形式，或者是开关的闭合与打开、管子的导通与截止、继电器的得电与失电等开关信号形式，这些信号都必须通过输入电路转换成数字电路能够接收和处理的二进制逻辑电平。输出接口将数字电路处理之后的数字信号转换成模拟信号或开关信号，以推动执行机构工作，在输出电路和执行机构之间常常还需要设置功放电路，以提供负载所要求的电压和电流。

数据处理单元在控制器的指挥下完成各种逻辑运算操作，如计数运算、逻辑运算等，并产生系统的输出信号、数据运算状态等信息，主要由寄存器、运算器、数据选择器等部件组成。

控制器是整个系统的核心，它将外部输入信号及数据单元得到的状态信号进行综合、分析，发出控制信号，以决定数据处理单元何时进行何种操作，控制系统内各部分协同工作。有些规模较大的数字系统还设置了存储器，用来存储数据和各种控制信息，以供控制器调用。控制器属于时序逻辑电路，可由同步状态机实现。

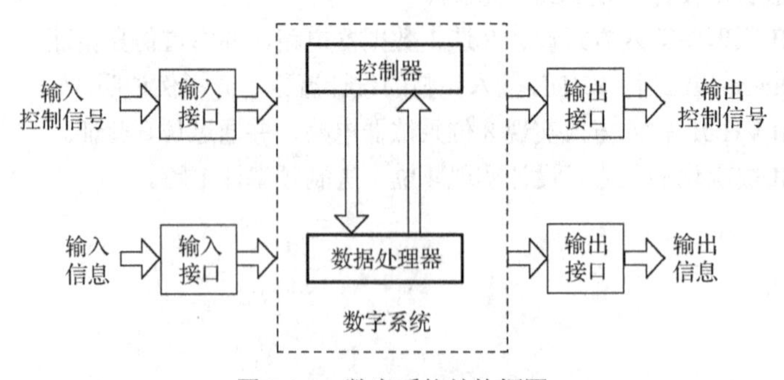

图 5.1.1　数字系统结构框图

数字系统一般都由组合逻辑电路和时序逻辑电路连接而成，整个系统按照一定的要求实现逻辑运算，应注意的是，一个电路是否构成数字系统，并不单纯取决于其电路规模，区分数字系统与功能部件的标志是，电路是否含有控制单元和数据处理单元。比如存储器，尽管它的规模很庞大，但并不意味着是一个系统，只能算是一个功能部件；而一个仅由几片 MSI 构成的数字电路，只要包含控制单元和数据处理单元，就可以称为数字系统。

传统的数字系统设计方法是选用标准数字集成电路，“自底向上”（Down-Up）地构造一个新系统，设计的重点集中在基本单元电路设计和集成芯片的选用上。其基本步骤是：首先确定设计方案，并选择实现该方案可用的元器件，然后根据所选芯片设计电路原理图，完成各模块后进行连接，最后形成系统。而后经调试、测量，检验整个系统是否达到规定的性能指标。

采用这种方法必须首先确定使用器件的类别和规格，同时要考虑器件的可获得性，因而常常受到设计者经验及市场器件情况等因素的限制，且没有明显的规律可循。系统测试在系统硬件完成后进行，如果设计过程中发现系统需要修改或由于缺货更换器件，都将可能使前面的设计工作前功尽弃，需要重新制作电路板、重新购买器件、重新调试与修改设计，整个设计过程花费大量的时间和成本。另外采用自底向上方法进行 EDA 设计时采用的是原理图输入方式，而原理图设计的电路对于复杂系统的设计、交流、更新都十分困难，不利于复杂系统的任务分解与综合。因此这种设计方法效率低、成本高，只适合系统相对较小、硬件相对简单的数字系统设计。

现代数字系统设计采用“自顶向下”（Top-Down）的设计方法，也称为层次化设计方法。这种方法首先从系统入手，在顶层进行功能方框图划分和结构设计，在方框图一级进行仿真、纠错，并用硬件描述语言对高层系统进行描述，在系统一级进行验证，然后用综合优化工具生成具体门电路网表，其对应物理实现级可以是印刷电路板或专用集成电路，由于设计的主要仿真和调试过程是在高层次上完成的，既有利于早期发现结构设计上的错误，避免设计工时浪费，同时也减少了逻辑功能仿真工作量，提高了设计的一次成功率。并且多个底层模块支持多个设计者同时开发设计，底层模块可以被反复调用，便于将设计结果在各种集成电路或 PLD 之间移植，为大型系统设计及 SOC 或 SOPC 的设计提供了方便、直观的设计途径。

实际上，在现代许多设计中往往是混合使用自顶向下法和自底向上法的，因为混合应用可能会取得更好的设计效果。一般来说，自顶向下设计方法适用于设计各种规模的数字系统，而自底向上设计方法则更适用于设计小型数字系统。

5.2　数字系统设计描述工具

在用自顶向下设计方法进行数字系统设计的过程中，在不同的设计阶段采用适当的描述手段，正确地定义和描述设计目标的功能和性能，是设计工作正确实施的依据。常用的描述工具有方框图、定时图、逻辑流程图和 MDS 图。

5.2.1　方框图

方框图用于描述数字系统的模型，是系统设计阶段最常用的重要手段。方框图中的每个方框都定义了一个信息处理、存储或传送的子系统，在方框内用文字、表达式、通用符号或图形来表示该子系统的名称或主要功能。方框之间采用带箭头的直线相连，表示各个子系统之间数据流或控制流的信息通道，箭头指示信息传送的方向。方框图可以详细描述数字系统的总体结构，并作为进一步详细设计的基础。方框图中描述和定义的逻辑模块是抽象的，不涉及具体集成器件，因而能将系统结构清晰、直观地显示，为层次化设计提供了技术实施路线，且方便进行方案比较，以优化总体设计。

方框图的设计是自顶向下、逐步细化的层次化设计过程。同一个数字系统可以设计出不同的结构，在总体结构设计中，任何优化设计的考虑都要比物理实现阶段过程中的优化设计产生大得多的效益，尤其是在采用 EDA 设计工具进行设计时，许多逻辑化简、优化的工作都可用 EDA 来完成，而总体结构的设计是任何工具所不能替代的，它是数字系统设计过程中最具创造性的工作之一。

一般总体结构设计方框图需要有一份完整的系统说明书。在系统说明书中，不仅需要给出表示各个子系统的方框图，同时还需要给出每个子系统功能的详细描述。

5.2.2 定时图

在数字系统中，信息的传送、处理或存储都是在特定时间意义上的操作，是按照严格的时序进行协调和同步的。系统各模块之间、模块内部各功能部件之间、各功能部件内部的各逻辑门电路或触发器之间，输入信号、输出信号和控制信号的对应关系及特征，通常用定时图（或称时序图）来描述。

定时图的描述也是逐步深入细化的过程。由描述系统输入/输出信号之间的定时关系的简单定时图开始，随着系统设计的不断深入，定时图也不断地反映新出现的系统内部信号的定时关系，直到最终得到一个完整的定时图。定时图精确地定义了系统的功能，在系统调试时，借助 EDA 工具，建立系统的模拟仿真波形，以判定系统中可能存在的错误；或在硬件调试及运行时，可通过逻辑分析仪或示波器对系统中重要结点处的信号进行观测，以判定系统中可能存在的错误。

5.2.3 逻辑流程图

ASM（Algorithmic State Machine）图即控制算法状态图，又称为逻辑流程图，简称流程图，是时序状态机功能的一种抽象，是模拟其行为的关键工具，因而是描述数字系统功能的常用方法之一。其描述对象是控制单元，并以系统时钟来驱动整个流程，类似于通常的软件流程图，但显示的是计算动作的时间顺序，以及在状态机输入影响下发生的时序步骤，有表示事件比较精确的时间间隔序列，而一般软件流程图没有时间概念。ASM 图可以描述整个数字系统对信息的处理过程及控制单元所提供的控制步骤，便于设计者发现和改进信息处理过程中的错误和不足，是后续电路设计的依据。

ASM 图用特定的几何图形、指向线和简练的文字说明来描述数字系统的基本工作过程。逻辑流程图的基本符号包括矩形状态框、菱形判别框和椭圆形条件输出框和流程线，如图 5.2.1 所示。

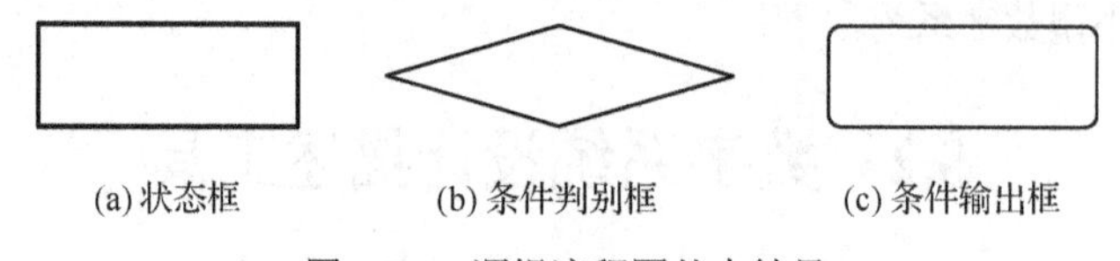

图 5.2.1 逻辑流程图基本符号

1. 流程线

流程线用一条带箭头的线段或折线表示，在流程图中，判断框左边的流程线表示判断条件为真时的流程，右边的流程线表示条件为假时的流程，有时就在其左右流程线的上方分别标注“真”、“假”或“T”、“F”或“Y”、“N”。另外还规定，当流程线是从下往上或从右往左时，必须带箭头，除此以外，可以不画箭头，流程线的走向总是从上向下或从左向右的。

2. 状态框

状态框用一个矩形方框表示，其左上角括号内是该状态名称，其右上角的一组二进制码表示该状态的二进制编码（若已经编码，则写；若没有编码，则可不写），在时钟作用下，ASM 图的状态由现状态转换到次状态。状态框内可以定义在该状态时的输出信号和命令。图 5.2.2 所示 ASM 图中，状态框为 A、B、C，A 框内的 Z_1 是指在状态 A 时，无条件地输出命令 Z_1。

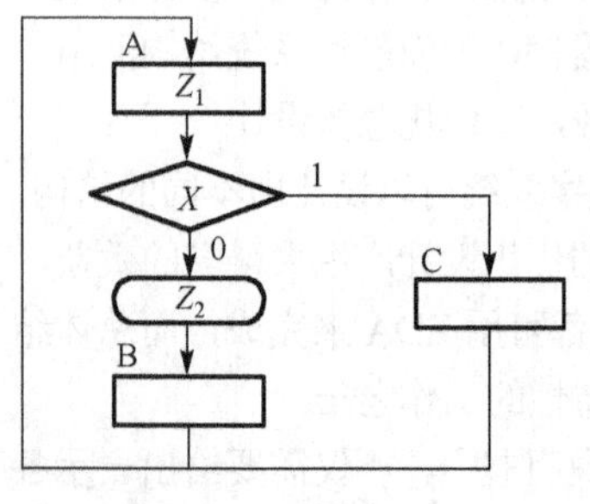

图 5.2.2 ASM 图示例

3. 条件分支框

条件分支框又称条件判别框，用菱形框表示，框内写出状态转移的条件。图5.2.2 中，菱形框内X，表示在状态A时，如果输入$X=1$，则状态转移到C，如果$X=0$，则状态转移到B。条件分支框属于状态框 A，在时钟的作用下，由于输入不同，次态可能是状态 B 或 C，而状态的转换是在状态 A 结束时完成的。

4. 条件输出框

在某些状态下，输出命令只有在一定条件下才能输出，为了和状态框内的输出有所区别，用椭圆形框表示条件输出框。图 5.2.2 中，状态框 A 中的输出 Z_1 是无条件输出，而在条件输出框内的 Z_2 是只有在状态 A 而且输入 $X=0$ 时才输出的。条件分支框和条件输出框属于状态 A。ASM 图中的一个状态肯定具有一个状态框，有时还包括一个或多个条件分支框和条件输出框，条件分支框除了决定转换的次态外，还决定条件输出。

综上，状态框表示系统必须具备的状态；条件判别框和条件输出框不表示系统状态，而只是表示某个状态框在不同的输入条件下的分支出口及条件输出（即在某状态下输出量是输入量的函数）。一个状态和若干判别框，或者再加上条件输出框组成一个状态单元。

两种类型的状态机——米里型和摩尔型状态机都可以用 ASM 图表示。摩尔型状态机的输出常常在状态框中列出。条件输出放置在条件框中，条件框中还可以表示状态转移时的寄存器操作。对一个给定的 ASM 图，用状态转移图也可以表示同样的信息。如果已有状态转移图，逻辑流程图也可由状态转移图转换得到。状态图是以单个状态为单位的，从一个状态到另一个状态的转换是在一系列条件发生后完成的，同时产生系统的输出。在逻辑流程图中，一个状态框和若干条件框及输出条件框组成一个状态单元。因此，状态图上一个状态及输出对应逻辑流程图中的一个状态单元。如果一个状态的输出与输入有关，则逻辑流程图中对应的状态单元必定包括有条件输出框；反之，为无条件输出框。

逻辑流程图的描述过程是一个逐步深入细化的过程。先从粗略的逻辑流程图开始，逐步细化，直至得到详细完整的逻辑流程图。在这一过程中，如果各个输出信号都已明确，则可将各个输出信号的变化情况标注在详细的逻辑流程图上。

5.2.4 MDS 图

MDS（Mnemonic Documented State Diagrams）图是设计数字系统控制器的一种简洁的方法。MDS 图类似于数字逻辑状态转换图，可以很容易地由逻辑流程图转换而来，通常为了读图和描述简单，设计人员往往需要把工作流程图转换成 MDS 图。ASM 图与 MDS 图的转换要点如下。

（1）ASM 图的一个算法单元相应于 MDS 图的一个状态圈。流程图中的状态框表示系统的状态，表示了系统应完成的一组动作，它对应于 MDS 图中的一个状态；流程图中的判别框表示系统控制器应进行的判断与决策，它对应于 MDS 图中的一个分支，其中，判别变量是 MDS 图中转换条件或分支条件的一部分或全部；流程图中，状态框旁的状态输出，表示在这一状态下发出的控制输出信号，对应于 MDS 图中的一个状态输出。

（2）ASM 图的菱形判别框在 MDS 图中用分支条件表达。在一个单元内有多个判别框的情况下，对分支条件应按下面规则处理：当从一个状态转向另一个状态时，若经过的判别框串联，则将这些框在这个方向上的条件相与；若经过的判别框并联，则将这个方向的判别条件相或。

（3）输出标记方法：如果在某状态下输出与输入无关，即 moore 型输出，或称为无条件输出，其标注与 ASM 图相同，即标注于状态旁边，则该输出可标注在状态框旁的状态表中，用箭头“↑”表示进入本状态有效，“↓”表示进入本状态无效，“↑↓”表示只在本状态有效，这里不考虑该信号是高还是低电平有效。

5.2.5 控制器的实现

控制器是系统最核心的部分，它对系统各模块的输入/输出进行逻辑综合，从而实现设计要求。实际上，控制器就是一个时序逻辑电路，需根据控制器的详细工作流程图来设计，有了 ASM 图就可以方便地用 VHDL 进行描述。因而控制器的设计关键在于 ASM 图的建立，主要包括控制器的状态建立和在各个状态条件下的输入/输出指令及各状态之间的关联，这个过程必须对系统的工作过程和时序关系进行充分的分析。

由于控制器是时序逻辑电路，它的实现可以用时序机设计方法进行人工设计，借助 ASM 图或 MDS 图写出激励函数，进行逻辑化简，求出控制函数方程，然后合理选择具体器件实现控制器；控制器的实现也可以借助 EDA 工具，选择 PLD 器件来实现电路设计，这时可以将上面的描述直接转换成 EDA 工具使用的硬件描述语言，送入计算机，由 EDA 完成逻辑描述、逻辑综合及仿真等工作，完成电路设计，这种方法是现代数字系统设计的主要手段。采用 EDA 方法，设计师可以预知设计结果，减少设计的盲目性，极大地提高设计的效率。并且随着系统规模越来越大，现代数字系统设计依靠手工来进行已经无法满足设计要求了，因此，近年来数字系统的设计越来越呈现“软件化”的趋势。以下分别对两种设计方法进行介绍。

1. 控制器的人工设计

控制器采用人工设计方法，即根据 ASM 图或 MDS 图，手工推导出触发器的激励方程和电路输出方程，画出电路图。其设计过程本质上就是同步时序电路的设计，因此同步时序电路的设计方法基本上适用于控制单元的硬件设计。两者的差别仅在于，同步时序电路设计的依据是状态转换图，而控制器设计的依据是 ASM 图；同步时序电路设计一般需状态简化，而 ASM 图一般不再进行状态简化。控制器的人工设计具体方法如下。

第一步：将 ASM 图转换为 MDS 图。

在进行控制器的设计时，由流程图导出的 MDS 图是一个原始的 MDS 图，设计者可根据原始的 MDS 图，列出实现控制器功能的多种 MDS 图进行比较，找出最佳的 MDS 图。实际上直接从 ASM 图也能进行设计，故 MDS 图并非必要，可以作为设计的一种辅助手段，有时能给设计带来方便。读者设计电路时可以根据自己的想法和习惯选择。

第二步：对 ASM 图或 MDS 图进行状态分配。状态分配的原则与一般同步时序电路相同。

第三步：由编码后的 ASM 图或 MDS 图填写触发器激励函数的卡诺图。

第四步：求输出函数方程。在 MDS 图中，每个状态的外侧标明了该状态的输出，包括条件输出，因此，由 ASM 图或 MDS 图写出输出函数方程十分便捷，但应特别注意输出脉冲的极性问题。

第五步：画出控制器的逻辑电路图。实现激励方程和输出方程的方案可以有很多种选择，应主要考虑的是合理选择器件型号，使电路简单可靠。

以图 5.2.2 所示的 ASM 图为例，对其表示的控制器进行设计。令状态 A 为 $Q_2Q_1 = 00$；状态 B 为 $Q_2Q_1 = 10$；状态 C 为 $Q_2Q_1 = 01$；由此可写出其对应的状态转移表如表 5.2.1 所示。

表 5.2.1 图 5.2.2 示例的状态转移表

X	Q_2^n	Q_1^n	Q_2^{n+1}	Q_1^{n+1}	Z_2	Z_1
0	0	0	1	0	1	1
1	0	0	0	1	0	1
1	1	0	0	0	0	0
1	0	1	0	0	0	0

由表 5.2.1，可以求出状态转移方程为：

$$Q_2^{n+1} = \overline{Q}_2^n \overline{Q}_1^n \overline{X}$$

$$Q_1^{n+1} = \overline{Q}_2^n \overline{Q}_1^n X$$

输出方程为：

$$Z_2 = \overline{Q}_2^n \overline{Q}_1^n \overline{X}$$

$$Z_1 = \overline{Q}_2^n \overline{Q}_1^n$$

假设选用 D 触发器，根据其特征方程，由状态转移方程很容易得到其激励方程，然后根据导出的激励方程和输出方程即可画出逻辑电路，读者可自行完成。至此采用人工设计方法完成了控制器的设计。

2. 控制器的 EDA 设计

采用软件方法设计控制器，只需将 ASM 图或 MDS 图转换成 EDA 所要求的硬件描述语言，并送入计算机，由 EDA 即可自动完成控制器的设计，最终下载到 PLD 芯片，采用这种方法，计算机可以完成电路的功能设计、逻辑设计、性能分析、时序测试直至 PCB（印刷电路板）的自动设计等。图 5.2.2 所示的 ASM 图可以方便地转换为硬件描述语言，其 VHDL 源程序如下。

```
LIBRARY IEEE;
USE IEEE.STD_LOGIC_1164.ALL;
ENTITY cont IS
PORT(CP:IN STD_LOGIC;
     X: IN STD_LOGIC;
     reset: IN STD_LOGIC;
     Z2,Z1: OUT STD_LOGIC);
END cont;
ARCHITECTURE cont_a  OF cont IS
  TYPE STATE_SPACE IS (A,B,C);
  SIGNAL state: STATE_SPACE;
BEGIN
P1:PROCESS(CP,reset)
BEGIN
   IF reset = '1' THEN State<= A;
   ELSIF (CP'EVENT AND CP='1') THEN
       CASE state IS
                WHEN A =>
                  IF X='1' THEN state<= c;
                      ELSE state <= B;
                  END IF;
                WHEN B =>state<= A;
                WHEN C =>state<= A;
          END CASE;
       END IF;
END PROCESS P1;
P2:PROCESS(state)
     BEGIN
        IF(state = A) THEN  Z1<= '1';
              ELSE  Z1<= '0';
        END IF;
        IF(state = A AND X = '0') THEN Z2<= '1';
            ELSE Z2<= '0';
     END IF;
END PROCESS P2;
END cont_a;
```

此处也可以在人工设计公式推导的基础上，根据各状态和输出的状态方程，采用 VHDL 的数据流描述方式编写源程序，读者可自行编写。

5.3 数字系统自顶向下设计方法

自顶向下设计方法的主要思想是对系统分模块、分层次进行设计，这样可以将复杂的设计划分成若干相对简单的模块，不同的模块完成数字系统中某一部分的具体功能，从而使电路设计大为简化。设计时先从底层的电路开始，然后在高层次的设计中逐级调用低层次的设计结果，直至顶层系统电路的实现。描述器件总功能的模块放在最上层，称为顶层设计；描述器件某一部分功能的模块放在下层，称为底层设计；底层模块还可以再向下分层，直至最后完成硬件电子系统电路的整体设计。每个层次的设计可以用原理图输入法实现，也可以用文本输入法等其他方法实现，这种方法称为“混合设计输入法”。文本输入方式控制灵活，适用于复杂逻辑控制和子模块的设计，原理图输入方式形象直观、使用方便，适用于顶层和高层次实体的构造及已有器件的调用，可以极为方便地实现数字系统的层次化设计。

5.3.1 自顶向下设计的一般步骤

数字系统的规模有大有小，电路的结构也有繁有简，一般课程设计主要针对的是一些规模不太大的小系统，在工程应用中，小系统的设计也是非常实用的，并且掌握小数字系统的设计可以为更大规模的系统设计奠定基础，因此课程设计所研究的课题对于掌握数字系统开发方法是很有必要的。采用自顶向下设计方法设计数字系统，其基本步骤如下。

1. 确定系统的逻辑功能

一个数字系统课题，设计者应首先对设计任务书仔细分析、消化和理解，明确课题的要求、原理和使用环境，搞清外部输入信号、输出信号特性，确定系统需要完成的逻辑功能、技术指标等。

2. 确定系统方案

这是设计工作中最困难、最有创造性的工作，设计者根据设计要求分析推演出信息处理的基本原理和可供选择的结构形式，因为一个逻辑功能往往可以采用不同的原理和方法实现。为此设计者要进行认真的比较和权衡，从中选取较为满意的方案。

3. 对系统进行逻辑划分

将系统按信息处理单元和控制单元划分为两大部分，列出信息处理单元的说明，并用流程图等方法描述信息处理的算法（控制单元的逻辑要求）。每个部分应具备基本独立的逻辑功能。逻辑划分和确定系统方案的过程要同时进行、相辅相成。逻辑划分是设计过程中非常重要的步骤，划分的好坏将会直接影响到最终的电路设计，保证逻辑划分的最优化，可以大大减少后面 VHDL 程序编写的工作量。

系统的逻辑划分可采用由粗到细的方法，首先将系统划分成控制单元和受控电路（数据处理单元），若子系统规模较大，则需按具体的处理任务或控制功能将其进一步分解为更小的子系统和模块，层层分解，这是一个逐级分解的过程，随着分解的进行，每个子系统的功能越来越专一和明确，因而系统的总体结构也越来越清晰，直至整个系统中各个子系统关系合理，并便于逻辑电路级的设计和实现为止。逻辑单元的大小要适当，最终分解的程度以能清晰地表示出系统的总体结构，而又不为下一步的设计增加过多的限制为原则。这一步骤需要反复推敲。

4. 控制器和数据处理单元的设计

控制器的设计是整个系统设计的核心，可以采用人工或 EDA 两种方式来实现，具体设计方法参见第 5.2.5 节介绍。数据处理单元通常由逻辑功能模块组成，如计数器、译码器、全加器、移位寄存器等，这些都是成熟的功能模块，关键在于各功能模块之间的连接及在控制器的作用下如何操作。

5．逻辑描述，完成系统整体电路设计

设计系统顶层电路，在顶层文件中逐级调用低层次的设计结果，绘制总体电路图，完成顶层系统电路设计，构成能严格协调工作的系统。

6．电路功能调测

用大规模的 PLD 器件实现数字系统，其安装与调测和用标准数字芯片实现数字系统时的安装与调测是不同的。用标准数字芯片实现数字系统时，系统设计的正确与否，一般是通过系统的安装和调试后才能知道，并通过安装和调测修改可能出现的系统设计错误。而用大规模的 PLD 器件实现数字系统时，判断系统设计的正确与否及可能出现的系统设计错误的修改，均是在硬件安装之前完成的。也就是说，在硬件安装之前，应该保证系统设计是正确的。这一步是利用 EDA 工具，通过进行系统仿真来完成的。

自上而下设计方法可逐层描述、逐层仿真，保证满足系统指标。一般来说，数字系统的仿真按照分调和总调两步进行。首先进行分调，对按逻辑划分的子模块或子系统进行仿真，保证每个子系统能够完成所要求的功能。然后进行总调，通过控制器的设计，将各个子系统联系起来，进行总体的系统仿真，以验证系统是否符合预期的设计。如不符合再进行修改，直至满足设计要求为止。调试时的基本要求是掌握调试对象的工作原理和电路结构，明确调试的任务，即搞清楚调试的是什么电路，电路输入与输出间的关系如何，正确情况下输入和输出信号的幅度、频率、波形如何，做到心中有数。

7．下载调试

以上介绍的是自顶向下的数字系统的设计方法。可以看出，这种方法的关键在于设计控制器，其余部分只是选用不同的功能模块而已，这就将一个复杂的数字系统设计简化为一个时序机的设计。而控制器的设计关键在于建立逻辑流程图，即对系统初始方案的确定，这在整个设计过程中是最富有创造性的，以后各步只不过是按一定方法向下延伸，这也就是自顶向下设计方法的优越性所在。自顶向下的设计方法并不是一次就可以完成的设计过程，在下一级的定义和描述中往往会发现上一级的定义和描述存在缺陷或错误，因此必须对上一级的定义和描述加以修正，使其更真实地反映系统的要求和客观的可能性，整个设计过程需要不断地反复改进和补充，反复实践。

5.3.2　数字系统自顶向下设计举例

本节以一个实际应用项目为例，介绍自顶向下设计方法的设计过程，着重介绍系统的功能划分、流程图建立和模块实现等环节。

1．设计任务

设计一个十字路口交通信号灯管理器，要求具备以下功能。

（1）管理器能自动控制十字路口两组红、黄、绿三色交通灯，指挥各种车辆和行人安全通过，每次通行时间按需要和实际情况设定，并用两组数码管以倒计时方式分别显示两个方向允许通行或禁行的时间。

（2）任意一条路上出现紧急情况（如消防车、救护车等）时，两条路均是红灯亮，倒计时停止，且显示数字以一定频率闪烁。紧急情况结束后，控制器恢复原来状态，继续正常运行。

2．系统逻辑功能确定

红灯亮表示该条道路车辆禁行；黄灯亮表示缓行；绿灯亮表示通行。因此，十字路口车辆运行情况有以下几种状态。

（1）东西 A 方向通行，南北 B 方向禁行，对应交通灯显示为 A 方向绿灯，B 方向红灯；

（2）A 方向缓行，即停车线以外的车辆禁行，B 方向仍然禁行，以便让 A 方向停车线以内的车辆安全通过，对应交通灯显示为 A 方向黄灯，B 方向红灯；

（3）A 方向禁行，B 方向通行，对应交通灯显示为 A 方向红灯，B 方向绿灯；

（4）A 方向禁行，B 方向缓行，对应交通灯显示为 A 方向红灯，B 方向黄灯。

根据实际情况，每条道路的通车时间或禁行时间为 30s～2min，可视需要和实际情况调整，缓行时间即黄灯亮的时间为 5s～10s，也可调整。本题目设定绿灯、黄灯、红灯的持续时间分别是 20s、5s、25s。

由上述逻辑功能，画出控制模块逻辑流程图，如图 5.3.1 所示。

3. 逻辑划分

根据上述对交通信号灯管理器的功能要求设计其整体框图，如图 5.3.2 所示，它由分频电路、倒计时控制电路（计时器 A 和计时器 B）、功能控制电路和动态扫描显示控制电路 4 部分组成。

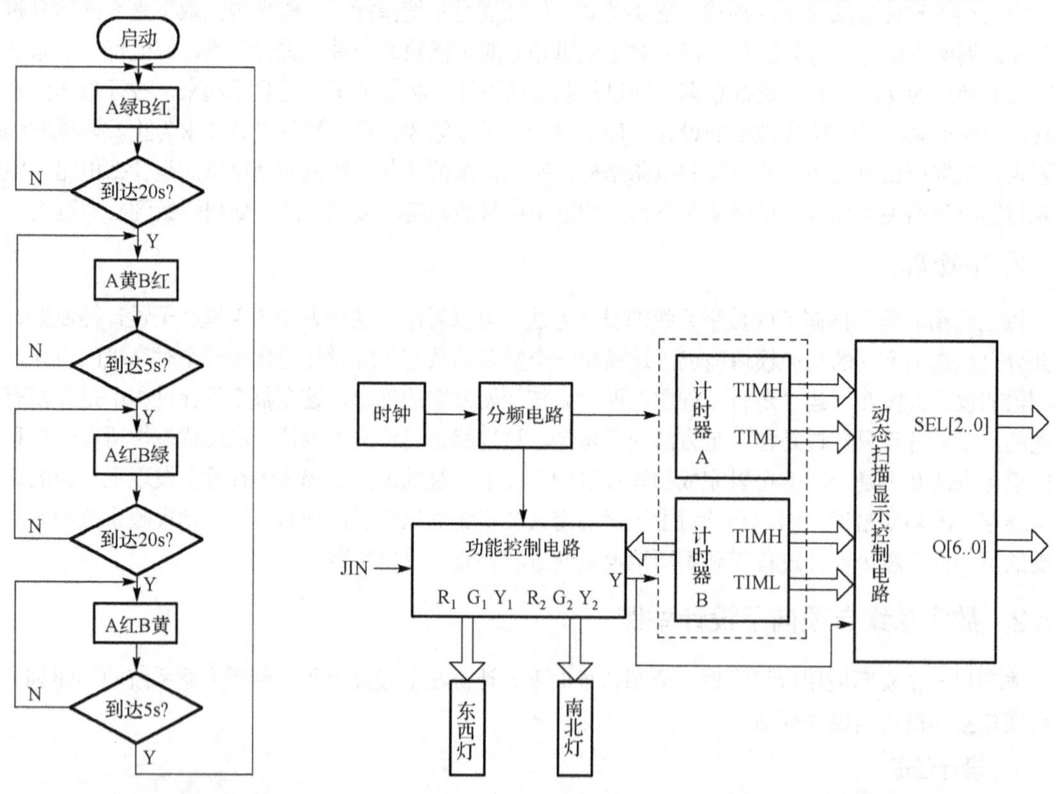

图 5.3.1　控制模块逻辑流程图　　图 5.3.2　交通信号灯管理器整体框图

它有三个输入信号，两个时钟脉冲输入端（其中一个用于产生动态扫描显示控制电路的片选信号，所以要求时钟频率足够大），一个紧急信号输入端 JIN；有东西 A 方向的红灯 R_1、绿灯 G_1、黄灯 Y_1 和南北 B 方向的红灯 R_2、绿灯 G_2、黄灯 Y_2 共 6 个输出端，7 根 LED 七段显示译码器输出端 Q[6..0] 和 3 根位选择线 SEL[2..0]。

在交通信号灯管理器的整体框图中，分频电路有两个，一个用于产生倒计时控制电路所需的周期为 1s 的时钟信号，一个用于控制紧急情况时倒计时红灯闪烁频率的时钟信号。

倒计时控制电路按信号灯（红、绿、黄）的亮灯时间和亮灯顺序，设定东西 A 与南北 B 两个方向计数器的初值，随后进行减法计数，计数频率为 1Hz；其输出有控制 A 和 B 两个方向的红、绿、黄灯的亮灯信号 R_1、G_1、Y_1 和 R_2、G_2、Y_2，以及两个状态各自的剩余时间信号 TIMH、TIML。这部分电路是系统的核心部分，在这里将倒计时电路分成两部分，控制 A 方向的 CORNA 模块和控制 B 方向的 CORNB 模块，具体实现可以通过设置一个状态机正常运行时交通灯的亮灯状态与顺序，依据状态机的状态逐次设定对应的计数器初值，然后在 1Hz 计数秒脉冲信号的作用下，进行减法计数，当计数至 1 再减为 0 时，则进行状态转换，由状态机的状态确定输出的交通信号灯的亮灯状态及相应于各状态的剩余时间。输入信号 *Y* 控制倒计时电路是正常工作状态还是紧急工作状态。

功能控制电路的作用是对控制电路工作状态（正常状态/紧急状态）的切换，将按键信号转变为倒计时电路中计时电路和显示控制电路的控制信号 *Y*。

显示控制电路的作用是利用计时电路的输出信号进行选通控制。在 *Y* 信号控制下，当出现特殊情况时，即中断正常状态，进入紧急状态，使红灯全亮，倒计时时钟停止计时，并且使显示数字闪烁。紧急运行状态结束后，则恢复中断时的状态，继续正常运行。

4．单元模块设计

（1）分频电路

分频模块 FEN 如图 5.3.3 所示。该模块的功能是将时钟 10 000 分频，得到占空比为 1∶10 000 的方波，用来为 A、B 两方向倒计时控制模块提供秒脉冲时钟信号。

```
library ieee;
use ieee.std_logic_1164.all;
entity fen is
   port(clk:in std_logic;
         clk1:out std_logic);
end fen;
architecture fen_arc of fen is
begin
   process(clk)
   variable cnt:integer range 0 to 9999;
   begin
      if clk'event and clk='1'then
          if cnt=9999 then
               cnt:=0;
               clk1<='1';
          else
              cnt:=cnt+1;
              clk1<='0';
          end if;
       end if;
    end process;
 end fen_arc;
```

分频模块 FEN2 如图 5.3.4 所示。该模块的功能是将时钟 5000 分频，得到占空比为 1∶1 的方波，用于紧急情况时的红灯闪烁。分频模块 FEN2 的源程序如下。

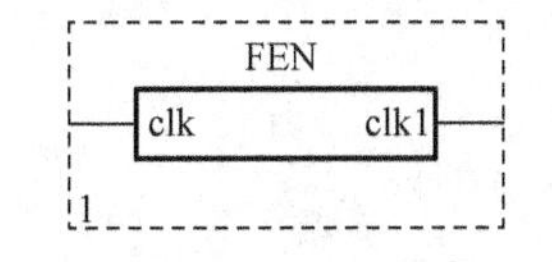

图 5.3.3　分频模块 FEN

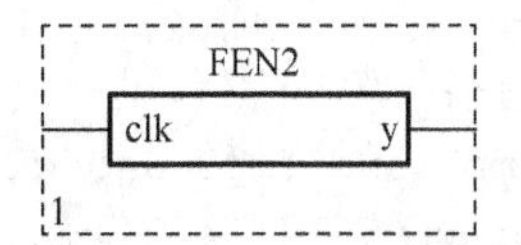

图 5.3.4　分频模块 FEN2

```
library ieee;
use ieee.std_logic_1164.all;
entity fen2 is
  port(clk:in std_logic;
          y:out std_logic);
end fen2;
architecture fen2_arc of fen2 is
begin
  process(clk)
  variable cnt:integer range 0 to 2499;
  variable aa:std_logic;
  begin
    if clk'event and clk='1'then
        if cnt=2499 then
            cnt:=0;
            aa:=not aa;
        else
            cnt:=cnt+1;
        end if;
        end if;
    y<=aa;
  end process;
end fen2_arc;
```

（2）功能控制电路

消抖同步模块 XIAOPRO 如图 5.3.5 所示。该模块用于消除手动按键产生的不稳定脉冲，其输入信号和输出信号都为正脉冲。消抖同步模块 XIAOPRO 的源程序如下。

```
library ieee;
use ieee.std_logic_1164.all;
entity xiaopro is
  port(a,clk1:in std_logic;
       b:out std_logic);
end xiaopro;
architecture xiao_arc of xiaopro is
signal tmp1:std_logic;
begin
  process(clk1,a)
  variable tmp3,tmp2:std_logic;
  begin
   if clk1'event and clk1='0'then
       tmp1<=a;
       tmp2:=tmp1;
       tmp3:=not tmp2;
    end if;
    b<=tmp1 and tmp3 and clk1;
  end process;
end xiao_arc;
```

状态控制模块 NO 如图 5.3.6 所示。该模块的功能是实现紧急情况与正常情况的转换，当输入信号 A 的上升沿到来时，相当于紧急按键按下，输出 *Y* 的状态发生变化。状态控制模块 NO 的源程序如下。

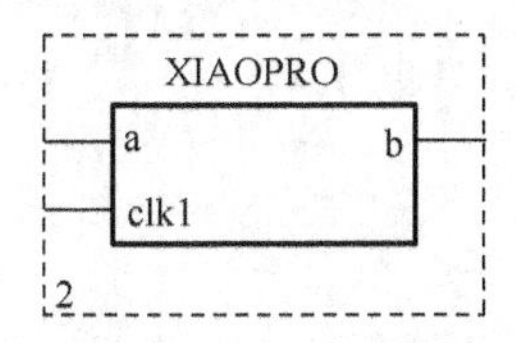

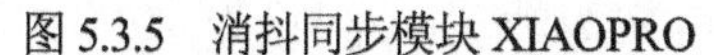
图 5.3.5　消抖同步模块 XIAOPRO

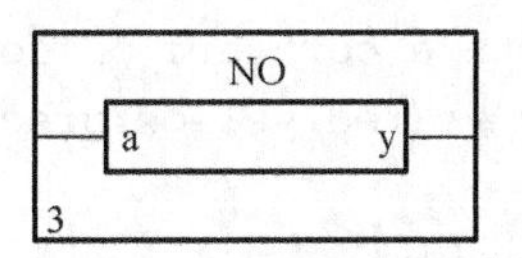

图 5.3.6　状态控制模块 NO

```
library ieee;
use ieee.std_logic_1164.all;
entity no is
  port(a:in std_logic;
       y:out std_logic);
end no;
architecture no_arc of no is
begin
  process(a)
  variable aa:std_logic;
  begin
    if a'event and a='1'then
        aa:=not aa;
    end if;
    y<=aa;
  end process;
end no_arc;
```

（3）A、B 两方向倒计时控制模块 CORNA 和 CORNB

模块 CORNA 和 CORNB 如图 5.3.7 所示，这两个模块是倒计时控制器的核心，它们分别控制一组信号灯，实现三种颜色灯的交替点亮及时间的倒计时。这两个模块的工作原理完全相同，唯一的区别是初态不同，程序设计时只要将 CORNA 程序中的语句“type rgy is(yellow,green,red);”改为“type rgy is(green,yellow, ,red);”，即可得到 CORNB 的程序。这样可以控制在 A 方向上亮红灯而 B 方向上亮绿灯，依次循环。根据逻辑流程图编写 VHDL 程序，得到 A 方向倒计时控制模块 CORNA 的源程序如下。

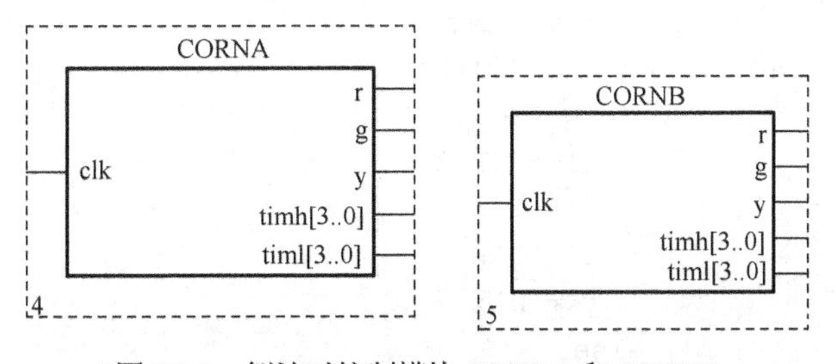

图 5.3.7　倒计时控制模块 CORNA 和 CORNB

```
library ieee;
use ieee.std_logic_1164.all;
use ieee.std_logic_unsigned.all;
entity corna is
```

```
    port(clk:in std_logic;
           r,g,y:out std_logic;
           timh,timl:out std_logic_vector(3 downto 0));
  end corna;
  architecture corn_arc of corna is
  type rgy is(red,yellow,green);
  begin
    process(clk)
    variable a:std_logic;
    variable th,tl:std_logic_vector(3 downto 0);
    variable state:rgy;
    begin
      if clk'event and clk='1'then
          case state is
            when green=>if a='0'then
                            th:="0001";
                            tl:="1001";
                            a:='1';
                            g<='1';
                            r<='0';
                        else
                          if not(th="0000"and tl="0001")then
                             if tl="0000"then
                                  tl:="1001";
                                  th:=th-1;
                             else
                                  tl:=tl-1;
                             end if;
                          else
                            th:="0000";
                            tl:="0000";
                            a:='0';
                            state:=yellow;
                          end if;
                        end if;
            when red=>if a='0'then
                        th:="0010";
                        tl:="0100";
                        a:='1';
                        r<='1';
                        y<='0';
                      else
                        if not(th="0000"and tl="0001")then
                           if tl="0000"then
                                tl:="1001";
                                th:=th-1;
                           else
```

```
                        tl:=tl-1;
                    end if;
                else
                    th:="0000";
                    tl:="0000";
                    a:='0';
                    state:=green;
                end if;
            end if;
        when yellow=>if a='0'then
                    th:="0000";
                    tl:="0100";
                    a:='1';
                    y<='1';
                    g<='0';
                else
                    if not(th="0000" and tl="0001")then
                        tl:=tl-1;
                    else
                        th:="0000";
                        tl:="0000";
                        a:='0';
                        state:=red;
                    end if;
                end if;
      end case;
      end if;
    timh<=th;
    timl<=tl;
  end process;
end corn_arc;
```

（4）动态扫描显示控制电路

数码管动态扫描显示的工作原理可参考附录 B.3 节介绍的常用模块，此处略。模块 SEL 如图 5.3.8 所示。该模块用于产生对数码管的片选信号。

```
library ieee;
use ieee.std_logic_1164.all;
use ieee.std_logic_unsigned.all;
entity sel is
  port(clk:in std_logic;
      sell:out std_logic_vector(2 downto 0));
end sel;
architecture sel_arc of sel is
begin
  process(clk)
  variable tmp:std_logic_vector(2 downto 0);
  begin
    if clk'event and clk='1'then
```

```
          if tmp="101"then
               tmp:="001";
          elsif tmp="001"then
                   tmp:="110";
          elsif tmp="110"then
                   tmp:="010";
          elsif tmp="010"then
              tmp:="101";
         elsif tmp="000"then
              tmp:="001";
         end if;
    end if;
    sell<=tmp;
end process;
end sel_arc;
```

模块 CH41A 如图 5.3.9 所示。该模块将不同数码管要显示的数据在片选信号控制下送到端口。

```
library ieee;
use ieee.std_logic_1164.all;
entity ch41a is
    port(sel:in std_logic_vector(2 downto 0);
          d0,d1,d2,d3:in std_logic_vector(3 downto 0);
          q:out std_logic_vector(3 downto 0));
end ch41a;
architecture ch41_arc of ch41a is
begin
   process(sel)
   begin
     case sel is
        when "101"=>q<=d0;
        when "110"=>q<=d2;
        when "010"=>q<=d3;
        when others=>q<=d1;
     end case;
   end process;
end ch41_arc;
```

模块 DISPA 如图 5.3.10 所示。该模块将十进制数转换为七段数码管需要的数据，即段码。

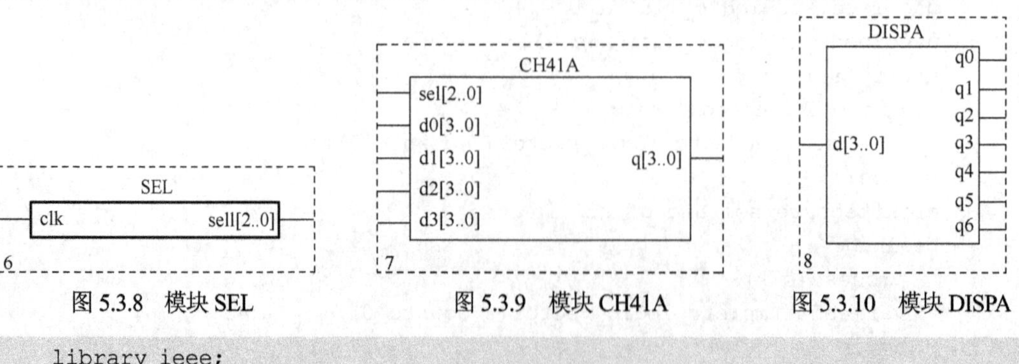

图 5.3.8 模块 SEL　　图 5.3.9 模块 CH41A　　图 5.3.10 模块 DISPA

```
library ieee;
use ieee.std_logic_1164.all;
```

```
entity dispa is
  port(d:in std_logic_vector(3 downto 0);
      q0,q1,q2,q3,q4,q5,q6:out std_logic);
end dispa;
architecture disp_arc of dispa is
begin
  process(d)
  variable q:std_logic_vector(6 downto 0);
  begin
case d is
       when"0000"=>q:="0111111";
      when"0001"=>q:="0000110";
      when"0010"=>q:="1011011";
      when"0011"=>q:="1001111";
      when"0100"=>q:="1100110";
      when"0101"=>q:="1101101";
      when"0110"=>q:="1111101";
      when"0111"=>q:="0100111";
      when"1000"=>q:="1111111";
      when others=>q:="1101111";
    end case;
    q0<=q(0);
    q1<=q(1);
    q2<=q(2);
    q3<=q(3);
    q4<=q(4);
    q5<=q(5);
    q6<=q(6);
  end process;
end disp_arc;
```

5．顶层模块设计

各模块设计完成后，就可以对整个交通灯控制器电路系统进行设计。在图形设计输入方式下将已设计好的各模块调入，连接构成顶层原理图，如图 5.3.11 所示，其工作原理如下。

在正常状况下，时钟脉冲输入端 CLK 接时钟脉冲，紧急信号输入端 JIN 接低电平（无效），分频器模块 FEN 主要用来产生周期为 1s 的秒脉冲信号，其频率为 1Hz，以控制倒计时时间按秒计数，同时还产生频率为 2Hz 的时钟信号，以控制紧急情况时倒计时红灯的闪烁频率。

功能控制电路由消抖模块 XIAOPRO 和状态控制模块 NO 及逻辑门组成。由于切换正常工作状态和紧急工作状态采用的是启动/暂停的按键开关 JIN，在按下或松开的过程中，按键抖动将引起电路误动作，消抖模块的作用是消除按键所产生的抖动。状态控制模块的作用是对电路正常和紧急工作状态的切换进行控制，通过它将按键信号“紧急/正常”（JIN）转换为倒计时电路和显示控制电路的控制信号 *Y*，当未按下按键 JIN（JIN 为低电平）时，使 *Y*=0，电路进入正常工作状态；当按下按键 JIN（JIN 为高电平）时，使 *Y*=1，电路进入紧急工作状态。

倒计时控制器由 A 方向控制器 CORNA 模块和 B 方向控制器 CORNB 模块及控制灯亮的门电路构成。A、B 两方向的控制器 CORNA 和 CORNB 分别控制该方向上红、绿、黄信号灯的亮灯时间和亮灯顺序，而在门电路的控制下分别控制信号灯红灯的亮灯的信号 R_1、R_2，绿灯的亮灯信号 G_1、G_2，黄灯的亮灯信号 Y_1、Y_2，即在正常情况下显示剩余时间，而在紧急情况下红灯闪烁，绿灯、黄灯不显示。

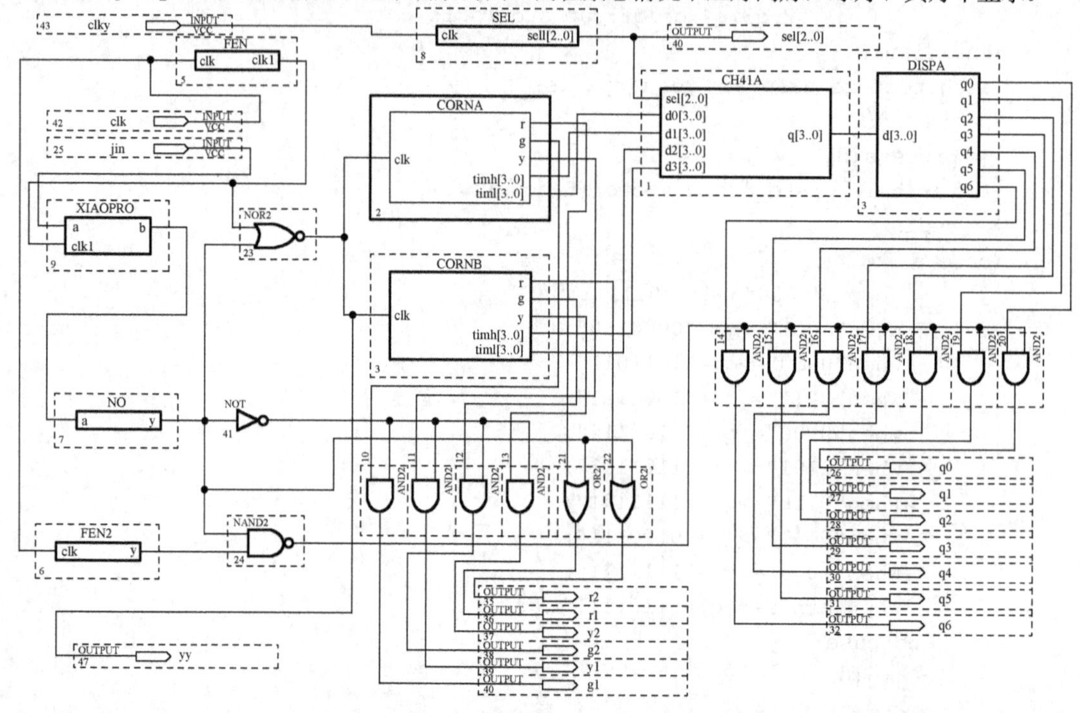

图 5.3.11　交通灯控制器顶层原理图

动态显示控制模块由产生片选信号的四进制计数器、16 选 4 数据选择器和七段显示译码器组成，四进制计数器 SEL 用于产生 16 选 4 数据选择器 CH41A 的选择信号，分别从 4 组数据中选择一组数据（BCD 码）进行输出，16 选 4 数据选择器 CH41A 的作用是产生一组 BCD 码数据并送至显示译码器显示，同时还产生 4 路控制 4 个 LED 数码管轮流工作实现动态扫描显示的片选信号。

如图 5.3.11 所示，在正常情况下，jin 信号输入端为低电平，以保证电路正常工作，时钟信号 clky 作为动态扫描显示动态控制模块 CH41A 的片选信号，不仅控制倒计时显示的选择输出，还产生动态扫描显示控制电路的片选信号，所以要求时钟频率足够大。clk 主要用来产生周期为 1s 的时钟，从而控制倒计时时间按秒计数，所以要求 clk 经分频后得到时钟周期为 1s 的脉冲，来控制模块 CORNA/CORNB 工作，实现红、绿、黄灯的转换及时间按秒倒计时。控制器模块 CORNA/CORNB 的红、绿、黄灯输出端直接接到红、绿、黄显示灯，时间输出端通过片选动态扫描显示控制电路模块 CH41A，在时钟信号 clky 的控制下，循环控制 4 选 1 数据选择器进行输出，并产生对应的一组片选信号，用来控制倒计时时间的动态显示。

在紧急状态下 jin 信号输入端为高电平，通过消抖模块再经模块 NO 后输出端 y 值为 1，y 经或非门将分频后的时钟信号 CLK1 封锁，使得控制器模块 CORNA/CORNB 停止工作，同时，y 端通过非门与控制黄、绿灯的输出端进行运算，直接与控制红灯的输出端进行或运算。这样在 y=1 时，黄灯、绿灯被屏蔽，倒计时停止且时间被保持，两方向的红灯都点亮。与此同时，时钟信号 clk 经分频模块 FEN2 后，与 y 进行与非运算，得到的结果与数码管进行运算，以控制数码管的闪烁。当紧急情况结束时，在 jin 端再输入一个脉冲信号，使得 y 端输出为 0，从而取消紧急情况。此时，控制器回到紧急情况到来之前的状态继续工作。

通过编译后进行波形仿真，其功能与上述分析相同，读者可自行完成。

5.4　数字系统自底向上设计方法

传统的“自底向上”（Down-Up）的硬件设计方法已经使用了几十年，是广大电子工程师熟悉和掌握的一种方法。自底向上设计方法是根据系统的功能要求，从具体的器件、逻辑部件或相似系统开始，凭借设计者熟练的技巧和丰富的经验，通过对其进行相互连接、修改和扩大，构成所要求的系统。在这种方法中，手工积木式设计占有较大的比例，一般先按电子系统的具体功能要求进行功能划分，然后对每个模块画出真值表，用卡诺图进行手工逻辑化简，写出布尔表达式，画出相应的逻辑线路图，再据此选择元器件，设计电路板，最后进行测试。电路设计是建立在真值表、卡诺图、逻辑方程式、状态表和状态图的工具基础上的，主要依赖于设计者的熟练技巧和经验，又称为“试凑法”。

5.4.1　自底向上设计的步骤及特点

采用自底向上方法进行硬件设计，从选择具体元器件开始（通常采用 74 系列和 CMOS 4000 系列产品），并用这些元器件进行逻辑电路设计，从而完成系统的底层的电路模块或元器件的结构和功能，然后根据主系统的功能要求，将它们组合成更大的功能块，使它们的结构和功能满足高层系统的要求，以此流程，逐步向上递推，直至完成整个目标系统的设计，类似于传统的“搭积木”设计方法。设计的最终结果是一张电路图，当设计调试完毕后，形成电路原理图，该图包括元器件型号和信号之间的互连关系等。最后根据原理图设计 PCB 或直接在通用板上焊接电路调试。整个设计过程可概括为：基本元器件→功能模块→完整系统→系统测试与性能分析。应说明的是，自底向上设计方法并非一切从硬件开始设计，设计之初依然要了解系统要求，设计中要保证系统功能的实现。所谓自底向上，主要是指在设计功能块时，应考虑如何使用现有器件。

这种方法存在如下一些缺点。

（1）在设计过程中，必须首先关注并致力于解决系统底层硬件的可获得性，以及它们的功能特性方面的诸多细节问题，在整个逐级设计和测试过程中，必须始终顾及具体目标元器件的技术细节。在设计过程中的任一时刻，底层的目标元器件的更换、某些技术参数不满足总体要求、缺货等不可预测的外部因素，都将可能使前面的工作前功尽弃，一切又须重新开始。

（2）主要设计文件是原理图，而原理图设计的电路对于复杂系统的设计、修改及调试都十分困难，如果某一过程存在错误，查找和修改十分不便，不利于复杂系统的任务分解与综合。

（3）由于自底向上设计思想的局限性，主要是凭借设计者对逻辑设计的熟练技巧和经验来构思方案、划分模块、选择器件和拼接电路的，对设计者的要求比较高，对现有通用元器件的依赖也比较高。

（4）只有在设计出样机或生产出芯片后才能进行实测。即只有在部分或全部硬件电路连接完毕时，才可以进行电路调试，一旦考虑不周到，系统设计存在较大缺陷，则要重新设计，使设计周期延长。即使进行 EDA 设计，由于采用的是原理图设计方式，系统设计的后期才能进行仿真和调试，同样在设计后期仿真调试任务重，设计周期长。

综上，自底向上设计方法相对来说效率低、成本高，对于复杂的数字系统，这种设计方法不再适用，更适合系统相对较小、硬件相对简单的小型数字系统设计。

自底向上设计的基本步骤如下。

1. 分析系统设计要求，确定系统总体方案

消化设计任务书，明确系统功能，如数据的输入/输出方式，系统需要完成的处理任务等。拟定算法，即选定实现系统功能所遵循的原理和方法。

2．划分逻辑单元，确定初始结构，建立总体逻辑图

按电子系统的具体功能要求进行逻辑划分，逻辑单元划分可采用由粗到细的方法，先将系统分为处理器和控制器，再按处理任务或控制功能逐一划分。逻辑单元的大小要适当，以功能比较单一、易于实现且便于进行方案比较为原则。

3．电路实现

对于控制器，将每个模块画出真值表，用卡诺图进行手工逻辑化简，写出布尔表达式，画出相应的逻辑线路图，具体设计方法可参见第5.2.5节介绍。对于处理单元，一般分解成若干相对独立的模块（功能部件），如计数器、译码器、全加器、移位寄存器等，然后直接选用标准SSI、MSI、LSI器件来实现。器件的选择应尽量选用MSI和LSI，这样可以提高电路的可靠性，便于安装调试，简化电路设计。最后连接各个模块，绘制总体电路图。画图时应综合考虑各功能块之间的配合问题，如时序上的协调、负载匹配、竞争与冒险的消除、初始状态设置、电路启动等。也可以使用可编程逻辑器件PLD实现电路。

5.4.2 数字系统自底向上设计举例

针对第5.3.2节中的交通信号灯管理器电路，本节采用自底向上方法重新对其进行设计，读者可通过该例对两种设计方法进行比较。设计题目及要求与第5.3.2节基本相同，由于采用这种方法，某些功能的实现比较烦琐，为简化设计，对设计要求稍作改动。

1．设计任务

设计一个十字路口交通信号灯管理器，要求具备以下功能。

（1）管理器能自动控制十字路口两组红、黄、绿三色交通灯，指挥各种车辆和行人安全通过，每次通行时间按需要和实际情况设定（去掉倒计时显示功能）。

（2）某条道路有残疾人需要横穿马路时可举旗示意，执勤人员按动路口设置的开关向交通信号灯管理器发送请求，管理器控制该条道路红灯亮，人们可以横穿马路，之后恢复正常运行。

2．系统逻辑功能确定

（1）十字路口车辆运行情况与第5.3.2节相同；设甲道的红、黄、绿灯分别用 R、Y、G 表示，乙道的红、黄、绿灯分别用 r、y、g 表示。

（2）规定正常情况下，甲、乙道交替通行时间为60s，转换时有10s的缓行或准备时间。

（3）设 S_1 和 S_2 分别为请求横穿甲道和乙道的手控开关，均为高电平有效，即 S_1=1表示甲道有横穿马路请求，S_2=1表示乙道有横穿马路请求。为简化设计，规定响应 S_1 或 S_2 的时间必定在状态转换时，且不必过黄灯过渡。

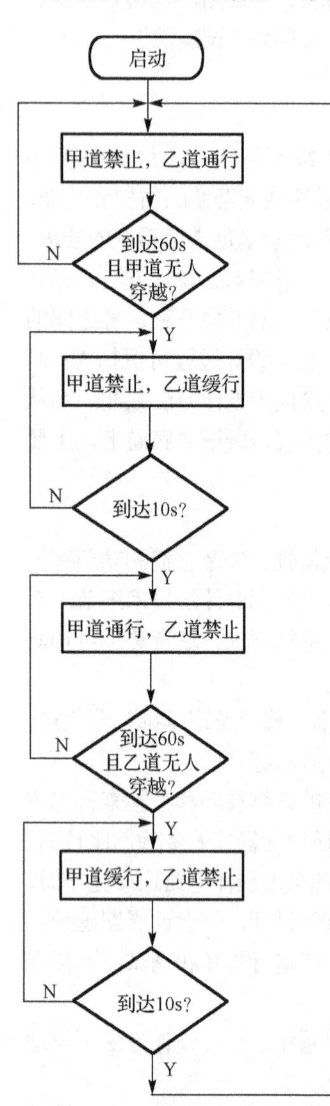

图5.4.1 交通信号灯管理器

由上述逻辑功能，画出交通信号灯管理器的简单逻辑流程图，如图5.4.1所示。

3．确定系统方案及逻辑划分

根据确定的逻辑功能，具体地讨论实施方案。首先将电路划分成控制器和受控电路两部分，控制

器发出对受控部分的控制信号，它接收来自外部的请求信号 S_1 和 S_2 及受控部分的反馈信号，决定自身状态转换方向及输出信号。

（1）控制器应送出甲、乙道红、黄、绿灯的控制信号。为简便起见，把灯的代号和驱动灯的信号合二为一，因此有如下规定。

```
R=1   甲道红灯亮
Y=1   甲道黄灯亮
G=1   甲道绿灯亮
r=1   乙道红灯亮
y=1   乙道黄灯亮
g=1   乙道绿灯亮
```

（2）当交通控制处于甲道禁止、乙道通行的状态时，规定系统只响应 S_1 信号，因为这时对乙道来说，只需本状态结束再经 10s 就转入甲道通行乙道禁止状态，行人就可以穿越乙道，故为简化设计做这一规定。而在甲道通行乙道禁止的状态时，管理器能响应 S_1 信号，控制器收到 S_1 信号后，状态转换为甲道禁止、乙道禁止状态；如果 $S_1=0$，而控制器收到 $S_2=1$ 信号，则维持甲道通行、乙道禁止状态，让行人通过乙道。

（3）为使管理器有序工作，需要设置秒脉冲信号发生器作为整个电路的时钟信号和定时电路的参考时间，亦可安装一个模拟性的简单的秒信号发生器。

（4）管理器设置 60s 通行时间和 10s 缓行时间的定时电路。定时电路接收控制器送来的 C_1（甲道禁止、乙道通行）和 C_2（甲道通行、乙道禁止）信号，驱动 60s 定时电路工作，它接收 C_3 信号，驱动 10s 定时电路运行，定时电路的参考时间就是秒脉冲。

定时电路的输出信号是 W、P、L，其中，W 和 P 是 60s 定时结束时反馈给控制器的信号，L 是 10s 定时结束时送到控制器的反馈信号，设 W、P、L 都是高电平有效。控制器根据这些信号的状态，发生相应的状态变换，其控制关系如下。

① 甲道通行、乙道禁止的一段时间内，若 $W=0$，表示 60s 未计满，则保持该状态（$G=1$，$r=1$）；若 $W=1$，跳转到下一状态。

② 乙道通行、甲道禁止的一段时间内，若 $P=0$，表示 60s 未计满，则保持该状态（$g=1$，$R=1$）；若 $P=1$，跳转到下一状态。

③ 在黄灯亮的时间内，若 $L=0$，表示 10s 未计满，保持该状态（$y=1$）；若 $L=1$，跳转到下一状态。

（5）控制器的状态经译码器后译出交通信号灯的控制信号，驱动甲、乙道相应灯点亮。

根据上述分析，可以画出交通管理器的结构框图，如图 5.4.2 所示，其中，控制器的详细逻辑流程图可用图 5.4.3 表示，控制器的输出已在流程图各工作块的外侧标明。

4. 受控电路的硬件设计

由于受控电路的组成已经明确，下面的问题就是如何选择具体器件来实现，在此简明介绍。

（1）秒脉冲信号发生器

秒脉冲是交通管理器的时间基准，如果对秒信号精度、稳定度要求比较高，可以采用 555 定时器产生，本课题对秒信号稳定度、精度的要求不高，因此选用结构简单的环形振荡器组成，电路如图 5.4.4 所示。其中，逻辑门选用 74LS00 四与非门。由于该电路输出信号的周期约为 $T=2.2RC$，在保证 $(R+R_e)<700\Omega$（TTL 门电路关门电阻）的前提下，选择恰当的 R 和 C 值。

（2）定时电路

定时电路有多种形式，可根据情况任选，此处采用 MSI 74LS161 同步计数器构成定时电路。由于电路配置秒脉冲信号发生器，如果把秒信号作为计数器的 CP 输入，那么计数器连接成 60 进制时，就可作为 60s 定时电路，由此推广，模 N 计数器就是 N 秒定时电路，这对于灵活调整道路通行时间是相当方便的。以下讨论用 74LS161 构成 N 进制计数器的方法。

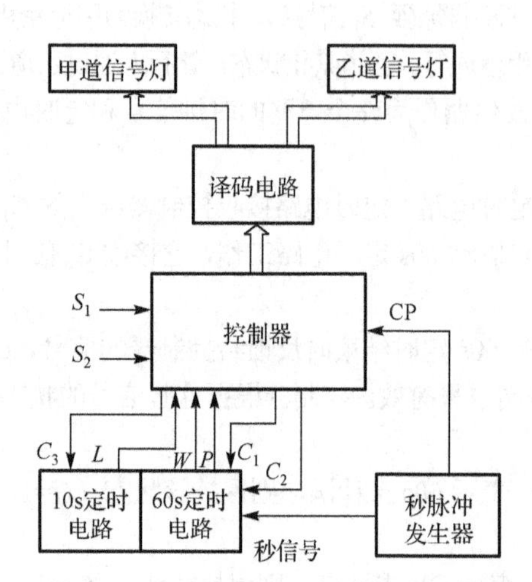

图 5.4.2　交通信号灯管理器结构框图

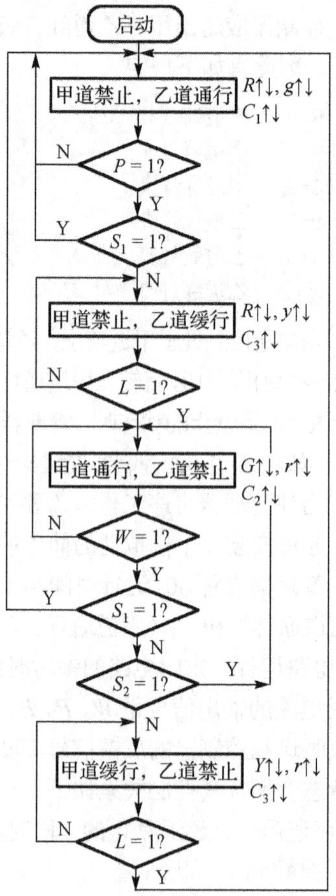

启动
甲道禁止，乙道通行 $R\uparrow\downarrow$, $g\uparrow\downarrow$ $C_1\uparrow\downarrow$
N $P=1$? Y
Y $S_1=1$? N
甲道禁止，乙道缓行 $R\uparrow\downarrow$, $y\uparrow\downarrow$ $C_3\uparrow\downarrow$
N $L=1$? Y
甲道通行，乙道禁止 $G\uparrow\downarrow$, $r\uparrow\downarrow$ $C_2\uparrow\downarrow$
N $W=1$? Y
Y $S_1=1$? N
$S_2=1$? Y N
甲道缓行，乙道禁止 $Y\uparrow\downarrow$, $r\uparrow\downarrow$ $C_3\uparrow\downarrow$
N $L=1$? Y

图 5.4.3　控制器详细逻辑流程图

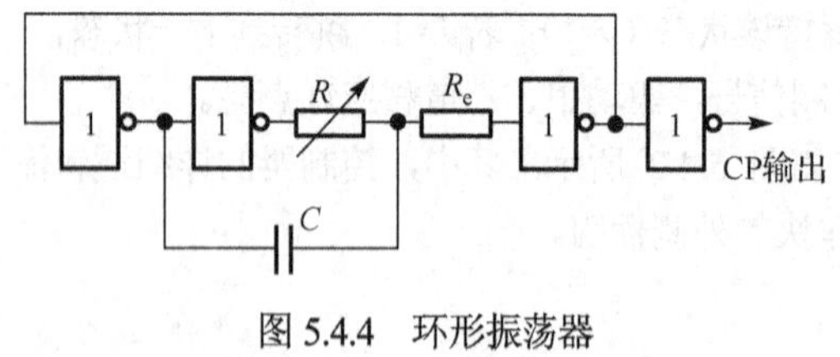

图 5.4.4　环形振荡器

74LS161 具有同步预置控制端和异步清零功能，可采用反馈预置法或反馈复位法使其构成任意进制计数器。一片 74LS161 的最大计数模数为 16，大于 16 时需要用若干片级联。级联成同步计数链时，应注意用计数器控制端 P、T 传递溢出进位信号，使各片计数器快速、正确地工作。本例用反馈预置法构成 60s 和 10s 定时电路，如图 5.4.5 所示。

其中，选通信号 C_1、C_2 和 C_3 来自控制器，它们反映在何时打开哪个定时电路的 CP 控制门。如果确定两通道通行时间均为 60s，则可用同一定时电路实现，但考虑到两道通行时间的灵活调整，即每道通行时间可在 30s～2min 之内变动，甚至甲道和乙道通行时间不相同等，故可分别用 n_1 秒和 n_2 秒定时电路来产生 P 和 W 应答信号，以供控制器判别、决策，如图 5.4.6 所示。黄灯亮的定时电路是公用的，设定时时间为 n_3 秒，其输出信号 L 同样送至控制器。

（3）交通灯

选用红、黄、绿不同颜色的发光二极管组成，它们分别受控制器输出信号 R、Y、G、r、y、g 所驱动。

至此，可画出交通灯管理器受控部分结构框图如图 5.4.6 所示。

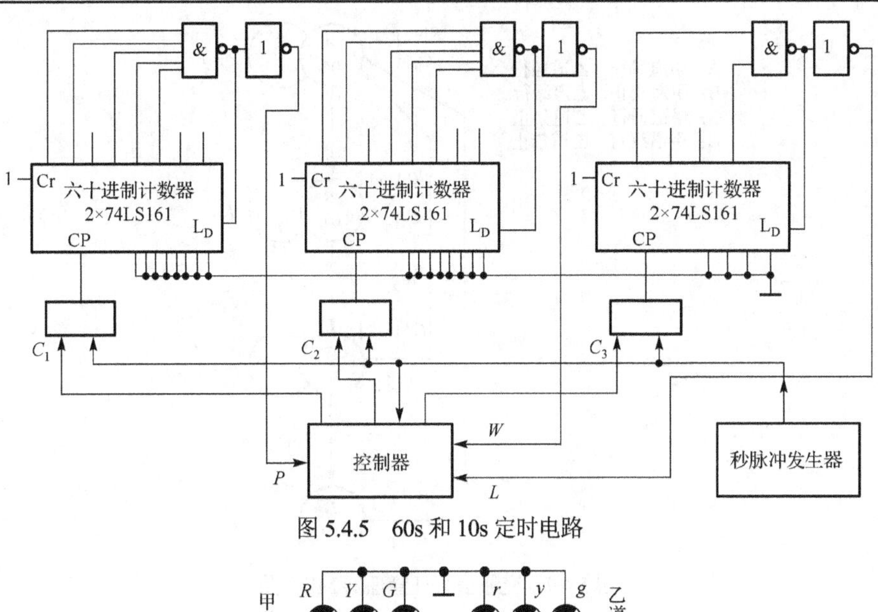

图 5.4.5　60s 和 10s 定时电路

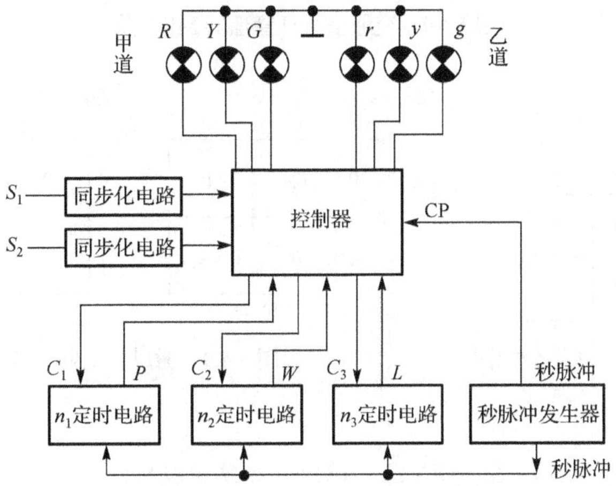

图 5.4.6　交通灯管理器受控部分结构框图

5．控制器设计

（1）导出管理器的 MDS 图

从图 5.4.3 所示的控制器详细逻辑流程图出发，画出相应的 MDS 图，如图 5.4.7 所示。图中，状态 A 为甲道禁止、乙道通行状态（甲 R 乙 g），状态 B 为甲道禁止、乙道缓行状态（甲 R 乙 y），状态 C 为甲道通行、乙道禁止状态（甲 G 乙 r），状态 D 为甲道缓行、乙道禁止状态（甲 Y 乙 r）。

（2）状态分配

本例采用 D 触发器作为控制器记忆元件，4 个状态用两个 D 触发器，状态分配如下：状态 A—00、状态 B—01、状态 C—11、状态 D—10，状态分配图如图 5.4.8 所示。

（3）填写激励图

根据状态分配的情况，填写两个 D 触发器激励函数降维卡诺图，如图 5.4.9 所示。其中，状态变量 Q_2 为高位，Q_1 为低位。

由激励函数卡诺图求得激励函数为：

$$D_1 = \bar{Q}_2\bar{Q}_1P\bar{S}_1 + \bar{Q}_2Q_1 + Q_2Q_1(\bar{W} + \bar{S}_1S_2)$$

$$D_2 = Q_1\bar{Q}_2L + Q_2\bar{Q}_1\bar{L} + Q_2Q_1(\bar{W} + \bar{S}_1)$$

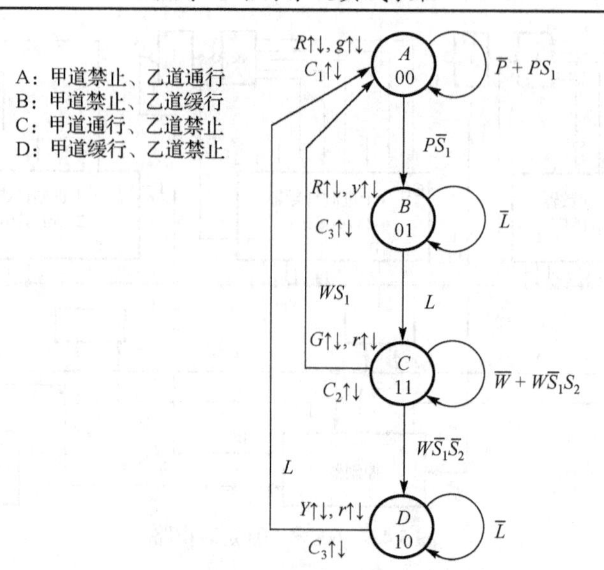

图 5.4.7　交通信号灯管理器 MDS 图

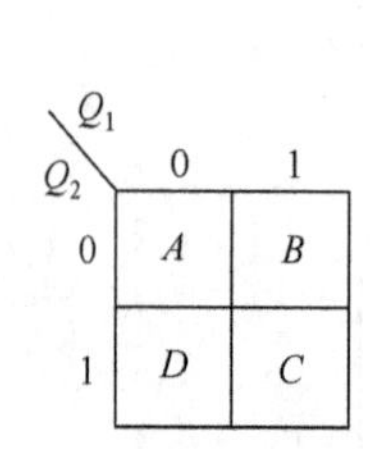

图 5.4.8　状态分配图

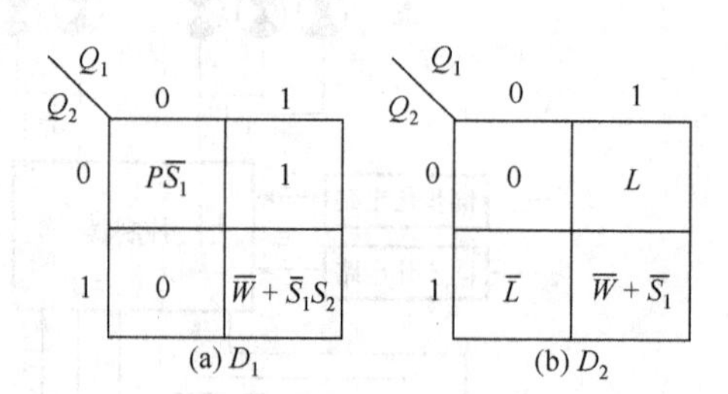

图 5.4.9　激励函数降维卡诺图

经化简，可得

$$D_1 = P\overline{S}_1\overline{Q}_2 + Q_1\overline{Q}_2 + \overline{W}Q_1 + Q_1\overline{S}_1S_2$$
$$D_2 = \overline{Q}_2Q_1L + Q_2\overline{Q}_1\overline{L} + Q_2Q_1\overline{WS}_1$$

（4）求输出函数方程

乙道通行、甲道禁止时（P=0）的定时电路选通信号

$$C_1 = \overline{Q}_2\overline{Q}_1$$

甲道通行、乙道禁止时（W=0）的定时电路选通信号

$$C_2 = Q_2Q_1$$

停车时间（L=0）定时电路的选通信号

$$C_3 = \overline{Q}_2Q_1 + Q_2\overline{Q}_1 = Q_1 \odot Q_2$$

控制器驱动甲道红、黄、绿灯的信号

$$R = \overline{Q}_2\overline{Q}_1 + \overline{Q}_2Q_1 = \overline{Q}_2$$
$$Y = Q_2\overline{Q}_1$$
$$G = Q_2Q_1$$

控制器驱动乙道红、黄、绿灯的信号

$$r = Q_2Q_1 + Q_2\bar{Q}_1 = Q_2$$
$$y = \bar{Q}_2Q_1$$
$$g = \bar{Q}_2\bar{Q}_1$$

（5）控制器逻辑电路图

至此，所有方程已经求出，设计者可以自行选择各种 SSI、MSI、LSI 器件来实现，根据方程和所选器件可画出整体电路原理图，完成设计。

5.5　综合设计与功能实现

随着计算机与微电子技术的发展，电子设计自动化 EDA 和可编程逻辑器件 PLD 的发展都非常迅速，熟练地利用 EDA 软件进行 PLD 开发已经成为电子工程师必须掌握的基本技能。先进的 EDA 工具已经从传统的自底而上的设计方法改变为自顶而下的设计方法，以硬件描述语言 HDL 来描述系统级设计，并支持系统仿真和高层综合，电子工程师在实验室就可以完成，这都得益于 PLD 的出现及功能强大的 EDA 软件的支持。但设计过程引起的干扰、分布电容、系统运行速度、电路的竞争与冒险等因素是综合设计与功能实现的重要环节。

5.5.1　PLD/FPGA 系统板的抗干扰设计

在 PLD/FPGA 系统板电子设计中，一般的设计思路是采用微处理器和可编程器件相结合的方法，同时扩展外围电路，如电源、信号采集处理和 I/O 接口电路等。数字系统设计完成时画出的逻辑图，并未考虑元件间的距离、寄生电阻、寄生电容和寄生电感，而实物是组装成一体的具体电路。为了少走弯路和节省时间，应充分考虑并满足抗干扰性的要求，避免在设计完成后再去进行抗干扰的补救措施。噪声侵入数字系统的途径可以是天线（不用的 TTL 系列的输入端悬空就相当于一根天线）、电源线、接地线、输入/输出线。噪声源与电路之间若以有线或无线方式形成了无用耦合，就会造成干扰。下面对数字系统中常见的噪声源做简要介绍。

（1）外部辐射噪声

这些噪声源一般是高电压、快速上升的脉冲信号、大电流，它们都是以无线方式，通过静电耦合（寄生电容）或电磁耦合（线圈、变压器）形成干扰，用数学语言描述为 du/dt 或 di/dt 大的地方就是干扰源。这类噪声都可以采用屏蔽技术来消除。而数字系统中主要是静电耦合形成干扰，抑制的方法是采用同轴屏蔽电缆作连线。

（2）传输线的反射

如果在一段导线上传播延迟比所传送的脉冲转移时间长的话，就可将此段导线作为传输线来考虑。当传输线的阻抗不匹配时，就会产生反射。实际上，数字组件的输入/输出阻抗常常是变化的，只要导线较长且较细时，就可能产生反射，导致寄生振荡或形成波形过冲，以及降低抗干扰容限。

（3）串扰噪声

当很多导线平行走线时，由于多支电流在相应的导线同时发生急剧变化，通过寄生耦合将产生线间串扰。串扰噪声与信号电平的大小、脉冲宽度、传输时间、上升时间及线长等均有关系。如长时钟线最容易因串扰而形成误动作。对于时钟速度较慢的电路，可以通过加 0.01pF 滤波电容来克服这种干扰影响。

一个精心设计的数字系统，如果组装方法不好，也会成为抗干扰能力差的不稳定电路。因此，数字系统在安装设计时，都要通过多种途径来克服噪声，尽量减小干扰影响。抑制噪声的一般原理是：

抑制干扰源、减小噪声耦合或切断干扰传播路径、提高线路抗干扰容限（主要通过提高敏感器件如A/D、D/A转换器、单片机、数字集成电路、弱信号放大器等的抗干扰性能）。主要有以下一些技术。

1．电源与地信号线的设计分配

电源分配对系统有很大影响，在理论和实际工程中这一点都得到了证实。当数字系统中各集成电路公用一个电源时，电源内阻和接线阻抗所形成的公共阻抗，可能使一个集成芯片产生的噪声到达另一个集成芯片，引起噪声干扰，而这类噪声是普遍存在的。为此，设计者可以利用电源总线网或电源平面把电源分配到整个电路板，同时建议在印制板的电源输入端和地之间直接跨接一个去耦电容，一般为10～100μF的电解电容。在高频或开关速度较高的数字系统中，还应有一个0.1μF的小电容与电解电容并联。

（1）单层印刷电路板设计

电源总线网由两条或多条较宽的金属线组成，这些金属线把电源和地连接到各个器件。在通常使用的双层PCB上用到了电源总线，这是一种成本较低的供电方法。设计电源线时，应该尽可能将电源线和地线布得宽一些，但往往又受到PCB密度的限制，因而电源总线的直流电阻就可能有较大损失。如有些电路中，最后一个元器件从电源总线上得到的电压就可能比电源电压低0.5V左右。因此，建议只在那些不严格需要V_{CC}分配的应用中使用电源总线。

（2）多层印刷电路板设计

建议使用电源平面来供给电源，专门用两层或多层金属层来单独供应V_{CC}和GND到各个器件，而与各信号线不在同一层。由于电源平面遍及PCB的全面积，因此直流电阻非常小，电源整个平面保持一致的V_{CC}就可把V_{CC}均匀分配到所有器件上，即使有多个电源在同一层内，因为每个电源线都可以布得非常宽，也可起到同样的效果。电源平面还可以提供一个近似无限的电流库，降低了防止噪声及屏蔽电路板上逻辑信号的能力。

（3）印刷电路板中的接地设计

经验告诉我们，精心设计的接地系统，能在系统设计中消除许多噪声引起的干扰，尤其是模拟电路、数字电路，甚至机电系统的混合体更是如此。因此，建议设计时注意数字地和模拟地分开，模拟和数字系统都应尽量有自己的电源。模拟地和数字地只有一点接到公共地上，数字电路内部的接地方式尽量采用并联方式一点接地，否则会形成公共阻抗，引起干扰。接地线应该尽量加粗，至少能通过三倍于印制板上的允许电流，一般应达 2～3mm。接地线应尽量构成死循环回路，这样可以减少地线电位差。

2．系统设计元件的选择

（1）去耦电容配置

去耦电容的大小一般取$C=1/f$，f为数据传送频率。印刷板电源输入端跨接10～100μF的电解电容，若能大于100μF则更好。每个集成芯片的V_{CC}和GND之间跨接一个0.01～0.1μF的陶瓷电容。如空间不允许，可为每4～10个芯片配置一个1～10μF的钽电容。对抗噪能力弱、关断电流变化大的器件，以及ROM、RAM，应在V_{CC}和GND间接去耦电容。在单片机复位端RESET上配以0.01μF的去耦电容，去耦电容的引线不能太长，尤其是高频旁路电容不能带引线。

（2）元器件配置

时钟发生器、晶振和CPU的时钟输入端应尽量靠近且远离其他低频器件，小电流电路和大电流电路尽量远离逻辑电路。发热的元器件如大功率电阻等应避开易受温度影响的元器件，如电解电容等，一般印刷板在机箱中的位置和方向应保证发热量的器件处在上方。功率线、交流线和信号线分开走线，功率线、交流线尽量布置在与信号线不同的板上，应与信号线分开走线。

3. 其他原则

（1）集成芯片不用的输入端悬空会起到天线的作用。对于时序电路来说，即使有暂态噪声，也会使电路产生误动作，故不用的集成芯片输入端不允许悬空，必须按逻辑功能接电源或地，或与信号端并联使用。

（2）TTL、CMOS 器件开关动作时的电源电流变化非常大，是公共阻抗产生较大噪声的原因之一，所以必须使公共阻抗低。

（3）三态输出电路在高阻态时电位不稳定，只要有一点外来干扰，就会产生频率非常高的振荡，并通过电磁耦合传给低电平电路，常变成意料不到的噪声故障。为此，在电源和三态电路的输出之间，接入一个不致形成明显负载的电阻 R。

（4）总线加 10kΩ 左右的上拉电阻，有利于抗干扰。布线时各条地址线尽量一样长短，且尽量短。PCB 两面的线尽量垂直布置，防相互干扰。

（5）印制板上的一个过孔大约引入 0.6pF 的电容；一个集成电路本身的封装材料引入 2～10pF 的分布电容；一个线路板上的接插件引入 520μH 的分布电感；一个双列直插的 24 引脚集成电路插座引入 4～18μH 的分布电感。

（6）采用全译码比线译码具有更强的抗干扰性。

5.5.2 电路中毛刺现象的产生及消除

在FPGA设计中，毛刺现象是电子设计工程师经常遇到的主要问题之一，是影响工程师设计效率和数字系统设计有效性和可靠性的主要因素。

当一个逻辑门的输入有两个或两个以上的变量发生改变时，由于这些变量是经过不同路径产生的，使得它们状态改变的时刻有先有后，这种时差引起的现象称为竞争（Race）。竞争的结果将很可能导致冒险（Hazard）发生（如产生毛刺）。组合逻辑电路的冒险仅在信号状态改变的时刻出现毛刺，这种冒险是过渡性的，它不会使稳态值偏离正常值，但在时序逻辑电路中，冒险是本质的，可导致电路的输出值永远偏离正常值或者发生振荡。

信号在 FPGA 器件内部走线和通过逻辑单元时存在延时，延时的大小与连线的长短和逻辑单元的数目有关，同时还受器件的制造工艺、工作电压、温度等条件的影响，信号的高低电平转换也存在过渡时间。由于以上因素，在多路信号变化的瞬间，组合逻辑的输出常常产生一些小的尖峰，即毛刺信号。与分立元件不同，由于 PLD 内部不存在寄生电容电感，这些毛刺将被完整地保留并向下一级传递，也就是说，毛刺现象在FPGA设计中是不可避免的，这是由FPGA内部结构特性决定的。有时任何一点毛刺就可以导致系统出错，尤其是对尖峰脉冲或脉冲边沿敏感的电路更是如此，因此毛刺现象在 PLD、FPGA 设计中尤为突出。

1. 电路毛刺的产生与分析

图 5.5.1 所示为一个逻辑冒险能够产生毛刺的例子。

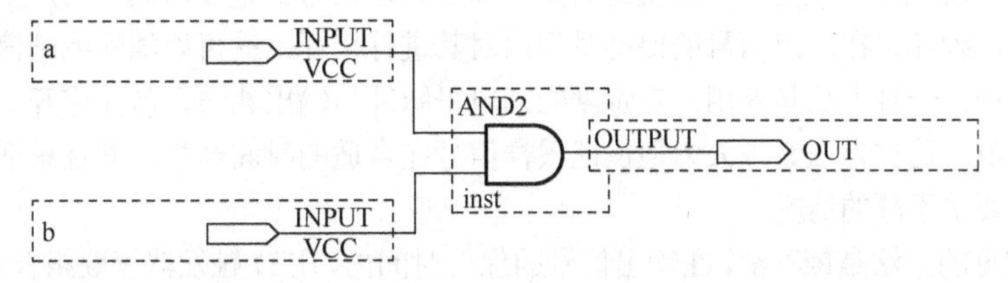

图 5.5.1　与门电路

我们期望的设计是：a 和 b 信号同时变化，这样输出 OUT 将一直为 0，但是实际中 OUT 产生了毛刺，它的仿真波形如图 5.5.2 所示。

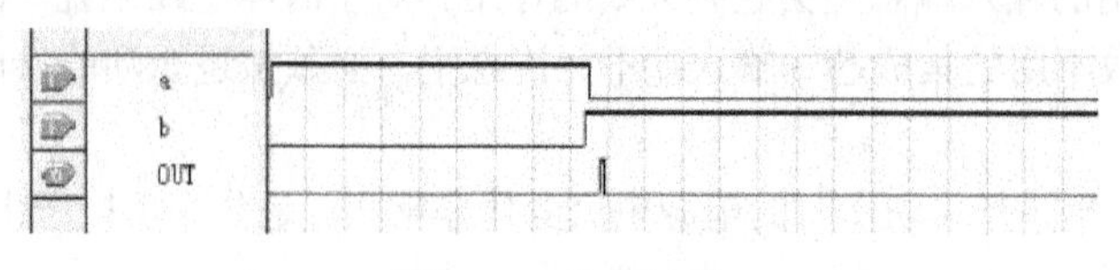

图 5.5.2　仿真波形

从图 5.5.2 的仿真波形可以看出，a、b 两个输入信号经过分布延时后，高低电平变换不是同时发生的，这导致输出信号 OUT 出现了毛刺。由于我们无法保证所有连线的长度一致，所以即使所有输入信号在输入端同时变化，但经过 PLD 内部的走线，到达与门的时间也是不一样的，毛刺必然产生。可以概括地讲，只要出现多路信号同时跳变的情况，在通过内部走线之后，必将产生毛刺，即使是最简单的逻辑门电路也不例外。

时钟端口、清零和置位端口对毛刺信号十分敏感，任何一点毛刺都可能会使系统出错，影响电路工作的稳定性、可靠性，严重时会导致整个数字系统的误动作和逻辑紊乱，所以在实际设计过程中，应尽量避免将带有毛刺的信号直接接入到对毛刺敏感的输入端上，必须检查设计中所有时钟、清零和置位等对毛刺敏感的输入端口，确保输入信号不含任何毛刺。

判断逻辑电路中是否存在冒险及如何避免冒险是设计人员必须要考虑的问题。判断一个逻辑电路在某些输入信号发生变化时是否会产生冒险，这可以通过逻辑函数的卡诺图或逻辑函数表达式来进行判断，具体可参考有关脉冲与数字电路方面的书籍。

2. 毛刺信号的处理与消除

由于 FPGA 的结构特点，某些分立电路中使用的方法（如外加电容法）不宜在中间级使用，因而在 FPGA 数字电路设计中不再适用。对于产生的毛刺，应仔细分析毛刺的来源和性质，针对不同的信号，采取不同的解决方法加以消除。

毛刺发生的条件就是在同一时刻有多个输入信号发生改变，因此可以通过改变设计，破坏其条件来减少毛刺的发生。例如，可以利用格雷码计数器代替普通的二进制计数器，由于格雷码计数器的输出每次只有一位跳变，消除了竞争冒险的发生条件，从而避免了毛刺的产生。还可以对电路进行改进，以消除毛刺对系统的影响，下面对各种方法分别介绍。

（1）利用冗余项法

利用冗余项消除毛刺有两种方法：代数法和卡诺图法。两者都是通过增加冗余项来消除毛刺的，只是前者针对函数表达式而后者针对真值表。以卡诺图为例，若两个卡诺圆相切，其对应的电路就可能产生险象。因此，修改卡诺图，在卡诺图的两圆相切处增加一个圆，以增加多余项来消除逻辑冒险。但该法对于计数器型产生的毛刺是无法消除的。

（2）采样法

由于冒险多出现在信号发生电平跳变的时刻，即在输出信号的建立时间内会产生毛刺，而在保持时间内不会出现，因此，在输出信号的保持时间内对其进行采样，就可以消除毛刺信号的影响。常用的采样方法有两种：一种方法是使用一定宽度的高电平脉冲与输出相与，从而避开了毛刺信号，取得输出信号的电平值。这种方法必须人为地保证采样信号在合适的时间产生，并且只适用于对输出信号时序和脉冲宽度要求不严的情况。

另一种更常见的方法是锁存法，在输出信号的保持时间内，用 D 触发器读取组合逻辑的输出信号。只要毛刺不发生在时钟跳变沿，输出就不会有毛刺，即利用 D 触发器对输入信号的毛刺不敏感的特点去除信号中的毛刺。这种方法类似于将异步电路转换为同步电路，实现简单，对于简单的逻辑电路，尤其是对发生在非时钟跳变沿的毛刺信号，去除效果非常明显。但是如果毛刺信号发生在时钟信号的跳变沿，D 触发器的效果就没有那么明显了，加 D 触发器后的输出仍含有毛刺。另外，D 触发器的使用还会给系统带来一定的延时，特别是在系统级数较多的情况下，延时也将变大，因此使用 D 触发器去除毛刺要视情况而定，并不是所有的毛刺都可以用 D 触发器来消除。

（3）信号同步法

设计数字电路时采用同步电路可以大大减少毛刺。由于大多数毛刺都比较短，大概几个纳秒，只要毛刺不出现在时钟跳变沿，毛刺信号就不会对系统造成危害。因此一般认为，只要在整个系统中使用同一个时钟就可以实现系统同步。但是，时钟信号在 FPGA 器件中传递时是有延时的，我们无法预知时钟跳变沿的精确位置。也就是说，我们无法保证在某个时钟的跳变沿读取的数据是一个稳定的数据，尤其是在多级设计中，这个问题就更加突出。因此，做到真正的“同步”就是去除毛刺信号的关键问题。所以同步的关键就是保证在时钟的跳变沿读取的数据是稳定的数据，而不是毛刺数据。以下为两种具体的信号同步方法。

一种是信号延时同步法，其原理是在两级信号传递的过程中加一个延时环节，从而保证在下一个模块中读取的数据是稳定后的数据，即不包含毛刺信号。这里所指的信号延时可以是数据信号的延时，也可以是时钟信号的延时。

另一种是状态机控制同步法，使用状态机来实现信号的同步和消除毛刺的目的。在数据传递比较复杂的多模块系统中，由状态机在特定的时刻分别发出控制特定模块的时钟信号或模块使能信号，状态机的循环控制就可以使得整个系统协调运作，同时减少毛刺信号。那么只要在状态机的触发时间上加以处理，就可以避免竞争冒险，从而抑制毛刺的产生。

5.6　小　　结

本章通过交通信号灯控制电路的数字系统综合设计，介绍了数字系统的设计方法，包括传统的自底向上方法和现代设计比较流行的自顶向下方法，在实际应用中，设计者可以将两种方式结合起来灵活运用。本章还对数字系统综合设计的一些关键技术进行了介绍。

传统的“自底向上”（Down-Up）设计方法是根据系统功能要求，从具体的器件、逻辑部件或相似系统开始，凭借设计者熟练的技巧和丰富的经验，通过对其进行相互连接、修改和扩大，构成所要求的系统。电路设计建立在真值表、卡诺图、逻辑方程式、状态表和状态图的工具基础上，主要依赖于设计者的熟练技巧和经验，又称为“试凑法”，相对来说效率低、成本高，对于复杂的数字系统，这种设计方法不再适用，只适合系统相对较小、硬件相对简单的小型数字系统设计。

高层次设计给我们提供了“自顶向下”（Top-Down）的全新设计方法，这种方法的设计思路是分模块分层次，能使设计者自始至终从在系统的角度进行设计。具体地说，就是从系统的总体要求出发，自上而下地逐步将设计内容细化。首先从系统入手，在顶层进行功能方框图划分和结构设计，在方框图级进行仿真、纠错，并用硬件描述语言对高层系统进行描述，在系统级进行验证，然后用综合优化工具生成具体门电路网表，最终以印刷电路板或专用集成电路完成物理实现。由于设计的主要仿真和调试是在高层次上完成的，有利于早期发现结构设计上的错误，避免设计工时浪费，同时也减少了逻辑功能仿真工作量，可以使设计人员在实际的电子系统产生之前，就已经全面了解系统的功能特性和物理特性，从而将开发风险消灭在设计阶段，缩短了开发周期。

利用 EDA 技术进行数字电路设计时，“自底向上”方法只能采用原理图方式，而“自顶向下”方法可以采用文本输入和原理图等多种方式，因而更加灵活。原理图输入方式主要利用逻辑门、译码器、比较器、计数器等中小规模集成电路，自底向上地构成电路，类似于“搭积木”，要设计什么，就从软件系统提供的元件库中调出来，画出原理图，容易实现仿真，符合人们的传统设计习惯。但这种方式要求设计人员有丰富的电路知识，熟悉各种中小规模芯片的功能和使用方法，以便挑选最合适的器件，而且产品有所改动需要选用另外公司的PLD器件时，需要重新输入原理图，缺乏灵活性。而文本输入方式是采用硬件描述语言进行设计，由于语言的公开可利用性，便于实现大规模系统的设计，输入效率高，在不同的设计输入库之间转换非常方便，不需要熟悉底层电路和PLD的结构，因而成为现代数字设计的主要方法。

在现代电子设计中，EDA技术为数字电子电路设计领域带来了根本性变革，将传统“电路设计—硬件搭试—调试—焊接”模式转变为在计算机上自动完成，“以仿代实”、“以软代硬”已成为当代设计发展潮流之一。当今 EDA 技术已经成为电子设计的重要工具，无论是设计芯片还是设计系统，如果没有 EDA 工具软件的支持，都将难以完成。因此，掌握现代化电子设计方法——自顶向下方法，熟悉现代先进电子设计工具——EDA工具软件，学好EDA工程语言——VHDL，成为现代电子行业工程技术人员、电子类专业的各层次学生必须掌握的一项基本技能。

5.7 问题与思考

1．数字系统主要由哪些部分组成？各部分的功能是什么？

2．自顶向下和自底向上设计方法的基本思想分别是什么？

3．简述自顶向下设计方法和硬件描述语言的关系。

4．ASM 图由哪些符号模块组成？状态框中的输出信号与条件输出框中的输出信号有什么不同？

5．什么是控制器的硬件设计方法？什么是软件设计方法？试比较这两种设计方法，并进一步理解数字系统硬件设计“软件化”的趋势。

6．如何理解数字系统设计的核心是控制器的设计？

7．欲设计一个电路，其功能是检测 n 位串行输入信号中1的个数，请画出控制器的ASM图（假设 $n=10$）。

8．某控制器的 ASM 图如图 5.7.1 所示，试用 VHDL 描述该ASM图规定的控制过程。

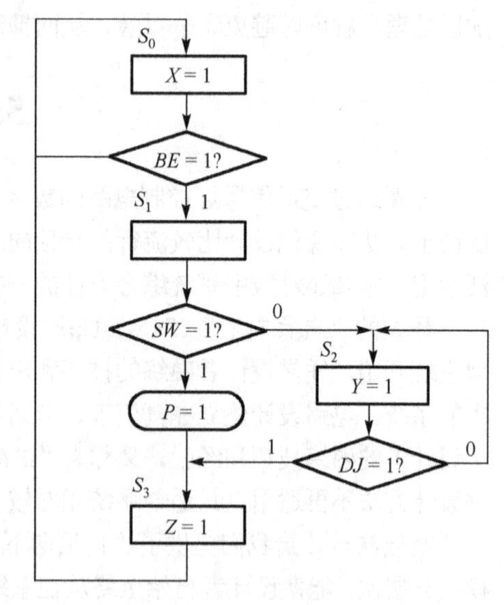

图 5.7.1 某控制器的 ASM 图

9．简单描述引起PLD/FPGA系统板干扰的原因。

10．简述如何消除 PLD/FPGA 系统板设计中地线毛刺现象。

11．利用数字电路的基本知识解释：为什么说即使组合逻辑输出端的所有信号同时变化，其输出端的各个信号也不可能同时达到新的值？各个信号变化的快慢由什么决定？

12．为什么通常在复杂运算组合逻辑的输入端和输出端增加寄存器组来存放数据？

第6章　数字系统课程设计实例

本章给出一些数字系统设计实例，这些实例均来源于科研实践和工程设计项目。通过这些设计实例，读者可进一步体验数字系统的设计方法和过程。

一些功能模块，如分频器、消抖电路、LED七段译码驱动电路等在很多系统中都会用到，这些常用模块请读者参考附录B相关内容。

6.1　自动售邮票机控制电路

6.1.1　设计任务和要求

1. 设计任务

设计一个自动售邮票机控制系统。该系统能够出售两种邮票品种，有硬币处理、余额计算、显示等功能。用户可以按键选择所购邮票品种；售货时能够根据用户输入的硬币数量判断是否够用，若钱币足够则根据顾客要求自动售货，钱币不够则给出提示并退出；能够自动计算显示出应找硬币的余额。

2. 要求

每次只能售出一枚邮票，当所投硬币达到或超过购买者所选面值时，售出一枚邮票，并找回剩余的硬币，回到初始状态；当所投硬币面值不足所选面值时，可以通过一个复位键退回所投硬币，回到初始状态。

3. 拓展功能

（1）投币可以累积到10元，超过10元时发出报警。

（2）可以累计投币、累计买票。

（3）按结束按钮，自动进行结算找零。

（4）增加对货物信息的存储功能，利用两个按键将信息置入RAM中。

6.1.2　设计原理

两个发光二极管分别模拟售出面值为6角和8角的邮票，购买者可以通过开关选择一种面值的邮票，灯亮时表示邮票售出。用开关分别模拟1角、5角和1元硬币投入，用发光二极管分别代表找回剩余的硬币。如果投的钱数等于或大于所购买的商品单价，则自动售货机会给出所购买的商品；如果钱数不够，自动售货机不作响应，等待下次操作，可以是退币或继续投币。

6.1.3　主要参考设计与实现

第一步，根据需求分层次设计，划分并确定各模块的作用，画出总体框图。

自动售邮票机电路设计采用自顶向下的设计方法。自顶向下设计方法的主要思想是对数字系统划分模块，分层次进行设计，这样可以将复杂的设计划分成若干相对简单的模块。不同的模块可完成数字系统中某一部分的具体功能，从而使电路设计大为简化。在这里，划分模块是设计中一个非常重要的步骤，模块划分的好坏将直接影响最终的电路设计，保证模块划分的最优化，可以大大减少后面VHDL程序编写的工作量。总图框图如图 6.1.1 所示。

第二步，核心部分模块的 VHDL 程序设计与仿真。

模块 SOLDA 如图 6.1.2 所示。该模块实现出售邮票的逻辑功能。m1、m5、m10 分别表示投入 1 角、5 角、1 元钱，t6、t8 分别表示要购买 6 角、8 角的邮票，s6、s8 分别表示售出 6 角、8 角的邮票，ch 表示找回的钱。

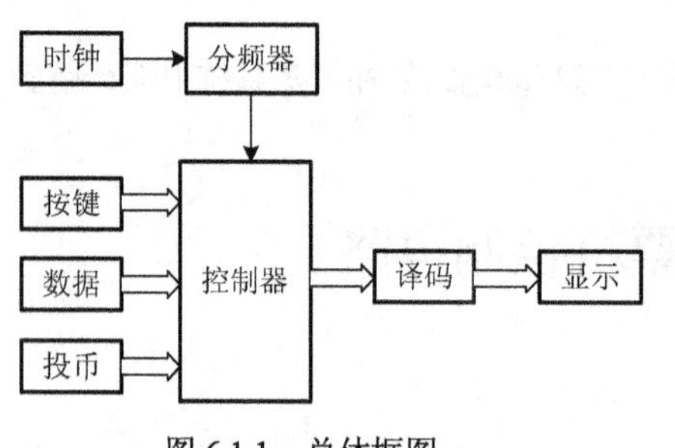

图 6.1.1　总体框图

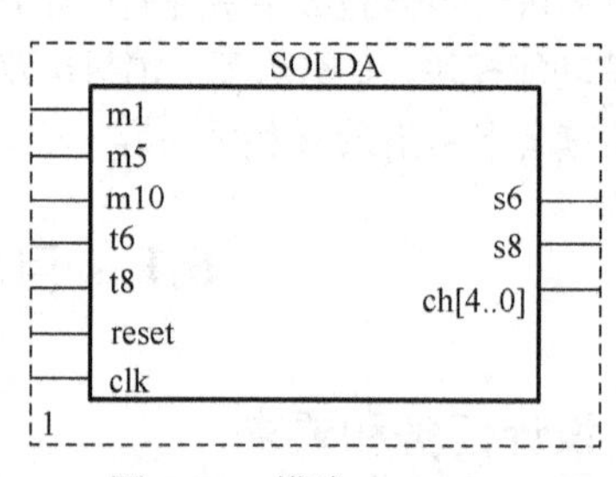

图 6.1.2　模块 SOLDA

```
library ieee;
use ieee.std_logic_1164.all;
use ieee.std_logic_unsigned.all;
entity solda is
  port(m1,m5,m10:in std_logic;
       t6,t8:in std_logic;
       reset:in std_logic;
       clk:in std_logic;
       s6,s8:out std_logic;
       ch:out std_logic_vector(4 downto 0));
end solda;
architecture sold_arc of solda is
begin
  process(clk,m1,m5,m10,t6,t8,reset)
  variable money:std_logic_vector(4 downto 0);
  variable a:std_logic;
  variable cnt:integer range 0 to 60;
  begin
    if clk'event and clk='1' then
     if a='1' then
        if m1='0' then
           money:=money+1;
        elsif m5='0' then
           money:=money+5;
        elsif m10='0' then
           money:=money+10;
        elsif reset='0'then
           ch<=money;
           a:='0';
        elsif t6='0' and money>5 then
           ch<=money-6;
```

```
                s6<='1';
                a:='0';
            elsif t8='0' and money>7 then
                ch<=money-8;
                s8<='1';
                a:='0';
            end if;
        else
        if cnt<60 then
            cnt:=cnt+1;
        else
            cnt:=0;
            money:="00000";
            s6<='0';
            s8<='0';
            ch<="00000";
            a:='1';
           end if;
        end if;
       end if;
      end process;
   end sold_arc;
```

第三步，参考附录 B，利用已经存在的同步消抖动模块 CIAO（它的输入/输出均为负脉冲）及分频和数码显示等模块。

第四步，顶层文件的设计与实现，如图 6.1.3 所示。在各个模块设计完成之后，就可以对整个电路系统进行设计，在原理图设计输入方式下，将已经设计好的各模块调入。

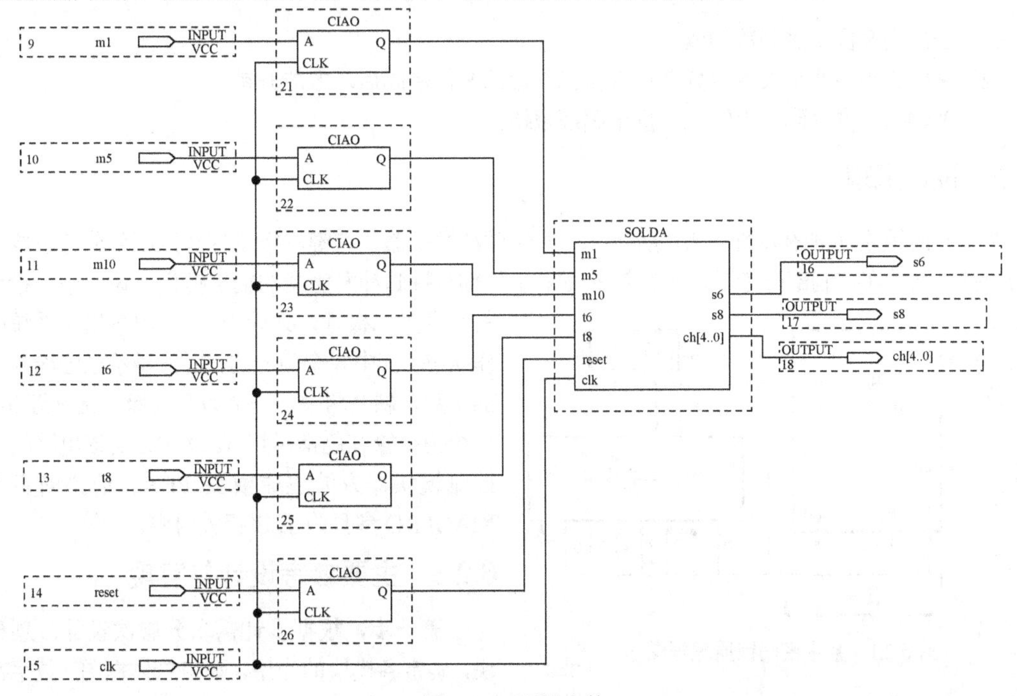

图 6.1.3　顶层文件

第五步，按照图 6.1.3 进行连接，构成顶层原理图，通过编译后进行仿真、下载实现。

6.2 数字密码锁

6.2.1 设计任务和要求

在实际应用中，往往要对某些设备加上密码，以防无关人员操作设备。不同设备中，数字密码锁具有不同的功能和操作过程，下面以保险柜为例设计一个数字密码锁电路。密码输入的方式有两类：一类是并行接收数据，称为并行锁；一类是串行接收数据，称为串行锁。显然，并行输入方式需要的输入端多，相应的系统硬件多，成本高；而采用串行输入方式，所用的器件可以减少，而且串行输入必须用时序电路实现，对密码的验证与操作程序有关，比如对于 3 位密码，多拨一位、少拨一位都属于错误，因而大大加强了系统的可靠性。如果输入代码与锁内密码一致，锁被打开；否则，应封闭开锁电路，并发出报警信号。

1. 设计任务

设计一个 8 位串行数字锁，要求具备如下功能。

（1）开锁代码为 8 位二进制数，当输入代码的位数及位置与锁内给定的密码一致，且按规定程序开锁时，方可打开，并点亮开锁灯 lt。否则，系统进入“错误”状态，并发出报警信号。

（2）开锁程序由设计者确定，并要求锁内给定的密码是可调的，且预置方便，保密性好。

（3）串行数字锁的报警方式是点亮指示灯 lf，并使扬声器鸣叫来报警，直到按下复位开关时，报警才停止。此时，数字锁又进入自动等待下一次开锁的状态。

2. 拓展功能

（1）密码由 8 位十进制数构成。

（2）密码锁须由两个人各自分别输入自己掌握的 8 位密码后，方能开锁。

（3）多输入一位密码、少输入一位密码都报错。

6.2.2 设计原理

数字密码锁原理框图如图 6.2.1 所示。由时钟脉冲发生器、按键、指示灯和控制部分等组成。开关的消抖电路放在控制部分考虑，时钟输入 clk 由外部时钟脉冲发生器的输出提供。设计中的指示灯就是发光二极管，共计 10 个，用来指示系统的工作状态。其中 8 个为一组，用来显示已经输入密码的个数，剩余两个，一个为开锁绿色指示灯 lt；另一个为报警红色指示灯 lf。CODE 是该电路的核心控制模块，方波生成模块 FEN、消抖同步模块 XIAOPRO 参见附录 B 相关内容。

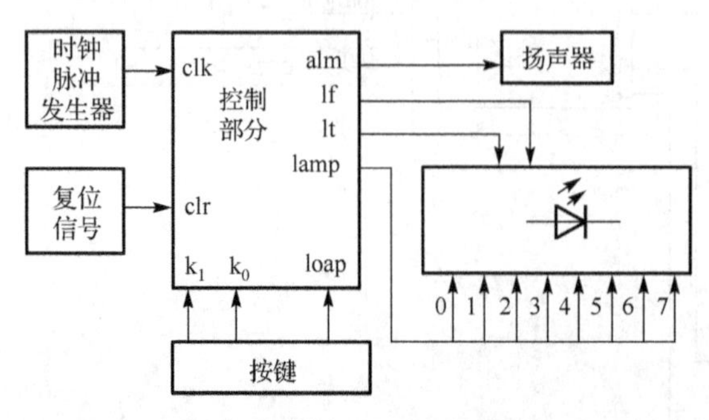

图 6.2.1 数字密码锁原理框图

6.2.3 主要参考设计与实现

第一步，根据设计需求分层次设计，划分模块，确定各模块的作用，画出总体框图。数字密码锁系统的主要模块有消抖同步电路模块、编码器模块、计数器等。

第二步，核心部分模块的 VHDL 程序设计与仿真。

现对核心模块 CODE 进行详细介绍，如图 6.2.2 所示，参考程序如下。

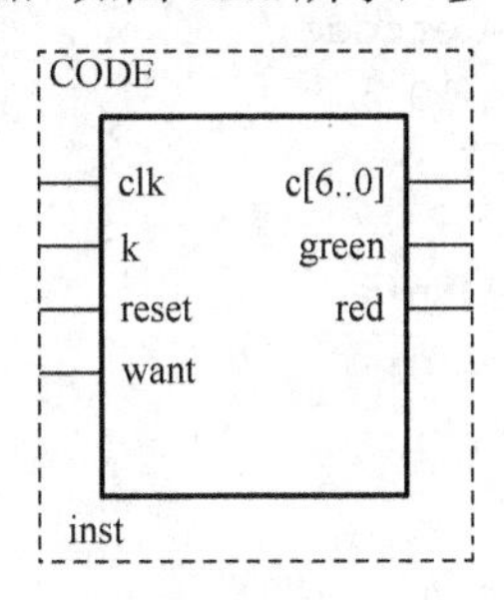

图 6.2.2　模块 CODE

```
library ieee;
use ieee.std_logic_1164.all;
use ieee.std_logic_unsigned.all;
entity code is
port(clk:in  std_logic;                                  --电路工作时的时钟信号
     c: out std_logic_vector(6 downto 0):="1000000";    --七段数码显示管
     k:in         std_logic;                             --高电平表示输入 1
     green:out    std_logic;                             --输入正确时亮
     red:out      std_logic;                             --输入错误时亮
     reset:in     std_logic;                             --按下时复位
     want:in      std_logic);                            --是否修改密码
end;
architecture a of code is
signal  code:std_logic_vector(7  downto   0);           --存储密码
signal  getcode:std_logic_vector(7  downto  0);         --存储修改后的密码
signal  counter:std_logic_vector(3  downto  0);         --计数
signal  allow:std_logic;                                 --是否允许修改密码
begin
process(clk)
begin
 if  reset='1' then                         --按下 reset 后，密码归为初始密码
     getcode<="00000000";                                --初始密码
     counter<="0000";                                    --内部计数
     code<="11110000";                                   --密码
     green<='0';
     red<='0';
     allow<='0';
 elsif clk'event and clk='1'  then          --输入 clk 脉冲，则接收一位密码
        getcode<=getcode(6 downto 0)&k;  --将这一位密码并入 getcode 中的最后一位
if  counter="1000"  then                    --输入为 8 位数码时比较
            if     code=getcode        then
                   green<='1';                           --正确灯亮
                   red<='0';
```

```
                allow<='1';                              --允许修改密码
            elsif allow='1'  and want='1' then           --如果允许输入且想输入
                code<=getcode;                           --输入新密码
                green<='0';
                red<='0';
            else
                allow<='0';
                green<='0';
                red<='1';                                --错误灯亮

            end if;
            counter<="0000";                             --重新计数
        else
            counter<=counter+1;                          --累加
        end if;
    end if;
   end process;
   process(clk)
   begin
   if(counter="0000")then                                --七段数显管显示0到9
   c(6 downto 0)<="1000000";
   elsif (counter<="0001") then
   c(6 downto 0)<="1111001";
   elsif (counter<="0010") then
   c(6 downto 0)<="0100100";
   elsif (counter<="0011") then
   c(6 downto 0)<="0110000";
   elsif (counter<="0100") then
   c(6 downto 0)<="0011001";
   elsif (counter<="0101") then
   c(6 downto 0)<="0010010";
   elsif (counter<="0110") then
   c(6 downto 0)<="0000010";
   elsif (counter<="0111") then
   c(6 downto 0)<="1111000";
   elsif (counter<="1000") then
   c(6 downto 0)<="0000000";
   elsif (counter<="1001") then
   c(6 downto 0)<="0011000";
   end if;
   end process;
   end;
```

第三步，利用已经存在的常用模块：如消抖同步模块 XIAOPRO（它的输入/输出均为负脉冲）；分频模块；数码显示模块等。

第四步，顶层文件的设计与实现，如图 6.2.3 所示。在各个模块设计完成之后，就可以对整个电路系统进行设计，在原理图设计输入方式下，将已经设计好的各模块调入。

第五步，按照图 6.2.3 进行连接，构成顶层原理图，通过编译后进行仿真、下载实现。

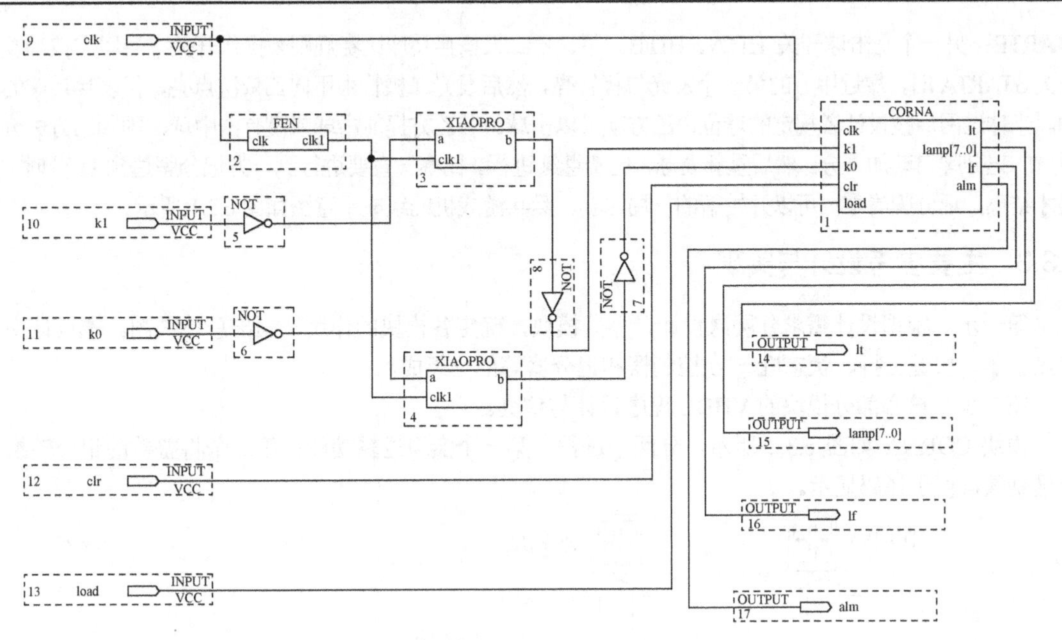

图 6.2.3 顶层文件

6.3 乒乓游戏机

6.3.1 设计任务和要求

1．设计任务

设计一个乒乓游戏机，该机模拟乒乓球比赛的基本过程和规则，并能自动裁判和记分。

2．要求

（1）用 8 只发光二极管代表乒乓球台，中间两个发光二极管兼作乒乓球网。

（2）乒乓球的位置和移动方向由灯亮及依次点燃的方向决定，球移动的周期设定在 0.1～0.5s 均可。可按过网击球来设计，也可按乒乓球移动到对方第二盏灯亮后方可击球来设计。

（3）用数码管分别显示双方得分，任何一方先记满 11 分，该方获胜此局。

（4）设置复位键，按下后记分牌清零，开始新一局比赛。

3．拓展功能

（1）游戏双方各有数盏指示灯（如 6 盏），其中，某一盏亮表示对方击球过来的落点。

（2）游戏双方各有数目与指示灯对应的开关，扳动相应开关，表示要将球击到对方相应指示灯处。

（3）游戏设有记分牌，接球时间越短，累计积分就越高，若没有在规定的时间内按对应的位置扳动对应的接球开关，则要扣除相应分数。

（4）增加局数显示牌，显示当前在进行的是第几局比赛。

（5）发球和击球采用不同频率。

6.3.2 设计原理

两人乒乓游戏机是用 8 只发光二极管代表乒乓球台，中间两个发光二极管兼作乒乓球网，用点亮的发光二极管按一定的方向移动来表示球的运动。在游戏机的两侧各设置两个开关，一个是发球开关 STARTA、

STARTB；另一个是击球开关 HITA、HITB。甲、乙二人按乒乓球比赛规则来操作开关。当甲方按动发球开关 STARTA 时，靠近甲方的第一个发光二极管亮，然后发光二极管由甲向乙依次点亮，代表乒乓球的移动。当球过网后按设计者规定的球位，乙方就可以击球。若乙方提前击球或没有击中球，则判乙方失分，甲方的记分牌自动加一分。然后重新发球，比赛继续进行。比赛一直要进行到一方记分牌达到 11 分时，该局才结束，记分牌清零，可以开始新的一局比赛。乒乓游戏机的组成示意图如图 6.3.1 所示。

6.3.3 主要参考设计与实现

第一步，根据设计需求分层次设计，划分模块，确定各模块的作用，画出总体框图。本设计由译码显示器、按键去抖、状态机/球台控制器和记分器等部分组成。

第二步，核心部分模块的 VHDL 程序设计与仿真。

模块 CORNA 如图 6.3.2 所示。分两个进程：第一个实现逻辑功能；第二个将整数的记分转换为十进制数，便于译码显示。

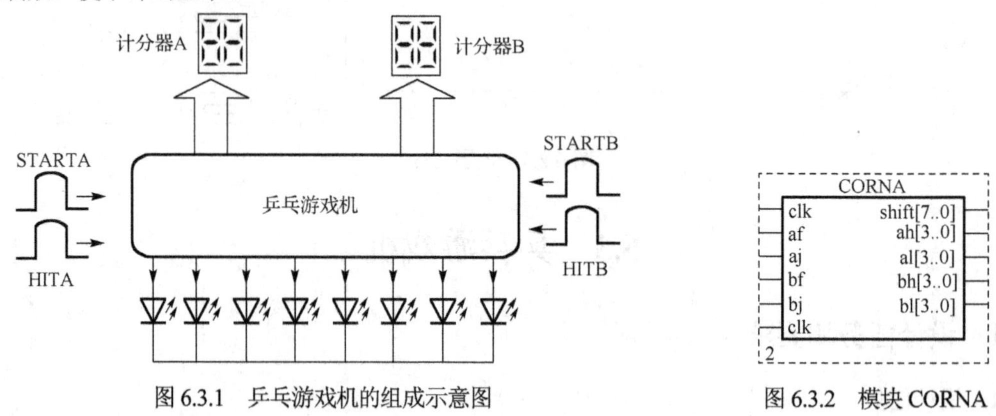

图 6.3.1 乒乓游戏机的组成示意图

图 6.3.2 模块 CORNA

```
library ieee;
 use ieee.std_logic_1164.all;
 use ieee.std_logic_unsigned.all;
 entity corna is
     port(clr,af,aj,bf,bj,clk:in std_logic;    --af,aj,bf,bj:分别为A方发接球
                                                 键，B方发接球键，均接按键开关
          shift:out std_logic_vector(7 downto 0);
          ah,al,bh,bl:out std_logic_vector(3 downto 0));
  end corna;
  architecture corn_arc of corna is
  signal amark,bmark:integer;
    begin
     process(clr,clk)
     variable a,b:std_logic;
     variable she:std_logic_vector(7 downto 0);
     begin
      if clr='0' then
            a:='0';
            b:='0';
            she:="00000000";
            amark<=0;
```

```
        bmark<=0;
    elsif clk'event and clk='1' then
      if a='0'and b='0'and af='0' then          --A 方发球
         a:='1';
         she:="10000000";
      elsif a='0'and b='0' and bf='0' then      --B 方发球
         b:='1';
         she:="00000001";
      elsif a='1'and b='0' then                 --A 方发出球后
         if she>8 then
             if bj='0' then                     --B 方过网击球
                amark<=amark+1;
                a:='0';
                b:='0';
                she:="00000000";
             else
                she:='0' & she(7 downto 1);    --B 方没有击球
             end if;
         elsif she=0 then                       --球从 B 方出界
              amark<=amark+1;
              a:='0';
              b:='0';
            else
            bj='0' then                         --B 方正常击球
                a:='0';
                b:='1';
             else
                she:='0' & she(7 downto 1);    --B 方没有击球
         end if;
       end if;
     elsif a='0'and b='1' then                  --B 方发球，情况同前
       if she<16 and she/=0 then
          if aj='0' then
             bmark<=bmark+1;
             a:='0';
             b:='0';
             she:="00000000";
            else
             she:=she(6 downto 0) & '0';
            end if;
         elsif she= 0 then
            bmark<=bmark+1;
            a:='0';
            b:='0';
         else
            if aj='0'then
                a:='1';
```

```
                    b:='0';
                else
                    she:=she(6 downto 0)&'0';
                end if;
            end if;
        end if;
      end if;
      shift<=she;
      end process;
      process(clk,clr,amark,bmark)
variable aha,ala,bha,bla:std_logic_vector(3 downto 0);
variable tmp1,tmp2:integer;
      begin
       if clr='0' then
           aha:="0000";
           ala:="0000";
           bha:="0000";
           bla:="0000";
           tmp1:=0;
           tmp2:=0;
         elsif clk'event and clk='1' then
             if amark>tmp1 then
                 if ala="1001" then
                     ala:="0000";
                     aha:=aha+1;
                     tmp1:=tmp1+1;
                 else
                    ala:=ala+1;
                    tmp1:=tmp1+1;
                 end if;
             end if;
           if bmark>tmp2 then
                 if bla="1001" then
                 bla:="0000";
                 bha:=bha+1;
                 tmp2:=tmp2+1;
             else
                bla:=bla+1;
               tmp2:=tmp2+1;
             end if;
           end if;
        end if;
        al<=ala;
        bl<=bla;
        ah<=aha;
        bh<=bha;
    end process;
  end corn_arc;
```

第三步，利用已经存在的常用模块：如模块 CIAO 为同步消抖模块，它的输入/输出均为负脉冲；分频模块；模块 CH41A、SEL、DISP 构成七段数码管动态扫描显示电路，参见附录 B 相关内容。

第四步，顶层文件的设计与实现，如图 6.3.2 所示。在各个模块设计完成之后，就可以对整个电路系统进行设计，在原理图设计输入方式下，将已经设计好的各模块调入。

顶层设计如图 6.3.3 所示。

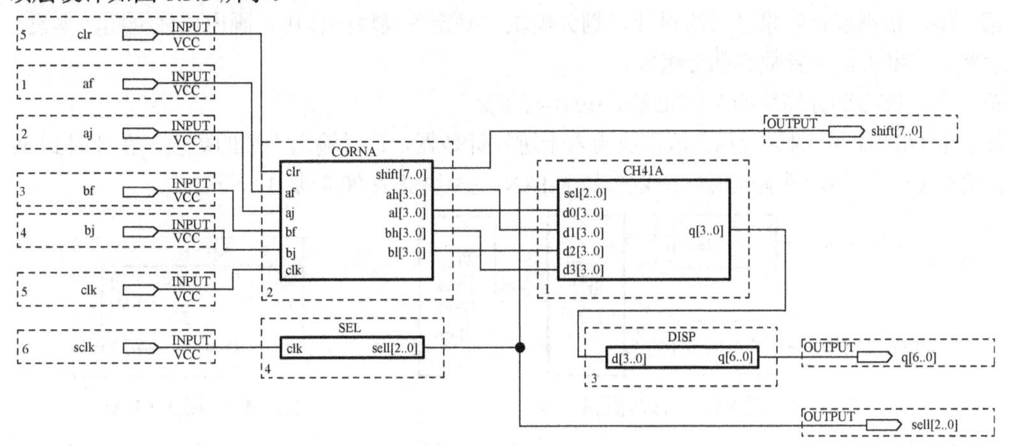

图 6.3.3　顶层设计图

第五步，按照图 6.3.3 进行连接，构成顶层原理图，通过编译后进行仿真、下载实现。

6.4　数　字　钟

6.4.1　设计任务和要求

1. 设计任务

设计一个由时分秒构成的数字钟。

2. 要求

（1）具有时、分、秒计时功能，由 6 个数码管分别显示。

（2）能手动对小时进行校正：按下校正键时，计数器迅速递增，并按 24h 循环，计数 23h 后再回 00。

（3）能手动对分钟进行校正：按下校正键时，计数器迅速递增，并按 60min 循环，计数满 59min 后再回 00，但不向“时”进位。

（4）整点报时功能：到达 59'50"时开始报时，在 59'50"、59'52"、59'54"、59'56"、59'58"鸣叫，鸣叫声频为 500Hz：到达 59'60"时为最后一声整点报时，频率为 1kHz。

3. 拓展功能

（1）有两种计时制可选：12 小时（能显示上、下午）和 24 小时。

（2）闹铃功能，计时到预定时间，闹铃响 5s，可提前终止闹铃。

（3）手动校准不采用迅速递增方式，而是直接修改时间。

（4）时钟伴随流水灯显示。

6.4.2　设计原理

计数器在正常工作下是对 1Hz 的频率计数和，在调整时间状态下是对需要调整的时间模块进行计数；控制按键用来选择是正常计数还是调整时间，并决定调整时、分、秒；当置数键按下时，表示相应的调整块要加 1，如果对小时调整，显示时间的 LED 数码管将闪烁且当置数按键按下时，相应的小时显示要加 1。显示时间的 LED 数码管均用动态扫描显示来实现。

6.4.3 主要参考设计与实现

第一步，根据设计需求分层次设计，划分模块，确定各模块的作用，画出总体框图。本设计由译码显示器、按键去抖、置数等部分组成。

第二步，核心部分模块的 VHDL 程序设计与仿真。

模块 MIAN 如图 6.4.2 所示。该模块为六十进制计数器，计时输出为秒的数值。在计时到 59 时输出进位信号 co，因为硬件有延时，所以模块 MIAN 在模块变为 00 时加 1，符合实际。

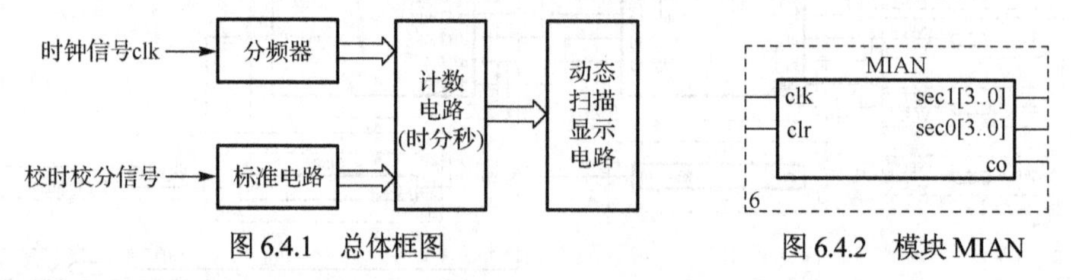

图 6.4.1 总体框图　　图 6.4.2 模块 MIAN

```
library ieee;
use ieee.std_logic_1164.all;
use ieee.std_logic_unsigned.all;
entity mian is
 port(clk,clr:in std_logic;
        sec1,sec0:out std_logic_vector(3 downto 0);
        co:out std_logic);
end mian;
architecture mian_arc of mian is
begin
 process(clk,clr)
 variable cnt1,cnt0:std_logic_vector(3 downto 0);
 begin
    if clr='1' then
          cnt1:="0000";
          cnt0:="0000";
    elsif clk'event and clk='1' then
          if cnt1="0101"and cnt0="1000" then
                     co<='1';
         cnt0:="1001";
elsif cnt0<"1001" then
 cnt0:=cnt0+1;
else
 cnt0:="0000";
       if cnt1<"0101"then
            cnt1:=cnt1+1;
       else
          cnt1:="0000";
          co<='0';
```

```
        end if;
      end if;
    end if;
   sec1<=cnt1;
   sec0<=cnt0;
  end process;
end mian_arc;
```

模块MINA如图6.4.3所示。该模块为六十进制计数器，计时输出为分的数值。当en信号有效且时钟到来时，计数器加1。在sb按下时，en信号有效，计数值以秒的速度增加，从而实现对分钟的设置。

```
library ieee;
use ieee.std_logic_1164.all;
use ieee.std_logic_unsigned.all;
entity mina is
   port(en,clk:in std_logic;
         min1,min0:out std_logic_vector(3 downto 0);
         co:out std_logic);
end mina;
architecture min_arc of mina is
begin
   process(clk)
   variable cnt1,cnt0:std_logic_vector(3 downto 0);
   begin
      if clk'event and clk='1'then
           if en='1'then
               if cnt1="0101"and cnt0="1000"then
                     co<='1';
                     cnt0:="1001";
                 elsif cnt0<"1001"then
                      cnt0:=cnt0+1;
                 else
                      cnt0:="0000";
                      if cnt1<"0101"then
                           cnt1:=cnt1+1;
                      else
                           cnt1:="0000";
                           co<='0';
                      end if;
                 end if;
               end if;
            end if;
            min1<=cnt1;
            min0<=cnt0;
      end process;
end min_arc;
```

模块HOUR如图6.4.4所示。该模块为二十四进制计数器，计时输出为小时的数值。设置功能的原理同MIAN模块。

```
library ieee;
use ieee.std_logic_1164.all;
use ieee.std_logic_unsigned.all;
entity hour is
  port(en,clk:in std_logic;
       h1,h0:out std_logic_vector(3 downto 0));
end hour;
architecture hour_arc of hour is
begin
  process(clk)
  variable cnt1,cnt0:std_logic_vector(3 downto 0);
  begin
    if clk'event and clk='1'then
        if en='1'then
            if cnt0="0011"and cnt1="0010"then
                cnt0:="0000";
                cnt1:="0000";
            elsif cnt0<"1001"then
                cnt0:=cnt0+1;
            else
                cnt0:="0000";
                cnt1:=cnt1+1;
            end if;
        end if;
      end if;
      h1<=cnt1;
      h0<=cnt0;
    end process;
end hour_arc;
```

模块 SST 如图 6.4.5 所示。此模块为整点报时提供控制信号；当处于 59'50"、59'52"、59'54"、59'56"、59'58"时刻时，q500 输出为“1”；秒为 00 时，q1k 输出“1”。这两个信号经过逻辑门实现报时功能。

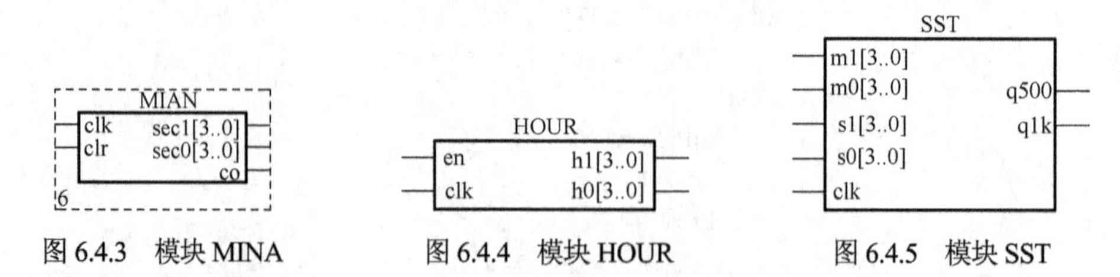

图 6.4.3 模块 MINA　　图 6.4.4 模块 HOUR　　图 6.4.5 模块 SST

```
library ieee;
use ieee.std_logic_1164.all;
entity sst is
  port(m1,m0,s1,s0:in std_logic_vector(3 downto 0);
       clk:in std_logic;
       q500,q1k:out std_logic);
end sst;
architecture sss_arc of sst is
```

```
begin
  process(clk)
  begin
    if clk'event and clk='1'then
          if m1="0101"and m0="1001"and s1="0101"then
             if s0="0000"or s0="0010"or s0="0100"or s0="0110"or s0="1000"then
                                 q500<='1';
             else
                                 q500<='0';
end if;
          end if;
          if m1="0000"and m0="0000"and s1="0000"and s0="0000"then
                                q1k<='1';
          else
                                q1k<='0';
end if;
      end if;
   end process;
end sss_arc;
```

第三步，利用已经存在的常用模块，模块 FEN10 可实现十分频，模块 CCC 可产生 500Hz 和 1kHz 的方波。模块 BBB、SEL、DISP 可构成七段数码管动态扫描显示电路，参见附录 B 相关内容。

第四步，顶层文件的设计与实现，如图 6.4.6 所示。在各个模块设计完成之后，就可以对整个电路系统进行设计，在原理图设计输入方式下，将已经设计好的各模块调入。

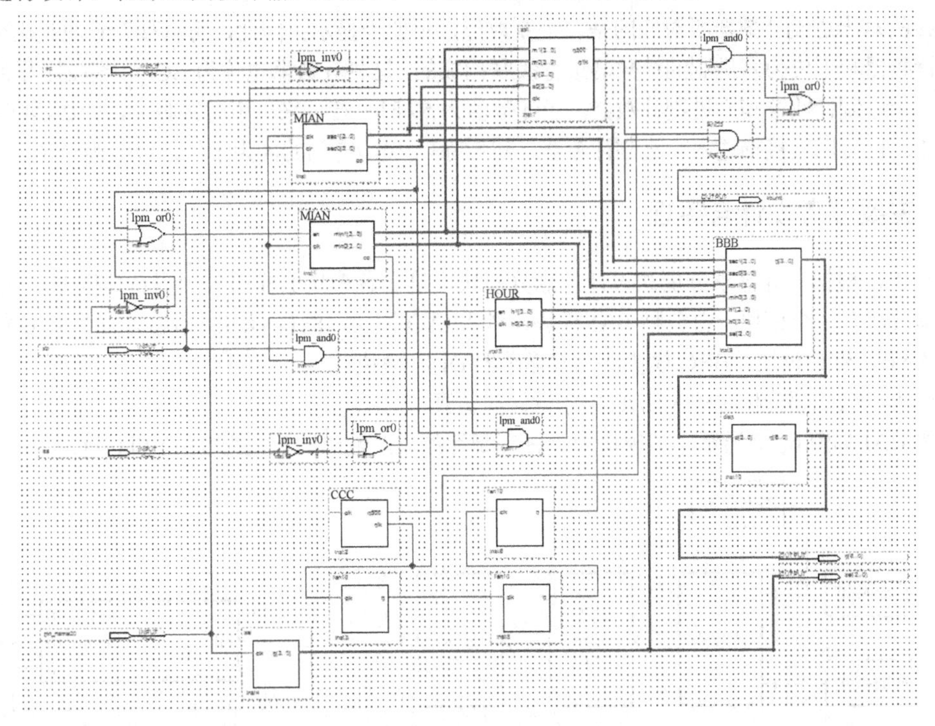

图 6.4.6　顶层设计图

第五步，按照图 6.4.6 进行连接，构成顶层原理图，通过编译后进行仿真、下载实现。

6.5 数字秒表

6.5.1 设计任务和要求

1. 设计任务

设计用于体育比赛的数字秒表。

2. 要求

（1）计时精度为 0.01s。
（2）计时长度即最长计时时间为 24h。
（3）设置启、停开关，用于进行计时操作。

3. 拓展功能

（1）超过计时长度时，有溢出报警。
（2）计时长度可以手动预置，验收时可设定为 10s。
（3）具备两次计时功能，计次键首次按下时显示按键时间，再次按下时显示第二次按键时间。
（4）具备倒计时功能，从 59'99"开始倒计时，到 00'00"停止。

6.5.2 设计原理

直接的六十进制计数器所对应的是二进制数值，不便于显示；因此，可将秒表看成是由个位为十进制的计数器和十位为六进制的计数器进行级联构成的，这种计数器也称为 BCD 计数器；采用 VHDL 分别描述十进制计数器和六进制计数器，当计数值为 59 时，若再来一个时钟脉冲，计数器回到初值 0 重新计数。也可以直接描述六十进制计数器，然后除以 10，得到的商为十位，余数为个位。

6.5.3 主要参考设计与实现

第一步，根据设计需求分层次设计，划分模块，确定各模块的作用，画出总体框图，如图 6.5.1 所示。本设计有 8 个模块：百分秒 BAI 模块，秒 MIAO 模块，消抖 DOU 模块，小时 HOU 模块，控制模块 AAB，SEL 模块，BBC 模块，七段译码器 DISP 模块。

第二步，核心部分模块的 VHDL 程序设计与仿真。

模块 BAI 如图 6.5.2 所示，该模块为一百进制计数器，输出的数值为 0.01s 和 0.1s。

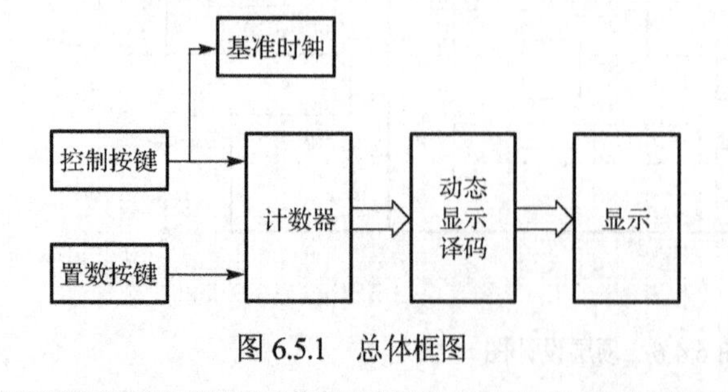

图 6.5.1　总体框图

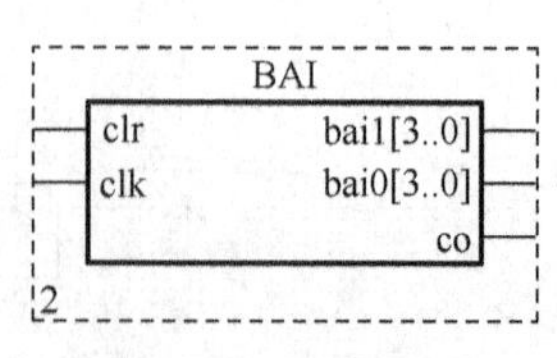

图 6.5.2　模块 BAI

```
library ieee;
```

```
use ieee.std_logic_1164.all;
use ieee.std_logic_unsigned.all;
entity bai is
 port(clr,clk:in std_logic;
      bai1,bai0:out std_logic_vector(3 downto 0);
      co:out std_logic);
end bai;
architecture bai_arc of bai is
begin
 process(clk,clr)
 variable cnt0,cnt1:std_logic_vector(3 downto 0);
 begin
     if clr='0' then
      cnt0:="0000";
      cnt1:="0000";
     elsif clk'event and clk='1' then
      if cnt0="1000"and cnt1="1001"then
           cnt0:="1001";
           co<='1';
           elsif cnt0<"1001"then

           cnt0:=cnt0+1;
      else
           cnt0:="0000";
           if cnt1<"1001"then
                   cnt1:=cnt1+1;
           else
                   cnt1:="0000";
                   co<='0';
      end if;
     end if;
 end if;
 bai1<=cnt1;
 bai0<=cnt0;
 end process;
 end bai_arc;
```

模块 MIAO 如图 6.5.3 所示。该模块为六十进制计数器，用于对秒和分的计数。

```
library ieee;
use ieee.std_logic_1164.all;
use ieee.std_logic_unsigned.all;
entity miao is
   port(clk,clr,en:in std_logic;
        sec1,sec0:out std_logic_vector(3 downto 0);
        co:out std_logic);
end miao;
architecture mian_arc of miao is
begin
```

```
process(clk,clr)
variable cnt1,cnt0:std_logic_vector(3 downto 0);
begin
 if clr='0'then
       cnt1:="0000";
       cnt0:="0000";
 elsif clk'event and clk='1'then
       if en='1'then
            if cnt1="0101"and cnt0="1000"then
               co<='1';
cnt0:="1001";
     elsif cnt0<"1001"then
              cnt0:=cnt0+1;
     else
           cnt0:="0000";
           if cnt1<"0101"then
                 cnt1:=cnt1+1;
           else
                 cnt1:="0000";
                 co<='0';
              end if;
           end if;
       end if;
 end if;
 sec1<=cnt1;
 sec0<=cnt0;
   end process;
end mian_arc;
```

模块HOU如图6.5.4所示。该模块为二十四进制计数器，计数输出为小时的数值。

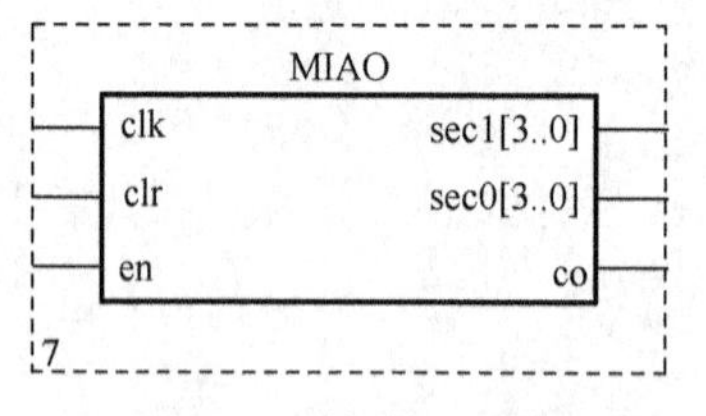

图6.5.3 模块MIAO

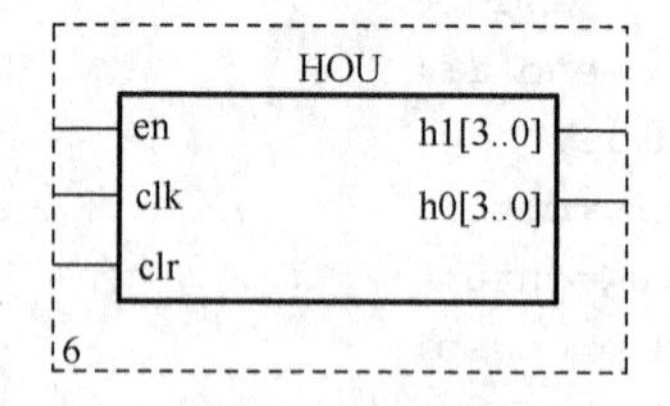

图6.5.4 模块HOU

```
library ieee;
use ieee.std_logic_1164.all;
use ieee.std_logic_unsigned.all;
entity hou is
 port(en,clk,clr:in std_logic;
      h1,h0:out std_logic_vector(3 downto 0));
end hou;
 architecture hour_arc of hou is
 begin
      process(clk)
```

```
        variable cnt1,cnt0:std_logic_vector(3 downto 0);
        begin
        if clr='0'then
        cnt1:="0000";
        cnt0:="0000";
        elsif clk'event and clk='1' then
              if en='1' then
                   if cnt0="0011" and cnt1="0010" then
                   cnt0:="0000";
                   cnt1:="0000";
                   elsif cnt0<"1001" then
                         cnt0:=cnt0+1;
                   else
                   cnt0:="0000";
                   cnt1:=cnt1+1;
                   end if;
              end if;
        end if;
        h1<=cnt1;
        h0<=cnt0;
    end process;
   end hour_arc;
```

控制模块 AAB 如图 6.5.5 所示。秒表的启停是通过控制模块送给计数器的时钟来实现的，当按下启停键后，信号 q 的状态发生反转。q 为 1 时，时钟可通过与门，秒表计时；q 为 0 时，时钟被屏蔽，计数器得不到时钟，停止计数。

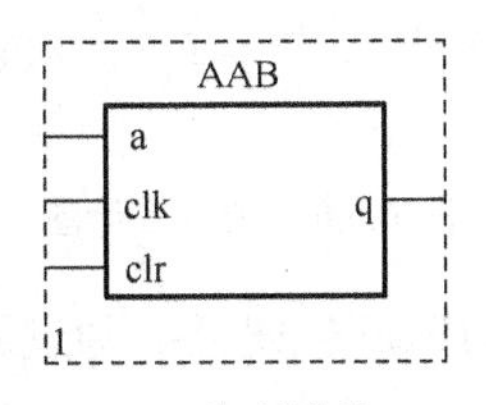

图 6.5.5　控制模块 AAB

```
   library ieee;
   use ieee.std_logic_1164.all;
   entity aab is
   port(a,clk,clr:in std_logic;
        q:out std_logic);
   end aab;
   architecture aaa_arc of aab is
   begin
    process(clk)
    variable tmp:std_logic;
    begin
        if clr='0' then
        tmp:='0';
    elsif clk'event and clk='1' then
```

```
            if a='1' then
                tmp:=not tmp;
            end if;
        end if;
        q<=tmp;
        end process;
    end aaa_arc;
```

模块 SEL、DISP 构成七段数码管动态扫描显示电路，参见附录 B 相关内容。

第三步，利用已经存在的常用模块，DOU 为同步消抖模块，参见附录 B 相关内容。

第四步，顶层文件的设计与实现，如图 6.5.6 所示。在各个模块设计完成之后，就可以对整个电路系统进行设计，在原理图设计输入方式下，将已经设计好的各模块调入。

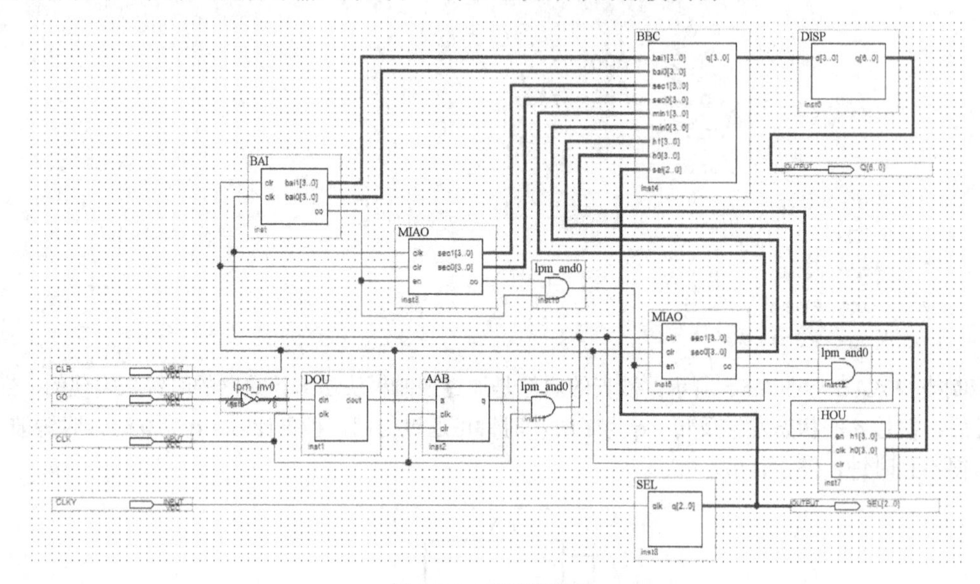

图 6.5.6 项层设计图

第五步，按照图 6.5.6 进行连接，构成顶层原理图，通过编译后进行仿真、下载实现。

6.6 出租车计费器

6.6.1 设计任务和要求

1. 设计任务

设计一个出租车计费器。

2. 要求

（1）计费标准：按行驶里程计费，起步价为 7.00 元，并在车行 3km 后按 2.20 元/km 计费，当计费器达到或超过 20 元时，每千米加收 50%的车费，车停止不计费。

（2）现场模拟功能：能模拟汽车启动、停止、暂停及加速等状态。

（3）设计动态扫描电路，将车费和路程显示出来，各有两位小数。

3．拓展功能

（1）真实的出租车计费器信号，是用每跑过一段距离便发出一个脉冲的方法来表示行程的。请设计一个脉冲频率可调的信号源，给计费器提供模拟行程信号。

（2）增加待时计费功能。低速模拟，超过 3min 计费。

6.6.2　设计原理

系统接收到 reset 信号后，总费用变为 3 元，同时其他计数器、寄存器等全部清零。

系统接收到 start 信号后，首先把部分寄存器赋值，总费用不变，单价 price 寄存器通过对总费用的判断后赋为 2 元。其他寄存器和计数器等继续保持为 0。

速度模块：通过对速度信号 sp 的判断，决定变量 kinside 的值。kinside 即是行进 100m 所需要的时钟周期数，然后每行进 100m，则产生一个脉冲 clkout。

计程模块：由于一个 clkout 信号代表行进 100m，故通过对 clkout 计数，可以获得共行进的距离 kmcount。

计时模块：在汽车启动后，当遇到顾客等人或红灯时，出租车采用计时收费的方式。通过对速度信号 sp 的判断决定是否开始记录时间。当 sp=0 时，开始记录时间。当时间达到足够长时，产生 timecount 脉冲，并重新计时。一个 timecount 脉冲相当于等待的时间达到了时间计费的长度。这里选择系统时钟频率为 500Hz，20s 即计数值为 1000。

计费模块由两个进程组成。其中，一个进程根据条件对 enable 和 price 赋值：当记录的距离达到 3km 后 enable 变为 1，开始进行每千米收费，当总费用大于 40 元后，则单价 price 由原来的 2 元每千米变成 4 元每千米；第二个进程在每个时钟周期判断 timeout 和 clkout 的值。当其为 1 时，则在总费用中加上相应的费用。

6.6.3　主要参考设计与实现

第一步，根据设计需求分层次设计，划分模块，确定各模块的作用，画出总体框图，如图 6.6.1 所示。

第二步，核心部分模块的 VHDL 程序设计与仿真，整个系统分为速度模块、计程模块和计费模块。计费模块 JIFEI 如图 6.6.2 所示。

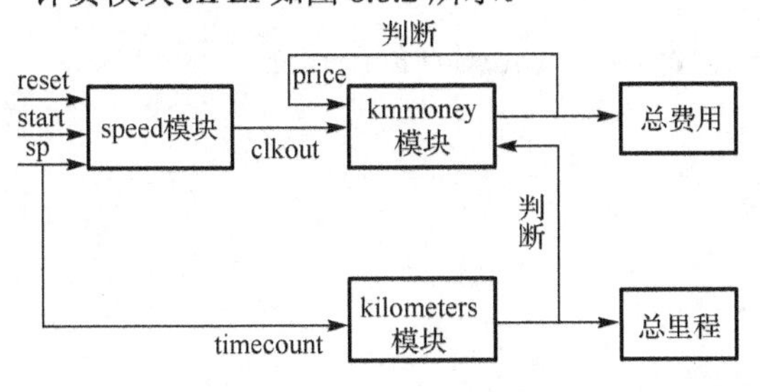

图 6.6.1　出租车计费器系统结构图

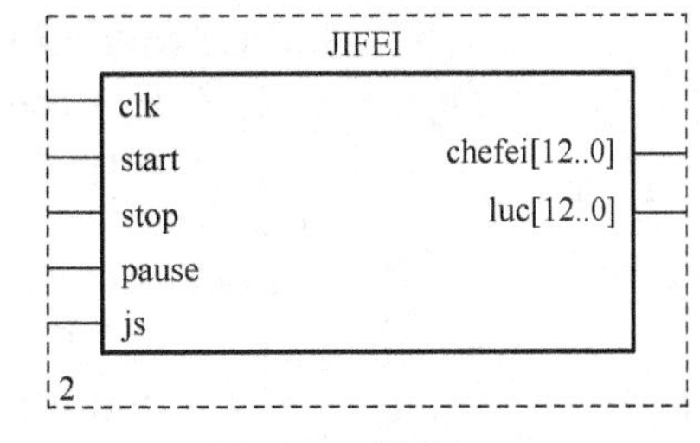

图 6.6.2　模块 JIFEI

输入端口 start、stop、pause、js 分别为汽车启动、停止、暂停、加速按键，模块按照计费标准实现计费功能。输出 chefei 和 luc 分别代表车费和路程，当车处于行驶状态时，自动记录下路程与车费状况。

```
library ieee;
use ieee.std_logic_1164.all;
use ieee.std_logic_unsigned.all;
entity jifei is
    port(clk,start,stop,pause,js:in std_logic;
        chefei,luc:out integer range 0 to 8000);
```

```
end jifei;
architecture rtl of jifei is
begin
   process(clk,start,stop,pause,js)
   variable a,b:std_logic;
   variable aa:integer range 0 to 100;
   variable chf,lc:integer range 0 to 8000;
   variable num:integer range 0 to 9;
   begin
      if(clk'event and clk='1') then
            if(stop='0') then
                  chf:=0;
                  num:=0;
                  b:='1';
                  aa:=0;
                  lc:=0;
            elsif(start='0') then
                  b:='0';
                  chf:=700;
                  lc:=0;
            elsif(start='1' and js='1' and pause='1') then
                  if (b='0') then
                          num:=num+1;
                  end if;
                  if (num=9) then
                         lc:=lc+5;
                         num:=0;
                         aa:=aa+5;
                  end if;
            elsif(start='1' and js='0' and pause='1') then
                  lc:=lc+1;
                  aa:=aa+1;
            end if;
            if(aa>=100) then
                   a:='1';
                   aa:=0;
            else
                  a:='0';
            end if;
            if(lc<300) then
                  null;
            elsif(chf<2000 and a='1') then
                  chf:=chf+220;
            elsif(chf>=2000 and a='1') then
                  chf:=chf+330;
            end if;
         end if;
```

```
        chefei<=chf;
        luc<=lc;
    end process;
end rtl;
```

计程模块 X 如图 6.6.3 所示。该模块把车费和路程转换为 4 位十进制数，daclk 的频率要比 clk 快得多。

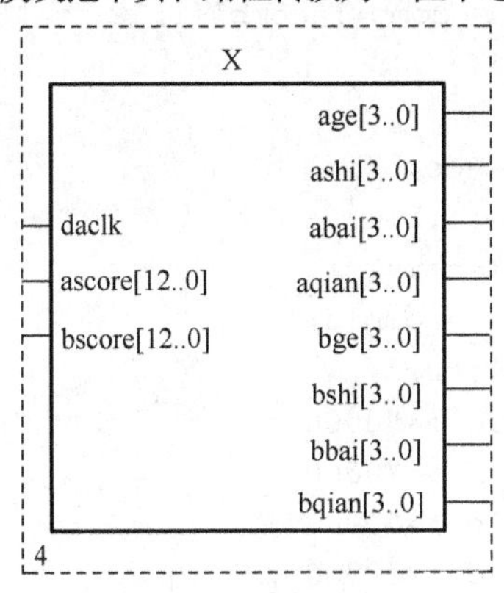

图 6.6.3　计程模块 X

```
library ieee;
use ieee.std_logic_1164.all;
use ieee.std_logic_unsigned.all;
entity x is
   port(daclk:in std_logic;
        ascore,bscore: in integer range 0 to 8000;
        age,ashi,abai,aqian,bge,bshi,bbai,bqian:out std_logic_vector(3
        downto 0));
end x;
architecture rtl of x is
begin
   process(daclk,ascore)
   variable comb1:integer range 0 to 8000;
   variable comb1a,comb1b,comb1c,comb1d:std_logic_vector(3 downto 0);
   begin
      if(daclk'event and daclk='1') then
         if(comb1<ascore) then
            if(comb1a=9 and comb1b=9 and comb1c=9) then
                comb1a:="0000";
                comb1b:="0000";
                comb1c:="0000";
                comb1d:=comb1d+1;
                comb1:=comb1+1;
            elsif(comb1a=9 and comb1b=9) then
                comb1a:="0000";
                comb1b:="0000";
                comb1:=comb1+1;
                comb1c:=comb1c+1;
            elsif(comb1a=9) then
```

```
                        comb1a:="0000";
                        comb1b:=comb1b+1;
                        comb1:=comb1+1;
                else
                        comb1a:=comb1a+1;
                        comb1:=comb1+1;
                end if;
            else
                ashi<=comb1b;
                age<=comb1a;
                abai<=comb1c;
                aqian<=comb1d;
                comb1:=0;
                comb1a :="0000";
                comb1b :="0000";
                comb1c :="0000";
                comb1d :="0000";
            end if;
        end if;
    end process;
    process(daclk,bscore)
    variable comb2:integer range 0 to 8000;
    variable comb2a,comb2b,comb2c,comb2d:std_logic_vector(3 downto 0);
    begin
       if(daclk'event and daclk='1') then
            if (comb2<bscore) then
                 if(comb2a=9 and comb2b=9 and comb2c=9) then
                      comb2a:="0000";
                      comb2b:="0000";
                      comb2c:="0000";
                      comb2d:=comb2d+1;
                      comb2:=comb2+1;
                 elsif(comb2a=9 and comb2b=9) then
                      comb2a:="0000";
                      comb2b:="0000";
                      comb2:=comb2+1;
                      comb2c:=comb2c+1;
                 elsif(comb2a =9) then
                      comb2a:="0000";
                      comb2b:=comb2b+1;
                      comb2:=comb2+1;
                 else
                      comb2a:=comb2a+1;
                      comb2:=comb2+1;
                 end if;
            else
                 bshi<=comb2b;
```

```
                    bge<=comb2a;
                    bbai<=comb2c;
                    bqian<=comb2d;
                    comb2:=0;
                    comb2a:="0000";
                    comb2b:="0000";
                    comb2c:="0000";
                    comb2d:="0000";
               end if;
          end if;
     end process;
end rt1;
```

第三步，利用已经存在的常用模块，模块 XXX1、SE 计数器、DI 七段译码器构成七段数码管动态扫描显示电路，参见附录 B 相关内容。

第四步，顶层文件的设计与实现，如图 6.6.4 所示。在各个模块设计完成之后，就可以对整个电路系统进行设计，在原理图设计输入方式下，将已经设计好的各模块调入。

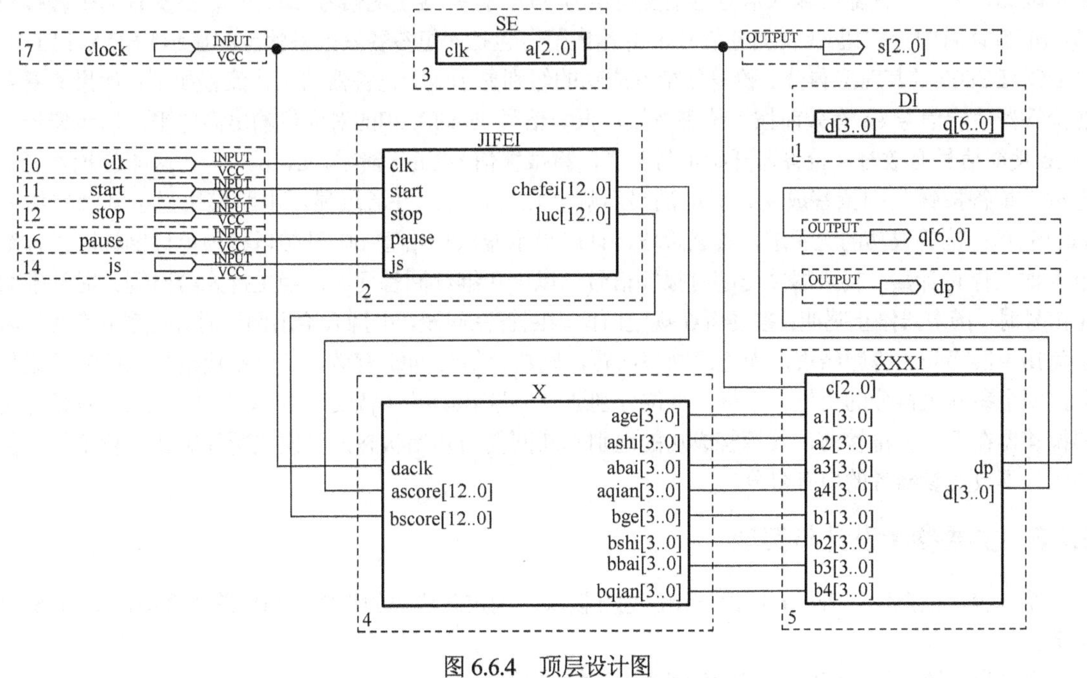

图 6.6.4　顶层设计图

第五步，按照图 6.6.4 进行连接，构成顶层原理图，通过编译后进行仿真、下载实现。

6.7　智力竞赛抢答计时器

6.7.1　设计任务和要求

1. 设计任务

设计一个 4 人参加的智力竞赛抢答计时器。

2. 要求

（1）当任一参赛者首先按下抢答开关时，相应显示灯亮并伴有声响，此时其他选手抢答无效。

（2）具备回答问题超时提醒功能，要求回答问题时间小于等于 100s（显示为 0～99），以倒计时方式显示。当达到限定时间时，发出声响以示警告。

3. 拓展功能

（1）增加一个抢答开始指示灯，该灯未亮之前，抢答无效，并扣掉 1 分。

（2）比赛开始前，每位选手给出 10 分基本分，并在此基础上加减分。

（3）LED 显示。

6.7.2 设计原理

根据系统设计要求可知，系统由 4 个主要的电路模块组成，分别为第一判断电路、倒计时电路、计分电路和显示电路。其中，第一判断电路主要完成最快抢答者的判断功能；倒计时电路对第一抢答者进行 100s 倒计时；计分电路存储每组竞赛者的分数；显示电路则显示抢答器的状态和各组的分数。因此，电子抢答器的输入信号包括复位信号 clr、抢答器使能信号 en、4 组参赛者的抢答按钮 a/b/c/d、倒计时中止按钮 rst 及加分信号 add；输出信号包括 4 组参赛者抢答状态的显示 LEDA、LEDB、LEDC、LEDD 及其对应得分、抢答器抢答成功的组别显示等。抢答器的工作流程如下：如果参赛者在抢答器使能信号 en 有效前按下抢答按钮，报警信号 false[3...0]的对应位输出高电平，以示警告；当 en 使能信号有效时，抢答器开始正常工作，将报警信号 false 清零，a、b、c、d 这 4 位抢答者谁先按下抢答按钮，则抢答成功，对应的显示灯 LED 亮起，并通过显示电路模块显示其参赛编号 dotu[6...0]；抢答成功的选手进入答题阶段，计时显示器从初始值 30 开始以秒为单位倒计时，计数至 0 时，停止计数，扬声器发出超时报警信号，以中止继续回答问题；当主持人给出倒计时计数禁止信号时，扬声器停止鸣叫；参赛者在规定时间内回答完问题，主持人给出倒计时计数禁止信号 rst，以免扬声器鸣叫。答题结束，如正确回答问题，则加分信号 add 有效，计分模块给相应的参赛组加分，每个参赛组得分的个位、十位、百位分别通过信号 dotu[6...0]显示。如果复位信号 clr 有效，使得抢答器在下一轮抢答前，其抢答成功的组别判断回复为初始状态，以便重新开始新一轮抢答。复位信号不改变参赛者的现有得分。

6.7.3 主要参考设计与实现

第一步，根据设计需求分层次设计，划分模块，确定各模块的作用，画出总体框图，如图 6.7.1 所示。

第二步，核心部分模块的 VHDL 程序设计与仿真。

模块 FENG 如图 6.7.2 所示。此模块在任一个选手按下按键后，输出高电平给锁存器，锁存当时的按键状态，同时对其余选手的请求不做响应，只有在主持人按下按键复位后才可以开始新一轮抢答。由于没有时钟同步，所以锁存的延时时间只是硬件延时时间，从而出现锁存错误的概率接近零。

```
library ieee;
use ieee.std_logic_1164.all;
entity feng is
     port(cp,clr:in std_logic;
          q:out std_logic);
```

```
end feng;
architecture feng_arc of feng is
begin
process(cp,clr)
      begin
         if clr='0' then
               q<='0';
         elsif cp'event and cp='0' then
               q<='1';
         end if;
   end process;
end feng_arc;
```

模块 LOCKB 如图 6.7.3 所示。它是锁存器模块，在任一选手按下按键后，锁存的同时送出 alm 信号，实现声音提示。

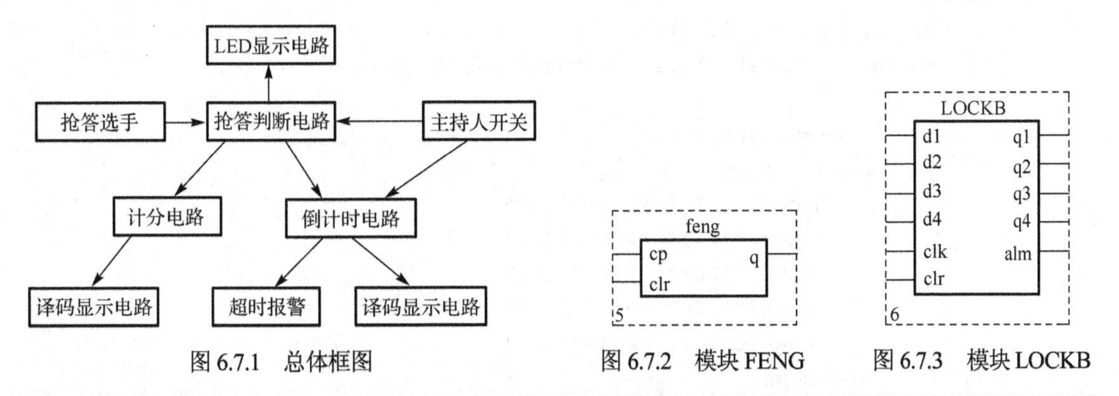

图 6.7.1　总体框图　　图 6.7.2　模块 FENG　　图 6.7.3　模块 LOCKB

```
library ieee;
use ieee.std_logic_1164.all;
entity lockb is
     port(d1,d2,d3,d4:in std_logic;
          clk,clr:in std_logic;
          q1,q2,q3,q4,alm:out std_logic);
end lockb;
architecture lock_arc of lockb is
begin
process(clk)
        begin
           if clr='0' then
                 q1<='0';
                 q2<='0';
                 q3<='0';
                 q4<='0';
                 alm<='0';
            elsif clk'event and clk='1' then
                 q1<=d1;
                 q2<=d2;
                 q3<=d3;
```

```
                    q4<=d4;
                    alm<='1';
    end if;
          end process;
      end lock_arc;
```

模块 CH41A 如图 6.7.4 所示。它将抢答的结果转换为二进制数。

```
    library ieee;
    use ieee.std_logic_1164.all;
    entity ch41a is
           port(d1,d2,d3,d4:in std_logic;
                 Q:out std_logic_vector(3 downto 0));
    end ch41a;
    architecture ch41_arc of ch41a is
    begin
        process(d1,d2,d3,d4)
        variable tmp:std_logic_vector(3 downto 0);
    begin
             tmp:=d1&d2&d3&d4;
             case tmp is
                  when "0111" =>q<="0001";
                  when "1011" =>q<="0010";
                  when "1101" =>q<="0011";
                  when "1110" =>q<="0100";
                  when others =>q<="1111";
             end case;
       end process;
    end ch41_arc;
```

模块 COUNT 如图 6.7.5 所示。实现答题时间的倒计时，在计满 100s 后送出声音提示。

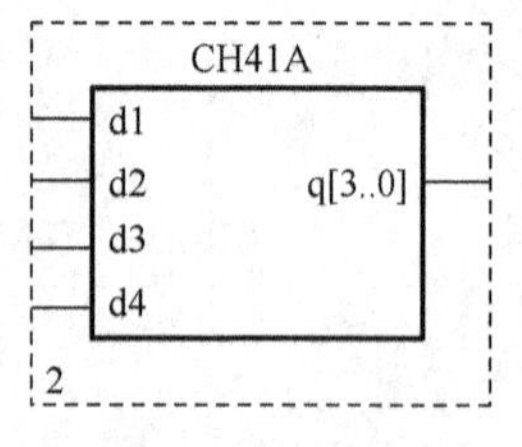

图 6.7.4 模块 CH41A

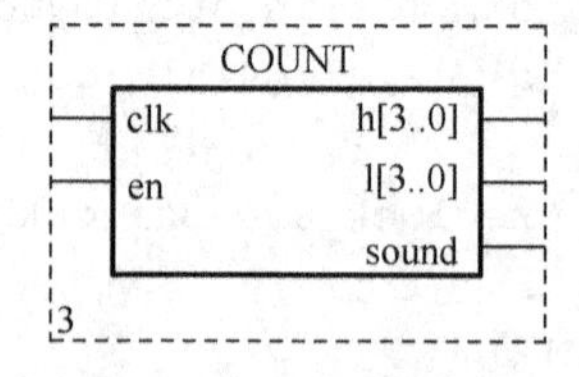

图 6.7.5 模块 COUNT

```
    library ieee;
    use ieee.std_logic_1164.all;
    use ieee.std_logic_unsigned.all;
    entity count is
          port(clk,en:in std_logic;
                 h,l:out std_logic_vector(3 downto 0);
     sound:out std_logic);
    end count;
    architecture count_arc of count is
    begin
```

```
        process(clk,en)
        variable hh,ll:std_logic_vector(3 downto 0);
        begin
           if clk'event and clk='1' then
                 if en='1' then
                      if ll=0 and hh=0 then    --计时完成
                                sound<='1';
                      elsif ll=0 then
                                ll:="1001";
                                hh:=hh-1;
                      else
                                ll:=ll-1;
                      end if;
                 else                                    --主持人按下开关后
                      sound<='0';
                      hh:="1001";
                      ll:="1001";
                 end if;
           end if;
           h<=hh;
           l<=ll;
        end process;
    end count_arc;
```

第三步，利用已经存在的常用模块，CH31A、SEL、DISP 构成七段数码管动态扫描显示电路，参见附录 B 相关内容。

第四步，顶层文件的设计与实现，如图 6.7.6 所示。在各个模块设计完成之后，就可以对整个电路系统进行设计，在原理图设计输入方式下，将已经设计好的各模块调入。

第五步，按照图 6.7.6 进行连接，构成顶层原理图，通过编译后进行仿真、下载实现。

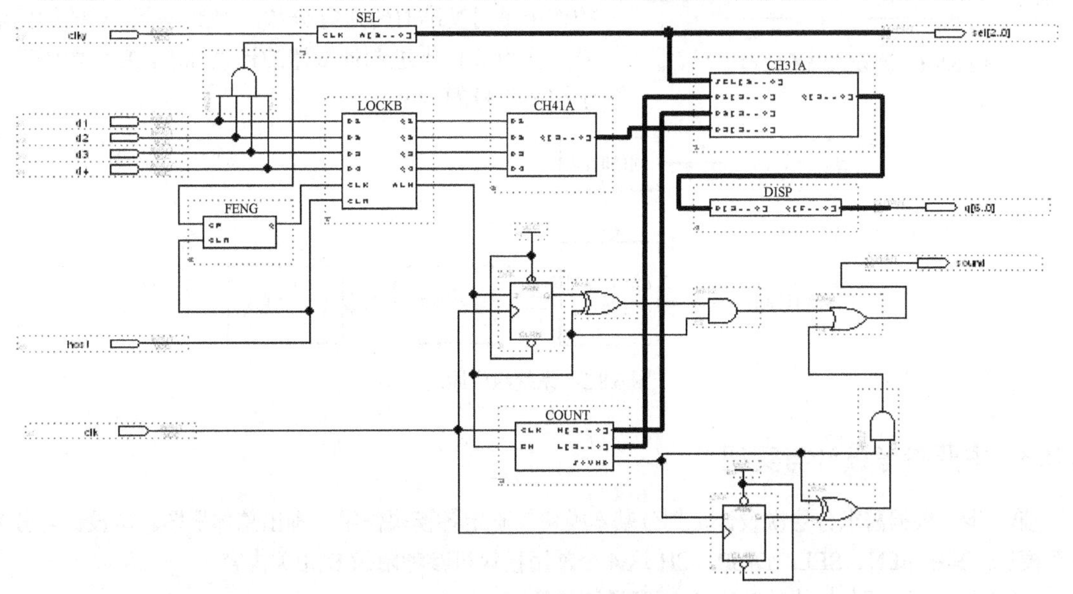

图 6.7.6　顶层设计图

6.8 数字频率计

6.8.1 设计任务和要求

1. 设计任务

设计一个简易数字频率计。

2. 要求

（1）信号类型：方波。

（2）信号频率：0～999MHz。

（3）量程分为4挡：一挡0～9999Hz，二挡10～99.99kHz，三挡100.0～999.9kHz，四挡1.000～999MHz，测量结果以6位十进制数显示，根据测量结果自动选择量程并显示。

3. 拓展功能

（1）将示例程序中挡位数的数据，改成显示被测频率指数位数值的形式显示。

（2）用发光二极管指示当前量程。

（3）测量信号为方波、正弦波。

6.8.2 设计原理

测频法的测量原理如图6.8.1所示，在确定的闸门时间T_W内，记录被测信号的变化周期数或脉冲个数N_X，则被测信号的频率为$F_X=N_X/T_W$，通常闸门时间T_W为1s。

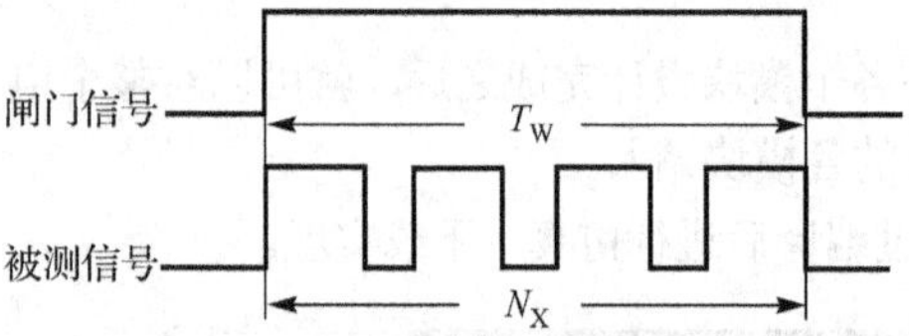

图6.8.1 测频法测量原理

系统组成原理如图6.8.2所示，输入信号为20MHz的基准时钟和1Hz～40MHz的被测时钟，闸门时间模块的作用是对基准时钟进行分频，得到一个1s的闸门信号，作为8位十进制计数器的计数标志，8位数码管显示被测信号的频率。

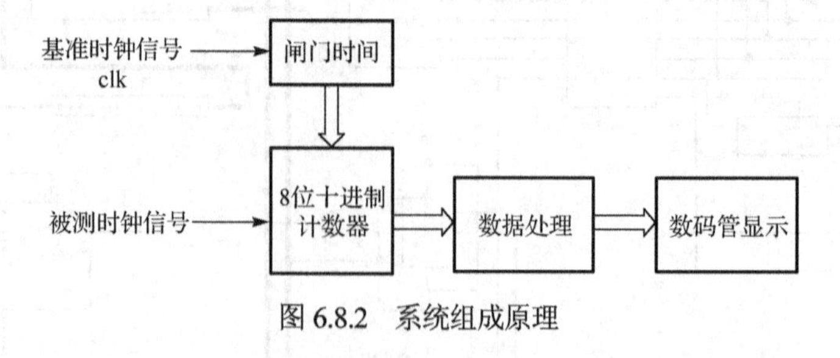

图6.8.2 系统组成原理

6.8.3 主要参考设计与实现

第一步，根据需求分层次设计，划分基本模块，确定各模块作用，画出总体框图。本设计可分为6个模块，其中FEN、SEL、DISP、CH这4个常用模块可参考附录B相关内容。

第二步，核心部分模块的VHDL程序设计与仿真。

模块 CORNA 如图 6.8.3 所示，在 1s 的时间里对被测信号计数，并通过选择输出数据实现自动换挡的功能。

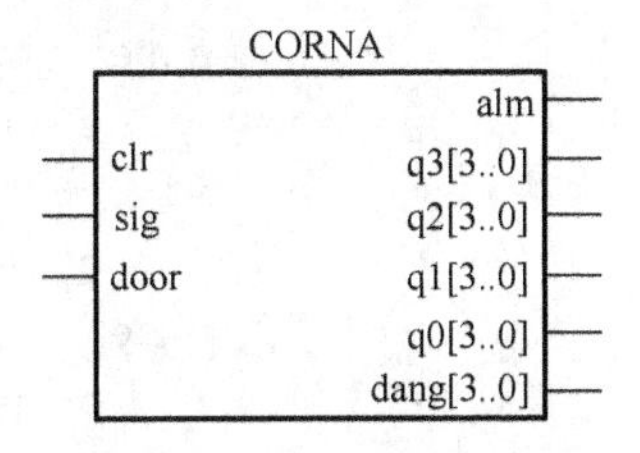

图 6.8.3　模块 CORNA

```
library ieee;
use ieee.std_logic_1164.all;
use ieee.std_logic_unsigned.all;
entity corna is
port(clr,sig,door : in std_logic;
     alm : out std_logic;
     q3,q2,q1,q0,dang : out std_logic_vector(3 downto 0));
end corna;

architecture corn_arc of corna is
begin
 process (door,sig)
 variable c0,c1,c2,c3,c4,c5,c6: std_logic_vector (3 downto 0);
 variable x:std_logic;
 begin
     if sig'event and sig='1' then
            if door='1' then
                  if   c0<"1001"then
                        c0:=c0+1;
                  else
                        c0:="0000";
                        if c1<"1001" then
                             c1:=c1+1;
                        else
                              c1:="0000";
                              if c2<"1001" then
                                  c2:=c2+1;
                              else
                                  c2:="0000";
                                  if  c3<"1001" then
                                       c3:=c3+1;
                                  else
                                       c3:="0000";
                                       if  c4<"1001" then
                                            c4:=c4+1;
                                       else
```

```
                                        c4:="0000";
                                        if  c5<"1001" then
                                            c5:=c5+1;
                                        else
                                            c5:="0000";
                                        if  c6<"1001" then
                                            c6:=c6+1;
                                        else
                                            c6:="0000";
                                            alm<='1';
                                  end if;
                              end if;
                          end if;
                    end if;
              end if;
      end if;
      end if;
      else
       if clr = '0' then
          alm <= '0';
       end if;
       c6:="0000";
       c5:="0000";
       c4:="0000";
       c3:="0000";
       c2:="0000";
       c1:="0000";
       c0:="0000";
      end if;
      if c6/="0000" then
       q3<=c6;
       q2<=c5;
       q1<=c4;
       q0<=c3;
       dang<="0100";
      elsif c5/="0000" then
       q3<=c5;
       q2<=c4;
       q1<=c3;
       q0<=c2;
       dang<="0011";
      elsif c4/="0000" then
       q3<=c4;
       q2<=c3;
       q1<=c2;
       q0<=c1;
       dang<="0010";
```

```
else
 q3<=c3;
 q2<=c2;
 q1<=c1;
 q0<=c0;
 dang<="0001";
 end if;
end if;
end process;
end corn_arc;
```

模块 LOCK 如图 6.8.4 所示。该模块实现锁存器的功能，在信号 l 的下降沿到来时，信号 a4、a3、a2、a1 锁存。

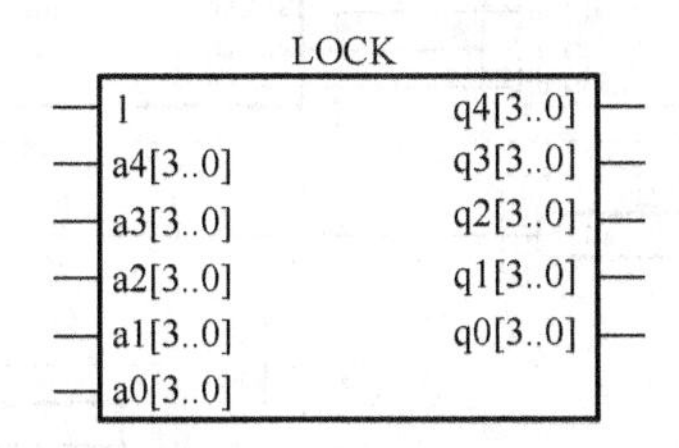

图 6.8.4　模块 LOCK

```
library ieee;
use ieee.std_logic_1164.all;
entity lock is
port (l: in std_logic;
      a4,a3,a2,a1,a0:in std_logic_vector(3 downto 0);
      q4,q3,q2,q1,q0:out std_logic_vector(3 downto 0));
end lock;
architecture lock_arc of lock is
begin
process(l)
variable t4,t3,t2,t1,t0:std_logic_vector(3 downto 0);
begin
 if l'event and l='0' then
        t4:=a4;
        t3:=a3;
        t2:=a2;
        t1:=a1;
        t0:=a0;
 end if;
 q4<=t4;
 q3<=t3;
 q2<=t2;
 q1<=t1;
 q0<=t0;
   end process;
end lock_arc;
```

第三步，利用已经存在的常用模块，模块 FEN 的功能是将时钟分频得到 0.5Hz 时钟，为模块 CORNA 提供 1s 的闸门时间。模块 CH、SEL、DISP 构成七段数码管动态扫描显示电路，参见附录 B 相关内容。

第四步，顶层文件的设计与实现，如图 6.8.5 所示。在各个模块设计完成之后，就可以对整个电路系统进行设计，在原理图设计输入方式下，将已经设计好的各模块调入。

第五步，按照图 6.8.5 进行连接构成顶层原理图，通过编译后进行仿真、下载实现。

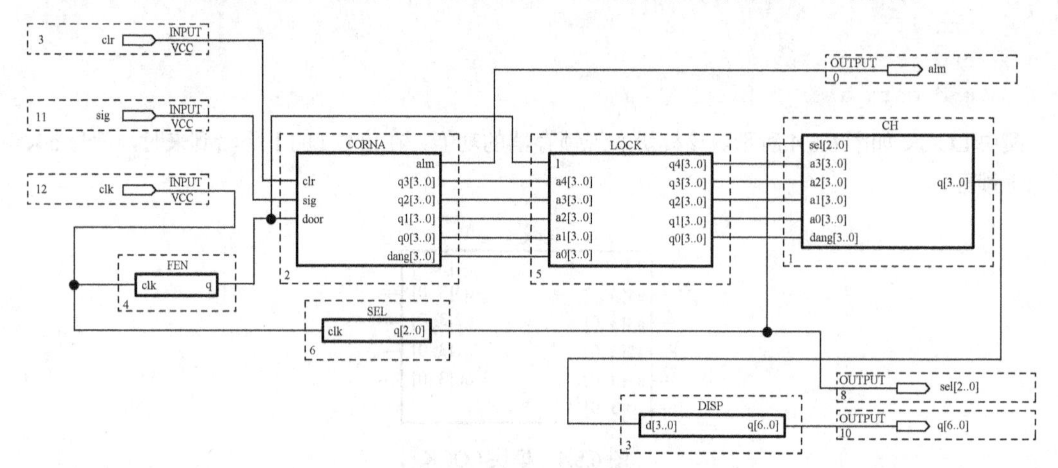

图 6.8.5 系统顶层设计图

6.9 函数发生器

6.9.1 设计任务和要求

1. 设计任务

设计函数发生器。

2. 要求

函数发生器能够产生递增斜波、递减斜波、方波、三角波、正弦波及阶梯波，可通过开关选择输出的波形。

3. 拓展功能

（1）输出信号极性可以反转；

（2）输出可以叠加直流电平。

6.9.2 设计原理

FPGA 实现的主要功能是：（1）保存频率控制字，并构成相位累加器，用相位累加器输出信号产生波形；（2）用内部存储模块构成存放正弦波数据的 ROM 数据表。本系统可实现固定波形和任意波形的输出。DDS 模块由一个 24 位加法器和一个相位寄存器构成，加法器以频率控制字 K 作为步长进行加法运算，加满时清零，重新进行计算。相位累加器的高 10 位作为地址进行 ROM 表查询，本设计的 ROM 表中存储正弦数据，用于生成正弦波形，ROM 表中也可存储其他波形数据，生成任意波形。

整个设计有一个顶层模块设计，按照功能要求划分为三个模块，即频率计算模块、DDS 控制模块和 D/A 转换模块。函数信号发生器的波形产生及调频功能，是由 DDS 模块控制的，通过加法器及相位寄存器构成的相位累加器和 ROM 数据表实现。

6.9.3 主要参考设计与实现

第一步，根据设计需求分层次设计，划分模块，确定各模块的作用，画出总体框图，如图 6.9.1 所示。

第二步，核心部分模块的 VHDL 程序设计与仿真。

1. 频率寄存器模块设计

该模块主要功能是锁存频率控制字，在 clk 信号上升沿到来时刻，锁存 24 位频率控制字，将频率控制字送入 24 位相位累加器模块，进行相位累加，实现频率合成，确定输出波形频率。该模块的结构框图如图 6.9.2 所示。

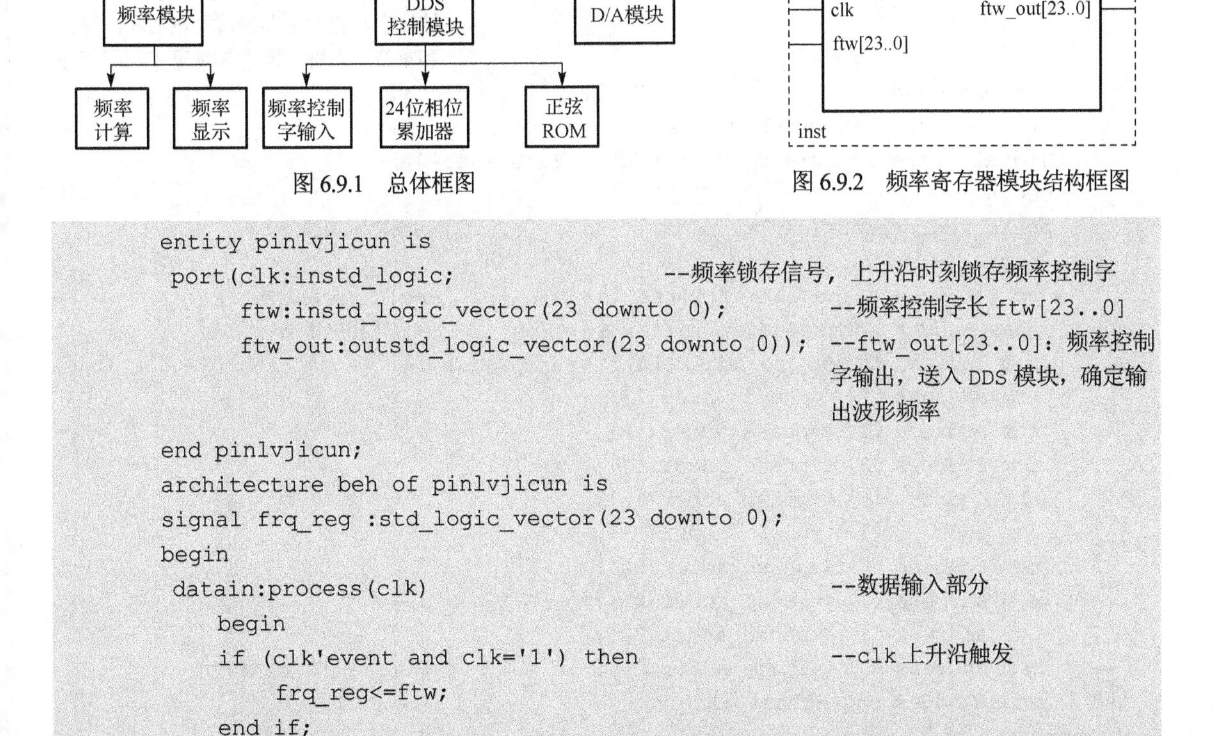

图 6.9.1　总体框图

图 6.9.2　频率寄存器模块结构框图

```
entity pinlvjicun is
 port(clk:instd_logic;                        --频率锁存信号，上升沿时刻锁存频率控制字
      ftw:instd_logic_vector(23 downto 0);             --频率控制字长 ftw[23..0]
      ftw_out:outstd_logic_vector(23 downto 0));  --ftw_out[23..0]：频率控制
                                                   字输出，送入 DDS 模块，确定输
                                                   出波形频率
end pinlvjicun;
architecture beh of pinlvjicun is
signal frq_reg :std_logic_vector(23 downto 0);
begin
 datain:process(clk)                               --数据输入部分
    begin
    if (clk'event and clk='1') then                --clk 上升沿触发
        frq_reg<=ftw;
    end if;
 ftw_out<=frq_reg;
 end process;
endbeh;
```

2. 相位累加器模块设计

该模块的主要功能是实现相位累加，每次系统时钟上升沿到来时，相位累加器（24 位）中的值以

频率控制字为步长进行累加，再用累加器的高 10 位作为地址进行 ROM 查表，查到的数据即为波形对应的幅值。该模块的结构框图如图 6.9.3 所示。

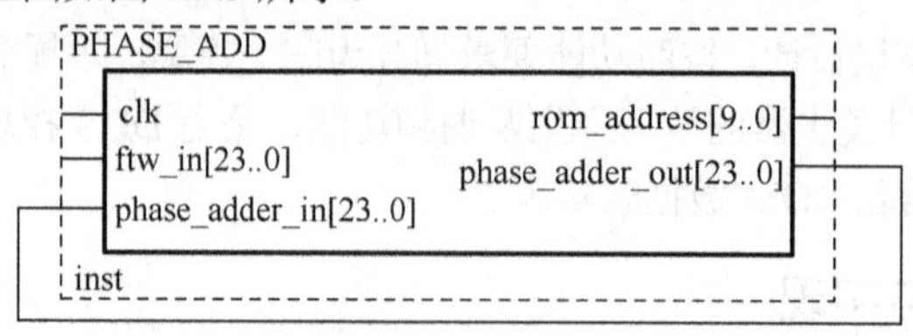

图 6.9.3 24 位相位累加器模块结构框图

```
entity phase_add is
port(clk:instd_logic;                                   --系统时钟信号，频率为 50MHz
      ftw_in:instd_logic_vector(23 downto 0);           --ftw_in[23..0]：24 位频率控制字
phase_adder_in:instd_logic_vector(23 downto 0);
                                                        --phase_adder_in[23..0]：相位
                                                        寄存器值，即保存的累加值
 rom_address:outstd_logic_vector(9 downto 0);           --频率控制字与相位寄存器值的累加和
                                                        的高 10 位，作为查表地址输出到 ROM
                                                        模块
 phase_adder_out:outstd_logic_vector(23 downto 0));
                                                        --phase_adder_out[23..0]：频率
                                                        控制字与相位寄存器值的累加和，累加
                                                        和重新送入寄存器中与频率控制字相加
end phase_add;
architecture beh of phase_add is
signal phase_adder:std_logic_vector(23 downto 0);
begin
phase_add:process(clk)                                  --相位累加部分
 begin
 if (clk'event and clk='1') then                        --clk 上升沿触发
 phase_adder<=phase_adder_in+ftw_in;                    --进行相位累加
 rom_address(0)<=phase_adder(14);
 rom_address (1) <=phase_adder(15);
 rom_address (2) <=phase_adder(16);
 rom_address (3) <=phase_adder(17);
 rom_address (4) <=phase_adder(18);
 rom_address (5) <=phase_adder(19);
 rom_address (6) <=phase_adder(20);
 rom_address (7) <=phase_adder(21);
 rom_address (8) <=phase_adder(22);
 rom_address (9) <=phase_adder(23);                     --高 10 位作为 ROM 地址
 phase_adder_out<=phase_adder;
 end if;
end process;
endbeh;
```

3. ROM 查找模块设计

（1）波形 ROM 建立。波形产生一律采用查找表方法实现，在波形 ROM 表中所存的数据是每一个相位所对应的无符号十进制幅值。根据设计，截取相位累加器的高 10 位作为 ROM 寻址的位数。

这里以正弦波为例。在使用 Quartus II 进行开发时，正弦波形存储器可以调用 LPM_ROM 模块来实现。为了对 ROM 模块内的数据进行加载，首先建立相应的*.mif（Memory Initial File）文件。它可以用 C 语言（或者 MATLAB）编写源程序，描述正弦方程式，然后生成.mif。为了保证不失真地输出波形，设计时可将一个周期的正弦波离散成 1024 个相位/幅值点。以下是产生正弦波形数据的 C 语言源程序代码：

```
#include<stdio.h>
#include"math.h"
void main()
{  int s;  inti;
FILE*fp;
fp=fopen("1024.mif","w+");                //建立一个新文件 1024.mif,允许写
fprintf(fp,"--MAX+plus II-generated Memory Initialization File\n");
fprintf(fp,"--By 00022809\n\n\n\n\n");
fprintf(fp,"WIDTH=8;\n\n");
fprintf(fp,"DEPTH=1024;\n\n");
fprintf(fp,"ADDRESS_RADIX=HEX;\n\n");
fprintf(fp,"DATA_RADIX=HEX;\n\n");
fprintf(fp,"CONTENT BEGIN\n");
for(i=0;i<1024;i++)
{s=128+sin(atan(1.0)*8/1024*i)*127;fprintf(fp,"%x\t;\t%x;\n",i,s);}
fprintf(fp,"END;\n");
fclose(fp);
}
```

生成.mif 文件：打开 VC++ 6.0，建立一个新工程，输入上述代码，进行编译、组建、调试，生成.mif 文件。正弦波 ROM 模块的生成：打开 Quartus II，单击 Tools→MegaWizard Plug-In Manager，如图 6.9.4 所示。

单击 Next 按钮。ROM 中存储 0～2π 的数据，且输出幅度值最高位由相位累加器最高位决定，考虑到与 D/A 模块的衔接，此处 ROM 存储的数据宽度选择 8 位即可满足要求，并设寻址深度为 1024，输入和输出采用双时钟脉冲。

在 ROM 生成后，就要对 ROM 填充正弦值波形数据，波形数据存放在.mif 或.hex 文件中，作为 ROM 的初始化数据。波形数据可以手动输入，也可用高级语言编程实现。在本设计中，使用 C 程序来生成 0～2π 的正弦数字幅度值，幅度值均为无符号十进制数据。ROM 的初始化数据调用如图 6.9.5 所示。

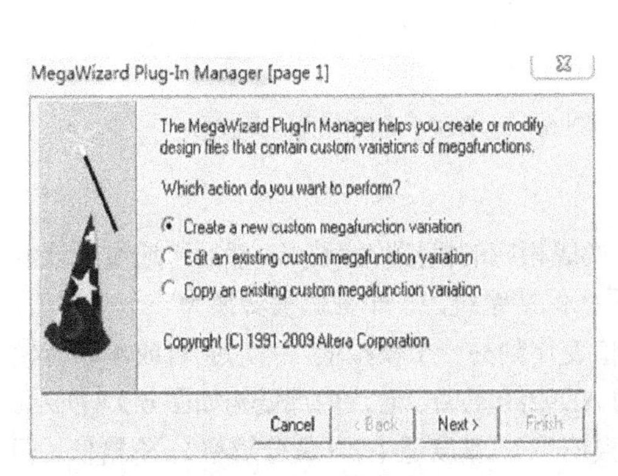

图 6.9.4　ROM 建立图

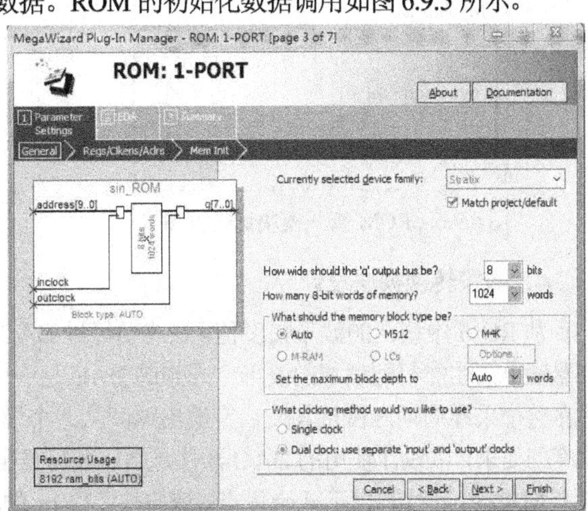

图 6.9.5　ROM 的初始化数据调用

（2）ROM 查找模块。该模块的主要功能是通过 10 位地址查表，输出对应波形数据。波形输出信号送入调幅模块，实现幅度调节。该模块的结构框图如图 6.9.6 所示。

```
entity ROM_chazhao is
port(clk:instd_logic;                                --系统时钟，50MHz
      rom_address:instd_logic_vector(9 downto 0);--频率控制字长
      out_q:outstd_logic_vector(7 downto 0));    --幅度值输出
end ROM_chazhao;
architecture beh of ROM_chazhao is
signal address_a:std_logic_vector(9 downto 0);
signal rom_out:std_logic_vector(7 downto 0);
component sin_rom                                   --定义 ROM 单元
 port(address:instd_logic_vector(9 downto 0);
      q:out std_logic_vector(7 downto 0);
      inclock:in std_logic);
end component;
begin
data:sin_rom port map(address=>address_a,q=>rom_out,inclock=>clk);
                                                    --LPM_ROM 调用端口映射
lookfor_rom:process(clk)                            --ROM 查找部分
 begin
     if(clk'event and clk='1') then                 --clk 上升沿触发
            address_a<=rom_address;
     end if;
     if(clk'event and clk='1') then
            out_q<=rom_out;
     end if;
 end process;
end beh;
```

在软件工具 Quartus II 的编译和波形仿真后得到的波形如图 6.9.7 所示。

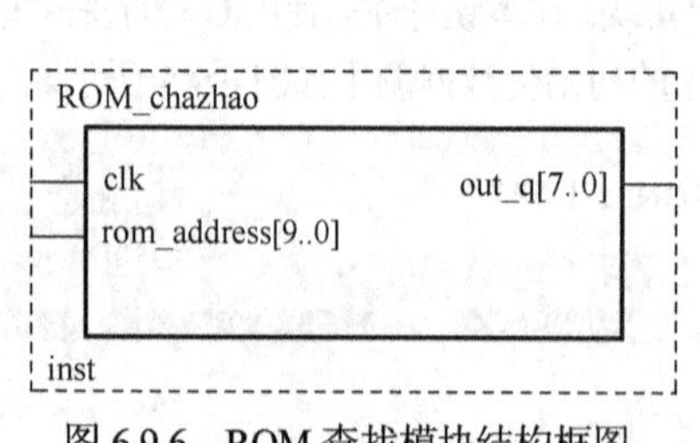

图 6.9.6　ROM 查找模块结构框图

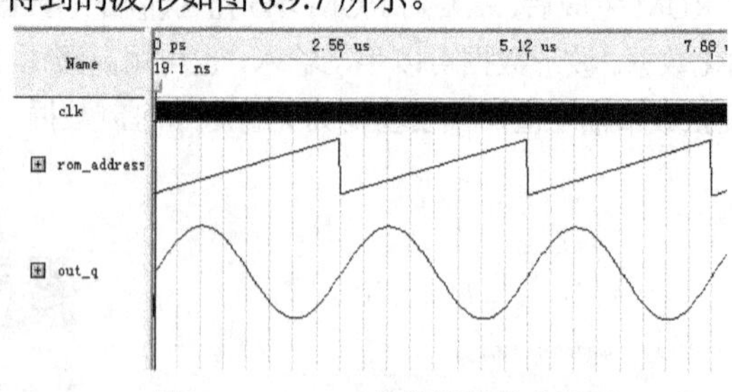

图 6.9.7　ROM 查找模块仿真波形

4．数模转换模块设计

从 ROM 中读出的波形幅度值，最终要经过 DAC 转换成相应的模拟阶梯波形，然后再通过低通滤波器输出，才能得到理想的波形。理想的 DAC 是一个采样保持系统，一个数码被转换为一个模拟值，并在整个采样周期内保持其值，在输出瞬间从一个模拟值变化到另一个模拟值。考虑到对成本和转换速度的要求，本设计使用的 DAC 器件是 AD 公司推出的 AD9280 芯片。芯片内部结构如图 6.9.8 所示。

AD9280 芯片有以下几个优点：速度快（32sps 的转换速率）、精度适中（8 位分辨率）、价格低（相对 12 位、16 位高速芯片）、转换噪声低、功耗低；ECL/TTL 电平兼容。

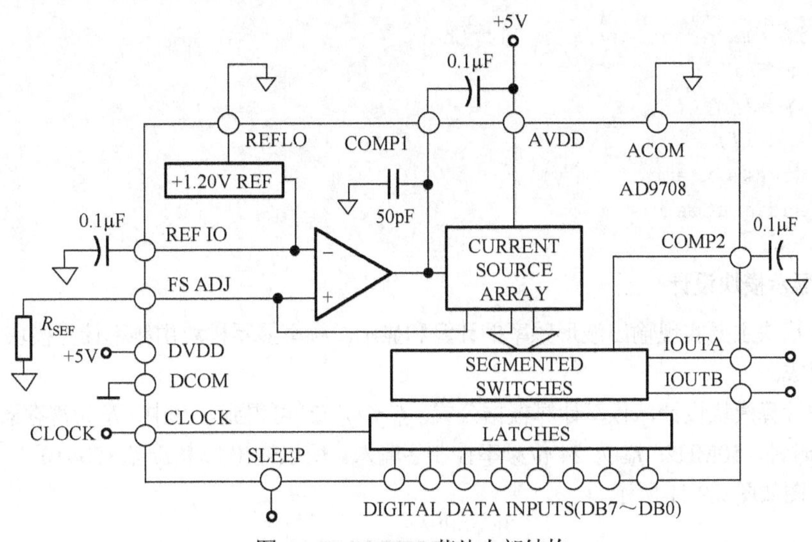

图 6.9.8　AD9280 芯片内部结构

5. 波形选择模块设计

该模块的主要功能是实现输出波形的选择，可以通过开发板上的一个按键来循环输出正弦波、三角波、方波、锯齿波和任意波 5 种波形。该模块的结构框图如图 6.9.9 所示。

波形选择模块由按键选择部分（图 6.9.9 中 SEL1）和 5 选 1 数据选择器（图 6.9.9 中 MUX_5_1）两部分组成。按键选择部分内部又由消抖模块和 74161 计数器组成。其结构框图如图 6.9.10 所示。

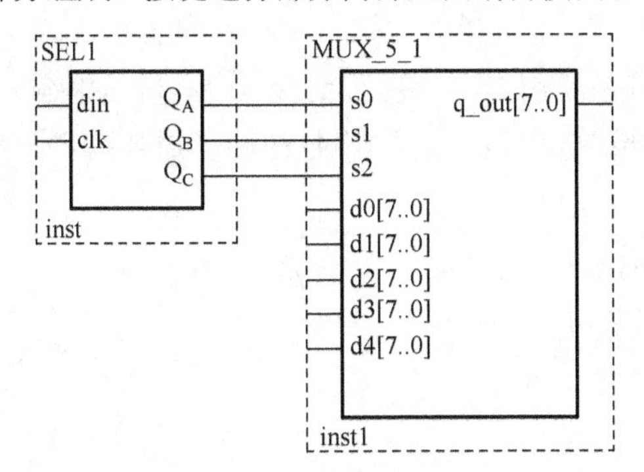

图 6.9.9　波形选择模块结构框图

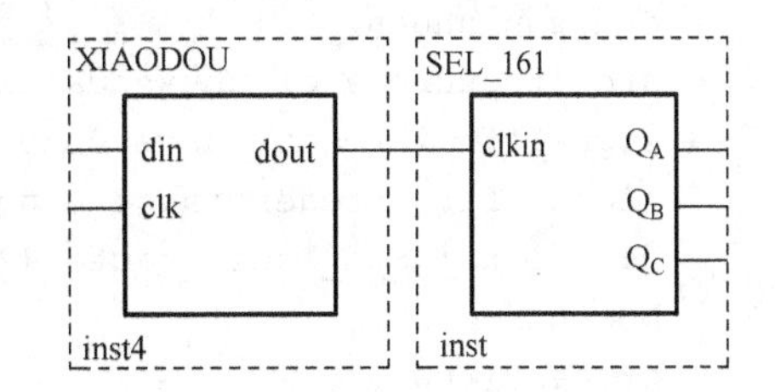

图 6.9.10　按键选择部分结构框图

dout:消抖模块的输出信号为一个时钟周期的高电平，作为 74161 计数器的时钟输入信号。消抖模块功能设计的 VHDL 程序如下。

```
entity xiaodou is
port(din, clk:in std_logic;
      dout:out std_logic);
end xiaodou;
architecture dou of xiaodou is
signal x,y,z: std_logic;
begin
   z<=not din;
process(clk)
   begin
```

```
        if clk'event and clk='1' then
         x<=z;
         Y<=x;
        end if;
        dout<=(x and (not y));
        end process;
    enddou;
```

6．频率显示模块设计

频率显示模块主要实现输出波形频率的计算和显示。频率显示模块由频率计算模块和数码管显示模块两部分组成。

（1）频率计算模块设计，频率计算根据公式：$f_o=f_c \times f_{tw}/2^N$可得到。其中，$N$为寄存器位数，24位；$f_c$为系统输入时钟，50MHz；$f_{tw}$为24位频率控制字输入。所以输出频率$f_o=f_{tw}\times 50\times 10^6/2^{24}=f_{tw}\times 2.98$。该模块的结构框图如图6.9.11所示。

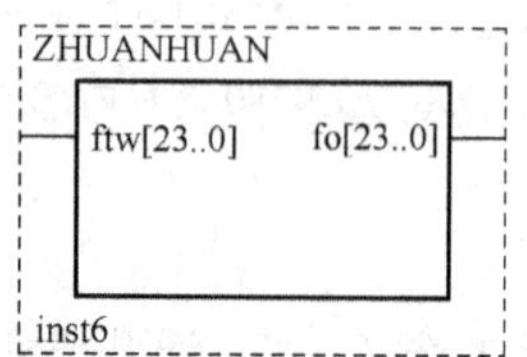

图6.9.11 频率计算模块结构框图

考虑到开发环境不支持浮点运算，为了尽量提高频率计算的精度，本设计采用先倍乘100然后再除以100的方法。

```
    entity zhuanhuan is
    port(ftw: in std_logic_vector(23 downto 0); -- ftw[23..0]: 24位频率控制字输入
        fo: out std_logic_vector(23 downto 0)); -- fo[23..0]: 输出波形的实际频率
    end zhuanhuan;
    architecture a of zhuanhuan is
    signalff: integer range 0 to 16777216;
    signal f1: integer range 0 to 16777216;
    signal f2: Std_logic_vector(23 downto 0);
    begin
    process(ftw)
     begin
      f1 <= conv_integer(ftw);                          --转成整型数，以便进行乘除
      ff<= f1*298/100;                                  --先倍乘100后除以100
      f2<=conv_std_logic_vector(ff,24);
      end process;
      fo<=f2;
    end a;
```

（2）数码管显示模块设计

数码管显示模块主要实时显示输出波形的频率。由于DE2开发板数码管的数量相对较多，所以采用静态显示的方式。考虑到数码管位数的限制及精度要求，本设计采用5位数码管显示，前4位为示数，末位为舍去位数，单位为Hz。如显示为01230，则实际输出频率为123Hz；若显示12341，则实际输出频率为1234×10=12340Hz；若显示12343，则实际输出波形频率为1234×1000=1234000Hz；该模块的结构框图如图6.9.12所示。

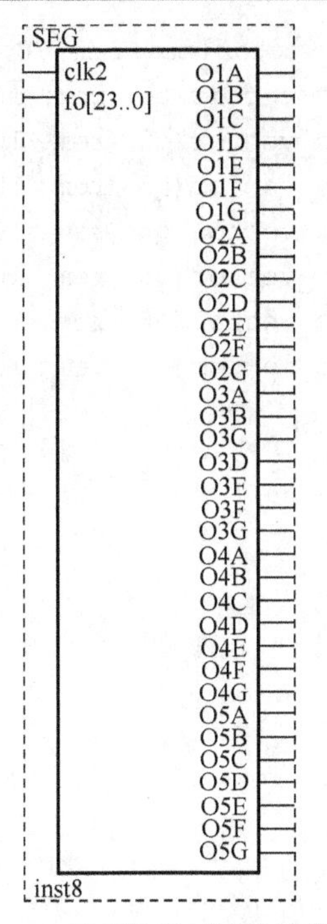

图 6.9.12　数码管显示模块结构框图

O1A～O5G：5 位七段数码管的段选信号，低电平有效。数码管显示模块功能设计的部分 VHDL 程序如下。

```
entity tiqu1 is
PORT(clk2: in std_logic;                        --系统时钟信号，50MHz
     fo23: in std_logic_vector(23 downto 0);    --fo[23..0]：频率计算模块得出的
                                                实际频率值
     cnt_out,qout1,qout2,qout3,qout4:outstd_logic_vector(3 downto 0));
end tiqu1;
architecturebhv of tiqu1 is
signal out1,out2,out3,out4,out5,out6,out7,out8,cnt: std_logic_vector(3 downto 0);
signal out11,out12,out13,out14,out15,out16,out17,out18: std_logic_vector(3
downto 0);
   begin process(fo23)                          --fo23 为输入的 23 位二进制数
   variable tmp,q1,q2,q3,q4,q5,q6,q7:integer range 0 to 16777216;
                                                --定义 8 个变量
   begin
   tmp:=conv_integer(fo23);                     --将二进制数转换为十进制数
   q1:=tmp/10;
   q2:=q1/10;
   q3:=q2/10;
   q4:=q3/10;
   q5:=q4/10;
   q6:=q5/10;
   q7:=q6/10;                                   --除以 10
   if clk2'event and clk2='1' then
```

```
        out1<=conv_std_logic_vector(tmp  rem  10,4); --除10取余后转换为4位二进制数
        out2<=conv_std_logic_vector(q1  rem  10,4);
        out3<=conv_std_logic_vector(q2  rem  10,4);
        out4<=conv_std_logic_vector(q3  rem  10,4);
        out5<=conv_std_logic_vector(q4  rem  10,4);
        out6<=conv_std_logic_vector(q5  rem  10,4);
        out7<=conv_std_logic_vector(q6  rem  10,4);
        out8<=conv_std_logic_vector(q7  rem  10,4);
        if (out8>0)then                                 --判断频率位数，保留前4位
              out11 <= out5;
              out12 <= out6;
              out13 <= out7;
              out14 <= out8;
              cnt<="0100";                              --计算舍弃位数 elsif(out7>0) then
              out11 <= out4;
              out12 <= out5;
              out13 <= out6;
              out14 <= out7;
              cnt<="0011";
        elsif(out6>0) then
              out11 <= out3;
              out12 <= out4;
              out13 <= out5;
              out14 <= out6;
              cnt<="0010";
        elsif(out5>0) then
              out11 <= out2;
              out12 <= out3;
              out13 <= out4;
              out14 <= out5;
              cnt<="0001";
        else
              out11 <= out1;
              out12 <= out2;
              out13 <= out3;
              out14 <= out4;
              cnt<="0000";
        end if;
      end if;
      end process;
    cnt_out<= cnt;
    qout1 <= out11;
    qout2 <= out12;
    qout3 <= out13;
    qout4 <= out14;
  end bhv;
```

第三步，仿真各模块。

第四步，顶层文件的设计与实现，如图 6.9.13 所示。在各个模块设计完成之后，就可以对整个电路系统进行设计，在原理图设计输入方式下，将已经设计好的各模块调入。

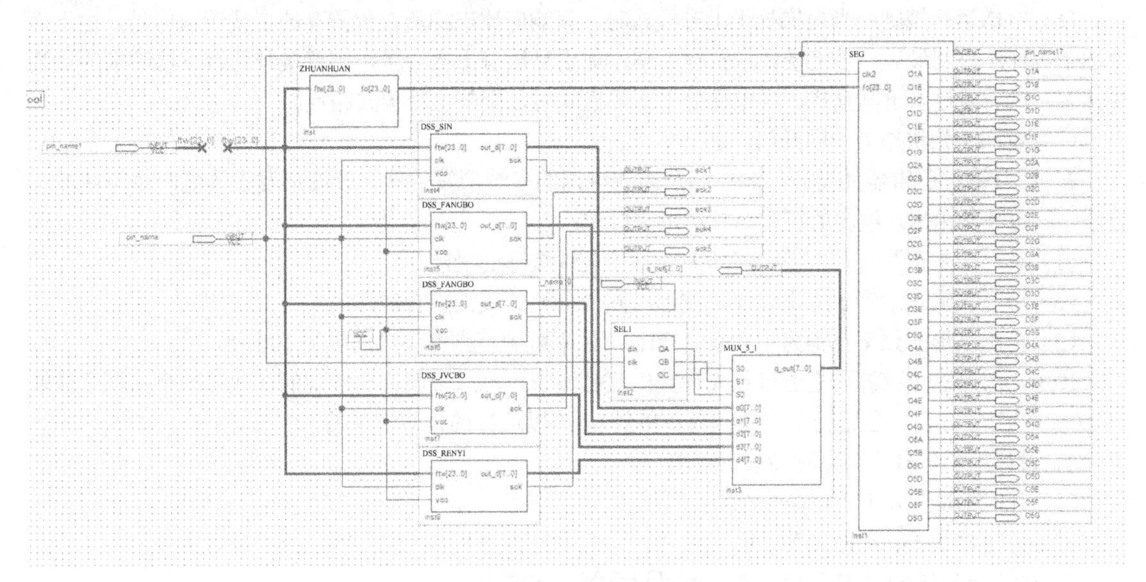

图 6.9.13　顶层设计图

第五步，按照图 6.9.13 进行连接，构成顶层原理图，通过编译后进行仿真、下载实现。

6.10　小　　结

本章适用于数字电路与系统课程设计，从前几章简单电路的设计到本章较复杂电路的设计，学生可掌握 EDA 和数字电路的设计步骤与基本方法。在具体数字系统中，首先给出设计任务和要求，然后依据设计任务的要求设计出电路总体框图，最后根据电路总体框图设计出具体电路。

6.11　问题与思考

1．16×16 的点阵显示设计，要求：

16×16 点阵的列由 16 个行信号组成。每行由一个单独的位来控制，高电平有效。而列由一个 4 位矢量来控制。例如："0000" 表示第 0 列，"0000000000000001" 表示第一行。本设计针对一个 16×16 的点阵使用逐列循环扫描的方式，来不间断地显示 VHDL 这 4 个英文字母。

提示：点阵所使用的点亮控制方法。由于列是由一个矢量决定的，而每一时刻列只能有一个固定的值，因而只能使某一个列的若干点亮，因此就决定了只能用逐列扫描的方法。例如，要使第一列的 1、3、5、7 行亮，则列为"0001"、行为"0000000001010101" 就可以了。

2．三层电梯控制器，要求如下。

（1）每层电梯入口处设有上下请求开关，电梯内设有乘客到达层次的停站请求开关。

（2）设有电梯所处位置指示装置及电梯运行模式（上升或下降）指示装置。

（3）电梯 3s 升（降）一层楼。

（4）电梯到达有停站要求的楼层后，经过 1s 电梯门打开，开门指示灯亮，开门 4s 后，电梯门关闭（开门指示灯灭），电梯继续运行，直至执行完最后一个请求信号后，停在当前层。

（5）能记忆电梯内外的所有请求信号，并按照电梯运行规则次序响应，每个请求信号保留至执行后消除。

（6）电梯运行规则：当电梯处于上升模式时，只响应比电梯所在位置高的上楼请求信号，由下而上逐个执行，直到最后一个上楼请求执行完毕，如更高层有下楼请求，则直接升到有下楼请求的最高楼接客，然后便进入下降模式。当电梯处于下降模式时，则与上升模式相反。

（7）电梯初始状态为一层开门。

3．用可编程逻辑器件设计、制作一个周期可调的多波形发生器，该波形发生器能产生正弦波、方波、三角波和由用户编辑的特定形状波形。要求：

（1）具有产生正弦波、方波、三角波 3 种周期性波形的功能。

（2）用开关输入编辑生成上述 3 种波形（同周期）的线性组合波形。

（3）输出波形的频率范围为 100Hz～1kHz，频率可调，频率步进间隔为 100Hz。

提示：①产生正弦波，是通过预先计算出正弦波表，然后查表输出实现的（此处一个周期弦波取 64 点）；②产生方波，是通过交替送出全 0 和全 1，给以适当的延时实现的。

4．设计用于体育比赛计时秒表，要求：

（1）计时器能显示 0.01s 的时间；

（2）计时器最长计时时间为 24h。

5．设计一个有 64 个停车位的停车场显示系统，要求：

（1）用 8×8 点阵表示停车场的 64 个停车位，灯点亮表示该车位为空，灯熄灭表示该车位有车；

（2）车能够自由地停在任何空的停车位上，任何停车位的车都可以离开停车场；

（3）停车场的初态是所有车位都没有车。

6．设计一个汽车尾灯控制电路，要求如下。

（1）用 6 只发光二极管模拟 6 盏汽车尾灯（汽车尾部左、右各 3 盏），用两个开关作为转弯控制信号（一个开关控制右转弯，另一个开关控制左转弯）。

（2）当汽车往前行驶时（此时两个开关都未接通），6 盏灯全灭。当汽车转弯时，若右转弯（即右转开关接通），右边 3 盏尾灯从左至右顺序亮灭，左边 3 盏灯全灭；若左转弯（即左转开关接通），左边 3 盏尾灯从右至左顺序亮灭，右边 3 盏灯全灭。当左、右两个开关同时接通时，6 盏尾灯同时明暗闪烁。

（3）当左、右转弯信号同时有效时，6 盏灯的闪烁是通过一个与非门实现的。

7．利用可编程逻辑器件设计并制作一台能显示被测波形的简易数字存储示波器，要求：

（1）仪器具有单次触发存储显示方式，即每次按动一次“单次触发”键，仪器在满足触发条件时，能对被测周期信号或单次非周期信号进行一次采集与存储，然后连续显示；

（2）垂直分辨率大于或等于 32 点/div，水平分辨率大于或等于 20 点/div。设示波器显示屏水平刻度为 10div，垂直刻度为 8div。

（3）仪器触发电路采用内触发方式，要求上升沿触发。

（4）观测波形无明显失真。

附录A　可编程逻辑器件

主要术语摘要

EDA（电子设计自动化）：Electronic Design Automation
PLD（可编程逻辑器件）：Programmable Logic Device
CPLD（复杂可编程逻辑器件）：Complex Programmable Logical Device
FPGA（现场可编程门阵列）：Field Programmable Gates Array
ISP（在系统可编程）：In System Programmable
ASIC（专用集成电路）：Application Specific Integrated Circuit
JTAG（边界扫描测试技术）：Join Test Action Group
VHDL（硬件描述语言）：Very-High-Speed IC Hardware Description Language

A.1　概　　述

按照集成电路的功能特点划分，数字集成电路产品可分为标准通用型和专用型两类，如表 A.1.1 所示。

表 A.1.1　数字电路分类

		特　　点	缺　　点
标准通用型	常用的中、小规模数字集成电路（如 74 系列、4000 系列等）	逻辑功能设计以实现数字系统的基本功能模块为目的。它们的逻辑功能都比较简单，而且固定不变。通用性强，使用简单	体积、功耗和使用器件的数量都较大，可靠性和维护性较差
专用型 ASIC (Application Specific Integrated Circuit)	按照某种专门用途而设计、制造的集成电路	体积小、功耗低、可靠性高，保密性好等	

ASIC 按制造过程的不同，可分为全定制和半定制两大类。全定制电路（Full Custom Design IC）是制造厂家按用户提出的逻辑要求，专门设计和制造的芯片。这一类芯片专业性强，用途明确，不可更改，适合在大批量定型生产的产品中使用。属于半定制电路（Semi-Custom Design IC）的可编程逻辑器件（Programmable Logic Device，PLD）是 20 世纪 70 年代诞生的新型逻辑器件。PLD 与以往的逻辑器件不同，其芯片内的硬件资源和连线资源是由制造厂家生产好，不可改变的，但逻辑功能在出厂时并没有确定，可由用户根据自己需要，借助开发工具对其进行设计和编程，生成逻辑功能电路。PLD 诞生后，不断革新变化，经历了一次可编程（如 PLA、PAL）、光擦写可编程（如 EPLD）、电擦写可编程（如 GAL、CPLD、FPGA）等几次升级更新。在结构、工艺、集成度、功能、速度和灵活性方面都有很大的改进和提高。

PLD 是大规模集成电路技术发展的产物，是一种半定制的集成电路，结合 EDA 技术可以快速、方便地构建数字系统。

数字电路与系统都是由基本门电路构成的，如与门、或门、非门等，由基本门电路构成组合逻辑电路和时序逻辑电路。任何组合逻辑函数均可转化为“与或”表达式，用“与门或门”二级电路实现，而任何时序电路又都是由组合电路加上存储元件（触发器）构成的。因此，从原理上说，与或阵列加上寄存器的结构就可以实现任何数字逻辑电路。PLD 就是采用这样的乘积项逻辑可编程结构，再加上可以灵活配置的互连线，从而实现任意的逻辑功能。

图 A.1.1 所示为 PLD 的基本结构框图，它由输入缓冲电路、与阵列、或阵列和输出缓冲电路 4 部分组成。

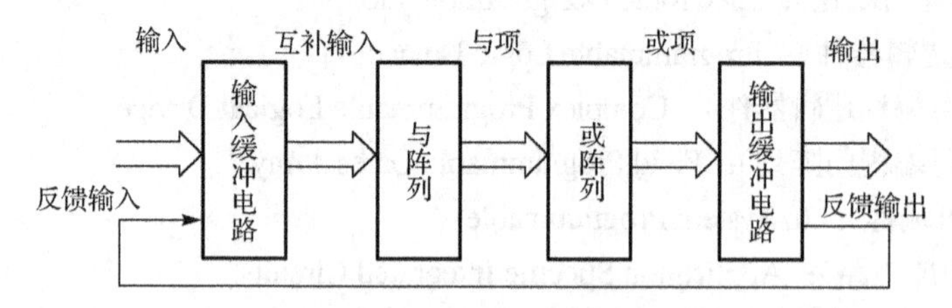

图 A.1.1　PLD 的基本结构框图

与阵列和或阵列是这种结构的主体，主要用来实现各种逻辑函数和逻辑功能；输入缓冲电路用来增强输入信号的驱动能力，并产生输入信号的原变量和反变量，输入缓冲电路一般还具有锁存器，甚至是一些可以组态的宏单元，用于对输入信号进行锁存和预处理；输出缓冲电路主要用来对将要输出的信号进行处理，既能输出纯组合逻辑信号，也能输出时序逻辑信号，输出缓冲电路中一般有三态门、寄存器等单元，甚至是宏单元，用户可以根据需要配置成各种灵活的输出方式。

如图 A.1.2(a)所示，PLD 具有固定、擦除及编程三种连接方式，图 A.1.2(b)中的缺省是指门的输出固定为 0 的情况，这可以发生在与门的输入全断开或有互补输入时，为简单计，便在门内打×，而输入线上均无×号。

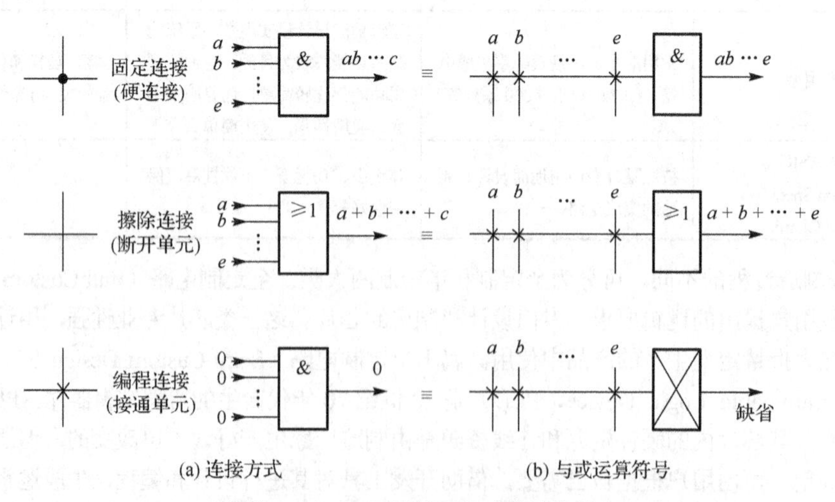

图 A.1.2　PLD 连接及与或运算符号

PLD 根据集成度即每一个芯片上包含门电路的个数来划分，可分为小于 1000 个逻辑门的低密度 PLD，也称为简单 PLD，包括 PLA、PAL、GAL；高密度 PLD，如 CPLD 和 FPGA，其发展历程如表 A.1.2 所示。

表 A.1.2　PLD 发展历程

<table>
<tr><td rowspan="5">可编程逻辑器件（Programmable Logic Device，PLD）</td><td rowspan="3">简单可编辑逻辑器件 SPLD</td><td>20 世纪 70 年代，熔丝编程的 PROM（Programmagle Read Only Memory）和 PLA（Programmable Logic Array）器件是最早的可编程逻辑器件。标志着 PLD 诞生，采用熔丝编程</td></tr>
<tr><td>20 世纪 70 年代末，对 PLA 进行了改进，AMD 公司推出可编程逻辑阵列 PAL（Programmable Array Logic）器件</td></tr>
<tr><td>20 世纪 80 年代初，Lattice 公司发明电可擦写的、比 PAL 使用更灵活的通用阵列逻辑 GAL（Generic Array Logic）器件。采用 E^2PROM 工艺，实现电擦写可重复编程。采用 OLMC 输出逻辑宏单元，实现时序电路可编程设计</td></tr>
<tr><td rowspan="2">高密度可编程逻辑器件 HDPLD</td><td>20 世纪 80 年代中期，Xilinx 公司提出现场编程概念，采用 SRAM 结构，同时生产出了世界上第一片现场可编程门阵列 FPGA（Field Programmable Gate）器件。同一时期，Altera 公司推出 EPLD 器件，较 Gal 器件有更高的集成度，可用紫外线或电擦除</td></tr>
<tr><td>20 世纪 80 年代末，Lattice 公司又提出在系统可编程技术，并且推出了一系列具备在系统可编程能力的 CPLD（Complex Programmable Logic Device）器件，将可编程逻辑器件的性能和技术推向了一个全新的高度</td></tr>
</table>

从编程工艺上划分，PLD 分类如表 A.1.3 所示。

表 A.1.3　PLD 分类

序　号	类　型	说　明
1	熔丝（Fuse）	编程过程根据设计的图文件来烧断对应的熔丝，达到编程目的。只能编程一次，掉电不丢失，称为 OTP（One Time Progarmming）器件
2	反熔丝（Anti_Fuse）	熔丝技术的改进，在编程处通过击穿漏层使得两点之间导通，这与熔丝烧断获得开路正好相反。某些 FPGA 采用此种方式，只能编程一次，掉电不丢失，称为 OTP 器件
3	EPROM	紫外线擦除可编程逻辑器件，是用较高的编程电压进行编程。当需要再次编程时，拿到太阳光下用紫外线进行擦除。与熔丝、反熔丝不同，可多次编程。有时为降低生产成本，在制造时不加用于紫外线擦除的石英窗口，于是就不能擦除，也只能编程一次，掉电不丢失，也称为 OTP 器件
4	E^2PROM	电可擦写编程逻辑器件，基本 CPLD 和 GAL 器件采用此结构
5	SRAM	SRAM 查找表结构器件。大部分 FPGA 用此结构。这种编程方式在编程速度、编程要求上要优于前 4 种，不过 SRAM 型器件的编程信息存放在 RAM 中，掉电后就丢失了，再上电需要再次编程配置，因而需要专用器件完成配置工作
6	Flash	采用反熔丝工艺结构，避免不足，可以实现多次编程，且掉电不丢失配置

A.2　简单可编程逻辑器件

1. 可编程逻辑阵列 PLA

历史上第一种 PLD 是可编程逻辑阵列（Programmable Logic Array，PLA），PLA 是组合的、两层与-或结构的器件，通过对其能够实现“积之和”的逻辑表达式。PLA 和已经被淘汰的 PAL 具有相同的制造工艺。其主要结构由都可编程的与门阵和或门阵列组成，比只有可编程的与门阵列加上固定的或门阵列的 PAL（可编程阵列逻辑）具有更多的灵活性。如图 A.2.1 所示，PLA 的逻辑阵列由可编程的连接点组成。这种连接点是一种很细的低熔点合金丝，在正常的工作电流下不会熔断，但是在编程电流下会立即熔断。熔丝正常连接时，代表存储的数据为 1；熔丝熔断后，代表存储的数据为 0。器件出厂时，熔丝为连通状态，当用户编程写入时，将写入 0 的存储单元的熔丝通过编程电流（是正常工作电流的几倍）熔断即可。这种存储编程是一次性的，不可恢复，因此 PLA 是一次性可编程器件。

PLA 虽然造价低，但因为熔断熔丝时会外溅，对周围连线造成影响，因此制作时在线之间需要预留较大的宽度，导致集成度下降，又由于与-或阵列均可编程，造成软件算法复杂，降低了芯片的运行速度，因此应用受限。

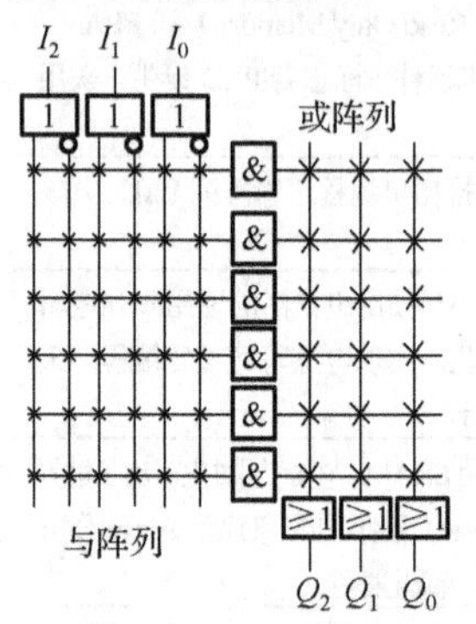

图 A.2.1 与-或阵列图

图 A.2.1 所示的结构是一个 3×6×3 PLA，表明它有 3 个输入变量，可以编入乘积项不超过 6 项的 3 个与或式逻辑函数。例如，在 1970 年推出的型号为 82S100 的 PLA，具有 16 个输入、48 个与门及 8 个输出端，因此它的与阵列就安置有 2×16×48=1536 条熔丝结构，而或阵列则有熔丝 8×48=384 条。

PLA 适宜于编程经过化简成与或式的组合逻辑函数，尤其是有较多公共与项的多输出函数，在添加必要的触发器后，可用它来构成时序电路。

2. 可编程阵列逻辑 PAL

可编程阵列逻辑 PAL（Prommable Array Logic，PAL）是 20 世纪 70 年代后期由美国 MMI 公司推出的可编程逻辑器件。它也有与-或两个阵列，但与 PLA 不同的是，其或阵列是固定的，不可编程，这样就使软件算法简单。PAL 的另一个特点是它有多种输出结构可供选择，以适应不同类型逻辑设计任务需要。PAL 器件采用 S-TTL 和双极型 PROM 熔丝连接工艺，编程时将熔丝烧断，通常一片 PAL 可取代 4～12 片 SSI 电路或 2～4 片 MSI 电路，实现多种功能。由于 PAL 也是一次性可编程器件，仍然满足不了实践需要，因此被后来出现的 GAL 等新型器件所取代。

3. 通用阵列逻辑 GAL

GAL（Generic Array Logic device）是 1985 年 Lattice 公司在 PAL 基础上设计的器件。GAL 在输入电路、与阵列、或阵列上沿用了 PAL 结构，但对 PAL 的输出进行了较大的改进。首先，该器件采用更灵活的 I/O 结构，并在 PLD 上首次采用了 E^2PROM 工艺，使得 GAL 具有可电擦写反复编程、数据可长期保存、结构可重新组合的特点，使编程操作变得更轻快和可靠。第二，增加了一种灵活的、可编程的输出结构，即输出逻辑宏单元（OLMC，Output Logic MacroCell）。GAL 作为第一个得到广泛应用的 PLD，其许多优点都源于 OLMC。该单元除寄存器外，还包含一些门电路和多路复用器，而且宏单元本身是可编程的，可提供多种运算模式。宏单元可以向可编程阵列提供一个反馈信号，从而使该电路可以实现更复杂的功能。GAL 在使用时可以采用硬件描述语言（Advanced Boolean Equation Language，ABEL）即先进的布尔方程语言进行编程。Lattice 公司是第一家生产 GAL 器件的厂商，常见的 GAL 有 GAL16V8，其命名原则为：类型 GAL，16 阵列输入数，V 输出方式，8 阵列输出数，V 代表多功能。

现在的 GAL 器件采用 CMOS 工艺，3.3V 电源，E^2PROM 或 Flash 工艺，其最高工作频率为 250MHz，主要制造公司有 Lattice、Atmel 和 TI 等。

A.3 复杂可编程逻辑器件

复杂可编程逻辑器件（Complex Programmable Logic Device，CPLD）是在低密度 PLD 基础上加工改造而成的。Lattice 是最早推出 PLD 的公司，GAL 器件就是由 Lattice 最早开发生产的。Lattice 公司的 CPLD 产品主要有 ispLSI、ispMACH 等两类。20 世纪 90 年代以来，Lattice 首先发明了 ISP（In-System Programmability）下载方式，使 CPLD 的应用领域有了巨大的扩展。

CPLD 的主要生产厂商有 Altera、Xilinx、Lattice、Actel 和 Atmel，这些公司生产的产品在总体结构上大致相同，由逻辑阵列块（Logic Array Block，LAB）、宏单元、扩展乘积项、可编程互连阵列（Programmable Interconnect Array，PIA）和 I/O 控制块（I/O Control Block）等几部分构成。CPLD 在

工艺和结构上与 FPGA 是有区别的，CPLD 基于 E^2PROM 工艺，3.3V 供电，能保持编程后数据不丢失，其基本结构是基于乘积项的。图 A.3.1 所示的 CPLD 的结构由三部分构成：逻辑块 LB（Logic Blocks）与-或阵列，是构成 PLD 器件逻辑组成的核心；输入/输出块 IOB（I/O Blocks）是输入/输出缓冲器及控制单元，允许每个 I/O 引脚可单独配置成输入、输出或双向工作模式，所有 I/O 引脚都有一个三态输出缓冲器，可以从 6 个全局输出使能信号中选择一个信号作为其控制信号；可编程互连资源 PIR（Programmable Interconnection Resource）由各种长度的连线线段组成，其中也有一些可编程的连接开关，用于逻辑块之间、逻辑块与输入、输出之间的连接。其每个 LAB 逻辑阵列块由 16 个宏单元（MacroCell）组成，多个 LAB 通过可编程互连阵列 PIA 和全局总线连接在一起。宏单元本质是由一些与、或阵列再加上触发器构成的，其中，与-或阵列用以完成组合逻辑功能，它给每个宏单元提供乘积项，而乘积选择阵列再将这些乘积项分配到或门和异或门的输入端实现逻辑函数，从而控制触发器完成时序逻辑。

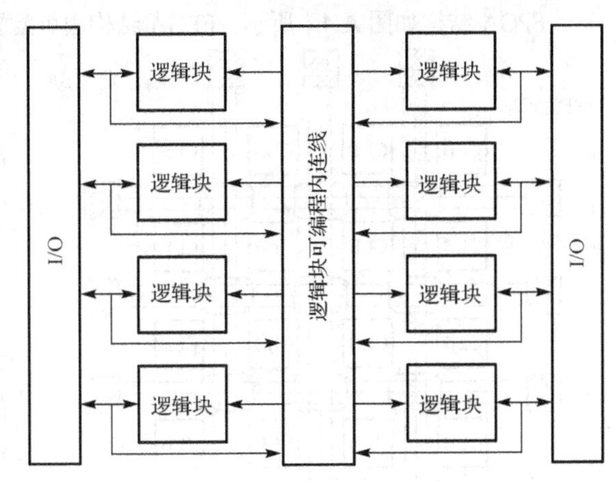

图 A.3.1　CPLD 结构示意图

CPLD 通过可编程互连阵列将多个 LAB 宏单元连接成所需的逻辑。其最大特点是确定型连线，能够提供具有固定时延的通路，即信号在芯片中的传输时延是固定的、可预测的。

【例 A.3.1】　用 CPLD 实现图 A.3.2 所示的电路。

解：假设组合逻辑的输出为 F，则

$$F=(A+B)\cdot C\cdot\overline{D}=A\cdot C\cdot\overline{D}+B\cdot C\cdot\overline{D}$$

CPLD 将以下面的方式实现组合逻辑 F。

A、B、C、D 由 CPLD 芯片的引脚输入后进入可编程连线阵列 PIA，在内部会产生 4 组相反逻辑的 8 个输出。每一个叉表示相连。图 A.3.2 中的 D 触发器可直接利用宏单元中的可编程 D 触发器实现。时钟信号 CLK 由 I/O 输入后，进入芯片内部的全局时钟专用通道，直接连接到可编程触发器的时钟端。可编程触发器的输出与 I/O 相连，把结果输出到芯片引脚。

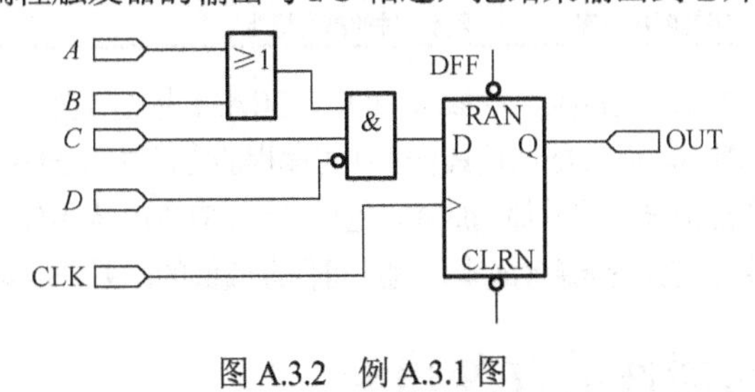

图 A.3.2　例 A.3.1 图

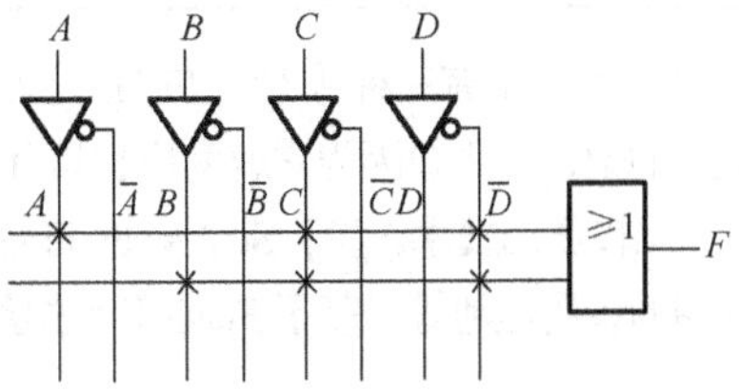

图 A.3.3　在 CPLD 中的实现方式示意图

A.4　现场可编程门阵列

FPGA 是一类高集成度的可编程逻辑器件。Xillnx 公司于 1985 年推出第一块 FPGA 芯片。目前 FPGA 发展到数百万门乃至上千万门，并结合微电子技术、电路技术和 EDA 技术，可以缩短设计周期，

提高设计质量。主要生产 FPGA 的公司有 Xilinx、Altera、Actel、Lattice 和 QuickLogic 等，型号繁多，各有特色。与 CPLD 不同，FPGA 是基于查找表 LUT（Look-Up-Table）结构的。

FPGA 结构如图 A.4.1 所示，FPGA 结构由可配置逻辑块、输入/输出块、块 RAM、乘法器块、数字时钟管理器块等组成。各部分功能和用途如表 A.4.1 所示。整个芯片的逻辑功能是通过对芯片内部的 SRAM 编程实现的。不同厂家或不同型号的 FPGA，在可编程逻辑块的内部结构和规模等方面存在较大的差异。如 Xilinx 公司 XC4000 内含的 CLB 多达 2304 个。

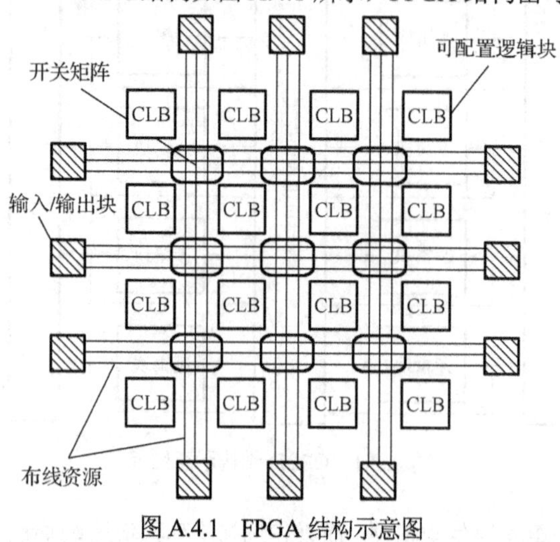

图 A.4.1 FPGA 结构示意图

CPLD 和 FPGA 统称为高密度的 PLD，这两种器件的共同点是容量大，不同点是 FPGA 用较小的逻辑单元 CLB 和多种连线克服了 CPLD 确定性连线的局限性，在组成系统时更加灵活。FPGA 当逻辑单元布局和连线合理时，器件内部资源的利用率高，工作速度也较快。FPGA 的缺点是延迟时间不好预测，而 CPLD 的走线比较固定，信号传输的延迟时间容易计算，易于处理竞争-冒象问题。但是，若 FPGA 的局部和布线不合理，则器件资源利用率和工作性能反而会不如 CPLD。

表 A.4.1 FPGA 各部分功能和用途

名 称	用 途	说 明
可配置逻辑块（Configurable Logic Blocks，CLB）	实现各种逻辑功能和数据存储的基本单元，多个通常规则地排成一个阵列结构，分布于整个芯片	由查找表和触发器或锁存器构成；查找表完成逻辑运算，触发器进行数据存储
输入/输出块（Input/Output Blocks，IOBs）	控制器件的 I/O 引脚与内部电路间的数据流动，围绕在逻辑单元阵列四周。	每个 IOB 都支持双向数据流动及三态操作
块 RAM（Block RAM）	提供数据存储	格式为 18Kb 的双口 RAM
乘法器块（Multiplier Blocks）	可对两个 18 位的二进制数进行乘法运算	
数字时钟管理器块（Digital Manager Blocks，DCM）	对时钟信号的布线、延迟、倍频、分频和相移提供自校验、全数字的解决方案	利用数字锁相环（Delay-Locked-Loop，DLL）保持时钟的高度精准

目前，市场上有三种基本的 FPGA 编程技术：SRAM、反熔丝、Flash。其中，SRAM 是迄今为止应用范围最广的架构，主要因为它速度快且具有可重编程能力，而反熔丝只具有一次可编程能力。基于 Flash 的 FPGA 是比较新的技术。基于 SRAM 的 FPGA 器件经常带来一些其他的成本，包括启动 PROMS 支持安全和保密应用的备用电池等。基于 Flash 和反熔丝的 FPGA 没有这些隐含成本，因此可保证较低的总系统成本。

A.5 可编程逻辑器件的发展趋势

PLD 在近几十年的时间里已经得到了巨大的发展，其性能不断提高，在未来的发展中将呈现以下方面的趋势。

1. 向大规模、高集成度方向进一步发展

当前 PLD 的规模已经达到了百万门级，在工艺上，芯片的最小线宽达到了 0.15μm，并且还会继续向着大规模、高集成度的方向进一步发展。

2. 向低电压、低功耗的方向发展

PLD 的内核电压在不断地降低，经历了 5V→3.3V→2.5V→1.8V 的演变，未来将会更低。

工作电压的降低，使得芯片的功耗也大大地减小，这样就适应了一些低功耗场合的应用，比如移动通信设备、个人数字处理等。

3. 向高速可预测延时的方向发展

时间特性也是 PLD 的一个重要指标。由于在一些高速处理的系统中，数据处理量的激增要求数字系统有大的数据吞吐速率，比如对图像信号的处理，这样就对 PLD 的速度指标提出了更高的要求；另外，为了保证高速系统的稳定性，PLD 的延时可预测性也是十分重要的，用户在进行系统重构的同时，担心的是延时特性会不会因重新布线的改变而改变。如果改变，将会导致系统性能的不稳定，这对庞大而高速的系统而言将是不可想象的，带来的损失也将是巨大的。因此，为了适应未来复杂高速电子系统的要求，PLD 的高速可预测延时也是一个发展趋势。

4. PLD 内嵌入了多种功能模块

现在，PLD 中已经嵌入 RAM/ROM、FIFO 等存储器模块，有的 PLD 内还嵌入了 DSP 模块，如 Xilinx 最新推出的 Virtex-II 器件系列中嵌入了 DSP。在 Virtex-II 器件中，最多有 192 个嵌入式乘法器，可以实现快速无延时的乘法操作，比一般的 DSP 芯片都要快。

将来的 PLD 还将嵌入多种功能模块，可实现各种复杂的操作和运算。

5. 向模数混合可编程方向发展

迄今为止，PLD 的开发和应用的大部分工作都集中在数字逻辑电路上。在未来几年里，这一局面将会有所改变，模拟电路及数模混合电路的可编程技术将会得到发展。

Lattice 已经推出在系统可编程模拟器件 ispPAC。ispPAC 允许设计者使用开发软件在计算机中设计、修改模拟电路，进行电路特性模拟，最后通过编程电缆将设计方案下载至芯片中。ispPAC 可实现 3 种功能：信号调整、信号处理和信号转换。信号调整主要是对信号进行放大、衰减和滤波；信号处理是对信号进行求和、求差和积分运算；信号转换是指把数字信号转换成模拟信号。

其他一些公司也推出了自己的模拟混合型的可编程器件。如 IMP 公司的 EPAC，这种芯片集成了各种模拟功能电路，如可编程增益放大器、可编程比较器、可编程 A/D 转换器、滤波器和跟踪保持放大器等。用户可利用该公司提供的开发工具 Analog Magic 来完成设计，确定器件配置，再把配置好的数据下载到芯片中。

附录B　常用功能模块及仿真

一些功能模块，如分频电路、消抖电路、LED 七段译码驱动电路及动态扫描显示电路等，在数字设计中经常用到，本附录将这些常用模块的工作原理及仿真方法放在此处统一介绍，以便查阅，相关实例中用到时不再细述，相关内容读者可参考本节。

B.1　分　频　器

分频器是一种应用广泛的基本电路，设计具体的数字电路时，可能需要多种不同频率的时钟，但实际电路往往只提供一种单一频率的外部时钟输入，例如，DE2 开发板只提供 27MHz 和 50MHz 两种频率的时钟输入，此时可以通过分频电路得到所需的时钟频率。分频器的设计有多种方法，具体可参阅本书前面的章节。当分频系数较大时，分频器的仿真可进行适当处理以节省时间，本节以其中一种方法为例介绍其仿真方法，在课程设计中，通常将分频器命名为 FEN。

假设将 50MHz 时钟分频得到 1Hz 时钟，需要进行 5×10^7 分频，本例采用的 VHDL 源程序如下。

```
library ieee;
use ieee.std_logic_1164.all;
entity fen is
     port(clk:in std_logic;
          q: out std_logic);
end fen;
architecture fen_arc of fen is
begin
    process(clk)
    variable cnt: integer range 0 to 24999999;
    variable x: std_logic;
    begin
        if clk'event and clk = '1' then
              if cnt<24999999 then
                    cnt:=cnt+1;
              else
                    cnt:=0;
                    x:= not x;
              end if;
        end if;
        q<=x;
    end process;
end fen_arc;
```

对分频程序进行编译、波形仿真。本例中分频系数非常大，为了观察分频结果，需要将仿真时间设置得足够长，因此软件仿真要花费相当长的时间。为了节省仿真时间，可以将分频系数改小，来仿真其逻辑功能，观察结果正确后再将参数改回原值。例如，将程序中 24999999 修改成 4，即 10 分频，适当设置网格间距 Grid Size 和仿真时长 End Time，得到仿真波形如图 B.1.1 所示。

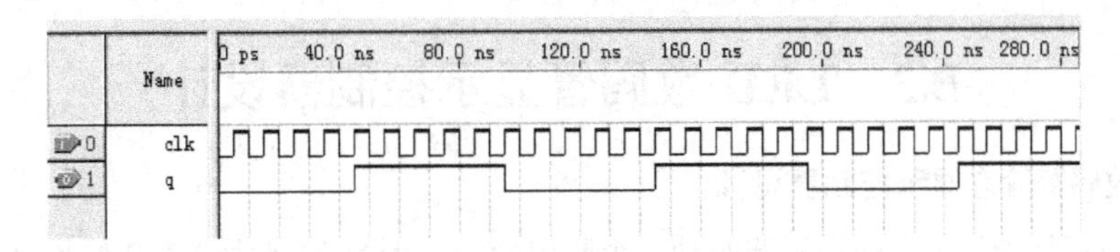

图 B.1.1 分频器仿真波形

由仿真波形可见，输出信号周期变为输入信号的 10 倍，即频率变为 1/10，可见模块能够正确实现分频功能。

B.2 消 抖 电 路

绝大多数按键都是机械式开关结构，其核心部件为弹性金属簧片，在开关切换的瞬间会在接触点出现来回弹跳的现象，会导致只按一次键却在按键信号稳定前后出现多次抖动，即不稳定脉冲，如果不进行消抖处理，系统会将这些毛刺误以为是用户的另一次输入，导致系统的误操作。因此按键输入端需要先经过消抖电路进行处理，使输出成为规则的矩形波。消抖电路有很多种，在前几章中通常将消抖电路命名为 XIAODOU、XIAOPRO、CIAO 等名称。以下介绍基于触发器的消抖同步电路，其 VHDL 源程序如下。

```
library ieee;
use ieee.std_logic_1164.all;
entity xiaodou is
port (din, clk: in std_logic;
      dout : out std_logic);
end xiaodou;
architecture dou of xiaodou is
signal x,y: std_logic;
  begin
   process(clk)
     begin
     if clk'event and clk='1' then
      x<=din;
      y<=x;
     end if;
     dout<=not(x and (not y));
  end process;
 end dou;
```

仿真波形如图 B.2.1 所示。由波形图可见，在一个上升沿检测到有按键（高电平）时，不管这个时钟周期内有多少次抖动，都只输出一个时钟周期宽度的负脉冲信号。并且当按键持续多个时钟周期时，输出的信号仍为一个时钟周期宽度。本例中电路的输入脉冲为正脉冲，输出脉冲为负脉冲，实际应用中输入和输出脉冲的极性或有效电平需根据具体设计项目进行规定，通过修改程序即可实现。

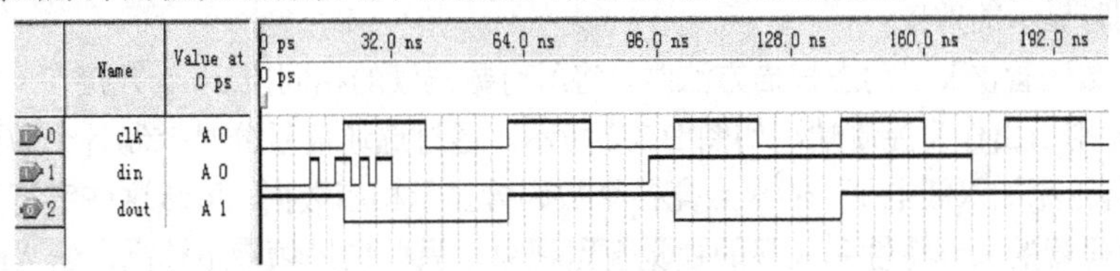

图 B.2.1 消抖电路仿真波形

B.3 LED数码管显示控制器设计

1. LED数码管静态显示控制器设计

静态显示方式是指每个七段译码器驱动一个数码管。七段译码器模块DISP如图B.3.1所示，将输入的4位二进制数d[3..0]转换为数码显示管对应的数字q[6..0]。例如，输入为0000时，使数码显示管显示0，则要七段译码器输出为0111111，即g段为0，g段发光二极管不亮，其他发光二极管被点亮，显示效果为0。以下给出译码显示驱动电路的VHDL源程序，该程序适用于共阴极七段数码管，若为共阳极数码管，需适当修改程序。在前几章中通常将数码管显示控制电路命名为DIP、DI或DISP等名称。

DISP

d[3..0] q[6..0]

图B.3.1 七段译码器模块DISP

```
library ieee;
use ieee.std_logic_1164.all;
entity disp is
   port(d:in std_logic_vector(3 downto 0);
        q:out std_logic_vector(6 downto 0));
end disp;
architecture rtl of disp is
begin
     process(d)
     begin
        case d is
            when"0000"=>q<="0111111";
            when"0001"=>q<="0000110";
            when"0010"=>q<="1011011";
            when"0011"=>q<="1001111";
            when"0100"=>q<="1100110";
            when"0101"=>q<="1101101";
            when"0110"=>q<="1111101";
            when"0111"=>q<="0100111";
            when"1000"=>q<="1111111";
            when others=>q<="1101111";
        end case;
     end process;
end rtl;
```

2. LED数码管动态扫描显示控制器设计

若采用静态显示方式，对于 n 个数码管需 n 个七段译码显示驱动电路，即共需要 $8n$ 条引出端。通常器件输出端的引脚是有限的，因此对于多个LED数码管，为了节省资源，可以考虑采用循环显示的动态扫描方法，即在一个数码管显示之后，另一个数码管立即显示，利用人眼的视觉暂留特性，达到多个数码管同时显示的效果。

假设共8位数码管，采用动态扫描方法时，将所有数码管的相同段a～g并接在一起，数码管的公共阴极 B_0～B_7 分别引出作为控制端，如图B.3.2所示。通过选通信号分时控制各个数码管的控制端，即在 B_0～B_7 引脚轮流加入低电平，依次点亮各个数码管显示相应数据，虽然这些字符是在不同时刻出现的，但由于数码管的余辉特性和人眼的视觉暂留现象，只要扫描频率足够高，给人眼的视觉印象就是连续稳定地显示，因而可观察到8位数码管同时点亮的效果。

动态扫描显示由两组信号控制：一组是段码，即字段输出口输出的字形代码，用来控制显示的字形；另一组是位码，即数码管的显示使能，用来选择第几位数码管工作。例如，8 只数码管以动态扫描方式显示 98765432 数字，第一只数码管的阴极 B_0 加低电平，其余阴极加高电平，同时数码管 a～g 输入和 9 对应的段码；然后第二只数码管 B_1 加低电平，其余高电平，同时数码管 a～g 输入和 8 对应的段码；以此类推，周而复始重复上述过程，8 只数码管就可以“同时”显示 98765432 数字。LED 动态扫描显示的控制电路如图 B.3.2 所示。

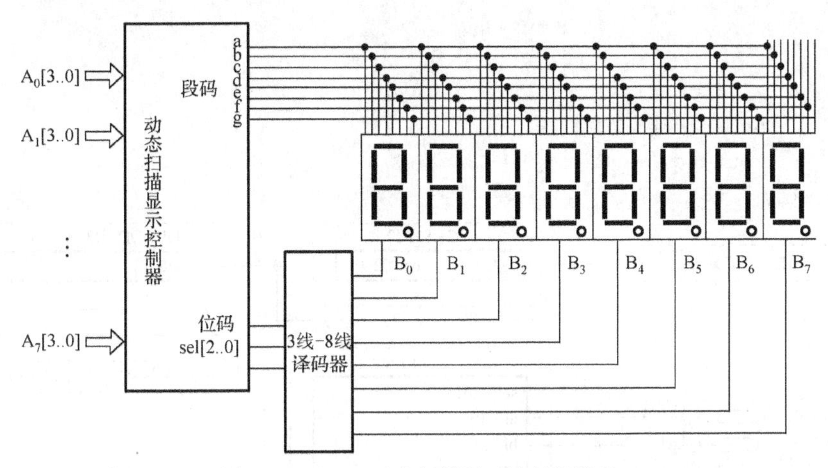

图 B.3.2 LED 动态扫描显示控制器原理

8 位动态扫描显示控制器的顶层设计如图 B.3.3 所示。它由八进制计数器 CN8_829、8 选 1（32 选 4）数据选择器和扫描控制器 SEL81、七段显示译码器 DISP、3 线-8 线译码器 DECODER3_8_829 等组成。在前面几章中，动态扫描使用较频繁，命名各异，如其重要组成部分的八进制计数器部分命名为 SEL、SE；2 选 1 数据选择器命名为×××1，8 选 1 数据选择器命名为 CH，4 选 1 数据选择器命名为 CH14A，3 选 1 数据选择器命名为 CH31A 等，这些数据选择器可以通过修改 8 选 1（32 选 4）数据选择器的程序获得；扫描控制器命名为 SEL 和 SE，七段显示译码器命名为 DISP、DI、DIP 等。在时钟脉冲 clk 的作用下，八进制计数器循环计数，其输出 cout[2..0]经 3 线-8 线译码器产生 8 个数码管的选通信号 Vss[7..0]，选中一个数码管工作；同时 cout[2..0]作为 8 选 1 数据选择器的选择信号，从 8 组 BCD 码中选出一组送到显示译码器，生成段码以控制数码管的字形。这样八进制计数器在时钟脉冲 clk 作用下循环计数，从而控制 8 个 LED 数码管轮流显示，驱动计数器的时钟频率称为扫描频率，在扫描频率足够高的情况下，8 个数码管能够稳定显示 8 个数码，只要扫描频率大于 50Hz，人眼将看不到闪烁现象。因此 8 个数码管的频率需要在 50×8=400Hz 以上，才能看到持续稳定点亮的现象，扫描频率一般采用 1kHz。

八进制时钟脉冲计数器模块 CN8_829 如图 B.3.4 所示。

```
library ieee;
use ieee.std_logic_1164.all;
use ieee.std_logic_unsigned.all;
entity cn_829 is
    port(clk:in std_logic;
        cout:out std_logic_vector(2 downto 0));
end cn_829;
architecture rtl of cn-829 is
signal q:std_logic_vector(2 downto 0);
```

```
        begin
            process(clk)
            begin
               if (clk'event and clk='1')then
                    if q=7 then
                         q<="000";
                    else
                         q<=q+1;
                    end if;
               end if;
            end process;
            cout<=q;
    end rtl;
```

图B.3.3　动态扫描显示控制器顶层设计

3线-8线译码器模块DECODER3_8_829如图B.3.5所示。

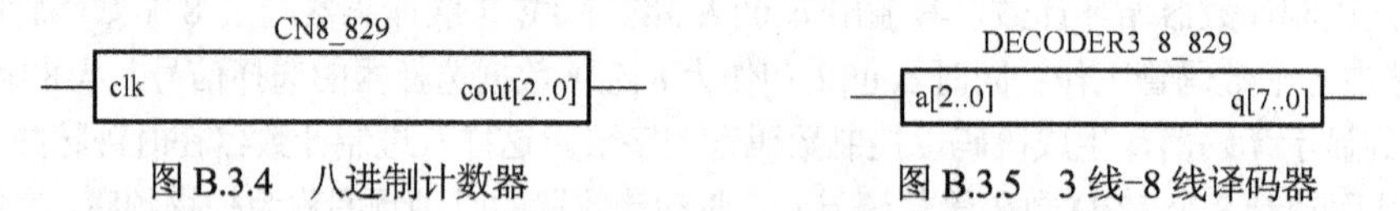

图B.3.4　八进制计数器　　图B.3.5　3线-8线译码器

```
    library ieee;
    use ieee.std_logic_1164.all;
    entity decoder3_8_29 is
        port(a:in std_logic_vector(2 downto 0);
             q:out std_logic_vector(7 downto 0));
    end decoder3_8_29;
    architecture rtl of decoder3_8_29 is
    begin
       process(a)
          begin
             case a is
                when"000"=>q<="11111110";
                when"001"=>q<="11111101";
                when"010"=>q<="11111011";
```

```
                when"011"=>q<="11110111";
                when"100"=>q<="11101111";
                when"101"=>q<="11011111";
                when"110"=>q<="10111111";
                when others=>q<= "01111111";
            end case;
        end process;
    end rtl;
```

8选1数据选择模块SEL81如图B.3.6所示。地址码sel[2..0]来自时钟脉冲计数器CN8_829，由地址码sel[2..0]决定输出a[3..0]～h[3..0]中的哪路数据。

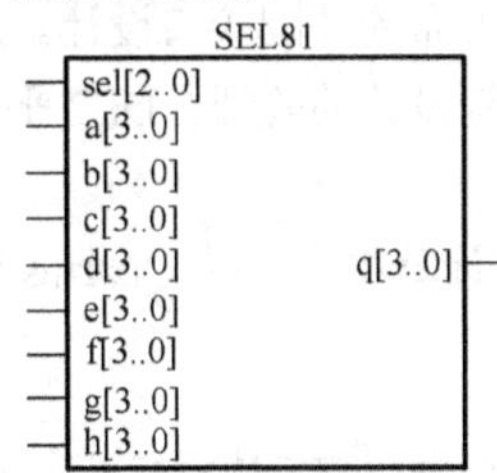

图B.3.6　8选1数据选择器

```
library ieee;
use ieee.std_logic_1164.all;
entity sel81 is
    port(sel:in std_logic_vector(2 downto 0);
         a,b,c,d,e,f,g,h:in std_logic_vector(3 downto 0);
         q:out std_logic_vector(3 downto 0));
end sel81;
architecture rtl of sel81 is
begin
   process(a,b,c,d,e,f,g,h,sel)
   variable cout:std_logic_vector(3 downto 0);
   begin
      case(sel)is
         when"000"=>cout:=a;
         when"001"=>cout:=b;
         when"010"=>cout:=c;
         when"011"=>cout:=d;
         when"100"=>cout:=e;
         when"101"=>cout:=f;
         when"110"=>cout:=g;
         when others =>cout:=h;
      end case;
      q<=cout;
   end process;
end rtl;
```

七段译码器模块DISP见本书前面介绍，此处略。

为了方便用户使用，一些开发板或实验箱上的数码管组本身配带3线-8线译码器，那么此处的3线-8线译码器可以略掉，计数器产生的3位二进制码cout[2..0]直接送给实验箱的译码器即可。

附录 C　DE2 实验仪简介

C.1　DE2 简介

DE2 是 Altera 公司针对大学教学及研究机构推出的 FPGA 多媒体开发平台。DE2 为用户提供了丰富的外设及多媒体特性，并具有灵活而可靠的外围接口设计。DE2 能帮助使用者迅速理解和掌握实时多媒体工业产品设计的技巧，并提供系统设计的验证。DE2 平台的设计和制造完全按照工业产品标准进行，可靠性很高。

在正式使用 DE2 平台之前，需要在计算机上安装 Quartus II 和 Nios II 软件。读者可从 Altera 公司网站上获得网络版授权。

C.2　DE2 开发板硬件资源

图 C.2.1 所示为开发板各部分介绍。

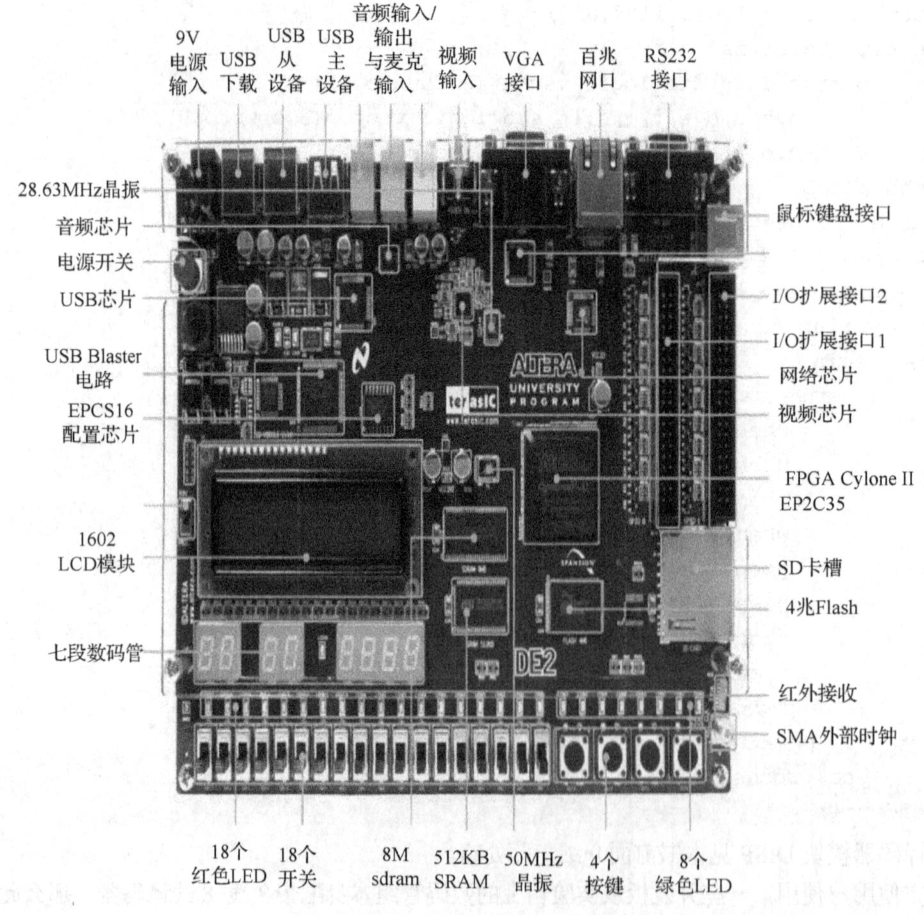

图 C.2.1　开发板硬件资源示意图

1. FPGA

开发板最重要的也是最核心的是 FPGA 核心—Cyclone II EP2C35，拥有 35 000 Les（逻辑单元）。

2. 基本器件的使用

（1）按钮开关：4 个按钮开关 KEY0～KEY3 均使用了施密特触发器，具有防抖动功能，按键按下时输出低电平，释放时恢复高电平。

（2）滑动开关：DE2 平台上有 18 个滑动开关 SW0～SW17，均无去抖动功能。滑动开关可以用来设定电平状态，当其往下拨时（靠近开发板边缘）为低电平，相当于产生一个逻辑 0；往上拨时为高电平，相当于产生一个逻辑 1。

（3）发光二极管：DE2 平台上有 26 个发光二极管 LED，8 个绿色的发光二极管 LEDG0～LEDG7 在按钮开关上方，18 个红色的发光二极管 LEDR0～LEDR17 在滑动开关上方。高电平时 LED 会亮，低电平时 LED 会灭。

（4）七段数码管：开发板上有 8 个七段数码管，成两组一对和一组四个的配置，以便不同位数的应用。因采用共阳极，故输出低电平时亮，高电平时灭。七段数码管中的每一段从 0 标至 6，分别由 HEX[6:0]相对应的位来控制。

在实际电路中，数据的显示通常使用分段显示器，分成液晶分段式和半导体分段式两种。七段数码管是半导体分段式显示，有共阳极和共阴极两种。DE2 开发板上采用共阳极，如图 C.2.2 所示。显示的是字形的基本笔画：0123456789。

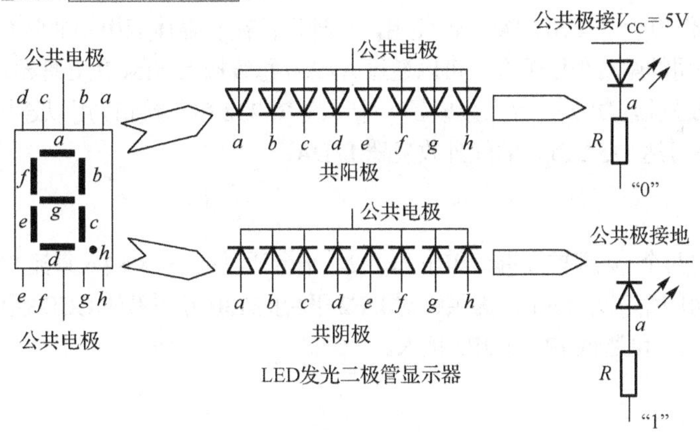

图 C.2.2　七段数码管

（5）字符型液晶显示器：LCD 模块具有内建的字形，只要对其内部 HD44780 显示控制器发送适当的指令，即可显示文字。

（6）DE2 平台上提供了两个时钟源：两个板上时钟源（50MHz 晶振 Y1 和 27MHz 晶振 Y3），也可通过 J5 使用外部时钟。

3. 三种常用的存储器

（1）SDRAM：一片 8MB SDRAM。

（2）SRAM：一片 512KB SRAM，在 3.3V 标准单一电源操作时，最大时钟频率为 125MHz，故可以用于数据量超高的高速影音媒体处理应用。

（3）Flash 内存：一片 4MB Flash 内存，Flash 属于非易失性存储器，常用来保存影像、声音或其他多媒体数据。

另外，通过 SD 卡接口，可以使用 SPI 模式的 SD 卡作为存储介质，两个 40 引脚的插座 JP1 和 JP2 可以配置成 IDE 接口使用，从而可以连接大容量的存储介质。

DE2 平台的上 SD 卡支持两种模式：SD 卡模式和 SPI 模式。DE2 平台按 SPI 模式接线，该模式与 SD 卡模式相比，速度较低，但使用非常简单。

4. 超强多媒体输入与输出

24 位 CD 品质音频的编/解码器 WM8371（U1），带有麦克风的输入插座 J1、线路输入插座 J2 和线路输出插座 J3。

5. 标准接口

DE2 平台内置了用于编程调试和用户 API 设计的 USB Blaster 电路，使用方便且可靠，只需用一根 USB 电缆将计算机和 DE2 平台连接起来就可以进行调试。DE2 平台上的 USB Blaster 提供了 JTAG 下载与调试模式及主动串行（AS）编程模式。除此之外，DE2 平台附带的 DE2 控制面板软件通过 USB Blaster 与 FPGA 通信，可以方便地实现 DE2 的测试。

以太网控制器：10M/100M 以太网控制器选用 DAVICOM 半导体公司的 DM9000A。DM9000A 集成了带有通用处理器接口的 MAC 和 PHY，支持 100Base.T 和 10Base.T 应用，带有 auto.MDIX，支持 10Mbps 和 100Mbps 的全双工操作。DM9000A 完全兼容 IEEE 802.3u 规范，支持 IP/TCP/UDP 求和校验，支持半双工模式背压数据流控。

USB 主从控制器：DE2 平台设计了一个 USB OTG 芯片 ISP1362，既可将 DE2 作为一个 USB Host 使用，也可将 DE2 作为一个 USB Device 使用，这种设计在多媒体应用中非常合理。DE2 平台上的 ISP1362 与 Terasic 公司的驱动程序配合，可以通过 Avalon 总线接入 Nios II 处理器。RS232、PS/2 鼠标/键盘连接器、IRDA 收发器：DE2 平台上集成了一个 3 线 RS232 串行接口，用以连接鼠标和键盘的 PS/2 接口及一个最高速率可达 115.2kbps 的红外收发器 IRDA。

6. 其他

带二极管保护的两个 40 脚扩展端口 JP1 和 JP2，平台通过插座 J8 接入直流 9V 供电，SW18 为总电源开关，Altera 公司的第三方 Terasic 提供针对 DE2 平台的 130 万像素的 CCD 摄像头模块及 320×240 点阵的彩色 LCD 模块，可通过 JP1 和 JP2 接入。

附录 D　DE2 平台的引脚分配表

表 D.1.1　触发开关引脚分配

信号名称	FPGA 引脚号	描　述	信号名称	FPGA 引脚号	描　述
SW[0]	PIN_N25	Toggle Switch[0]	SW[9]	PIN_A13	Toggle Switch[9]
SW[1]	PIN_N26	Toggle Switch[1]	SW[10]	PIN_N1	Toggle Switch[10]
SW[2]	PIN_P25	Toggle Switch[2]	SW[11]	PIN_P1	Toggle Switch[11]
SW[3]	PIN_AE14	Toggle Switch[3]	SW[12]	PIN_P2	Toggle Switch[12]
SW[4]	PIN_AF14	Toggle Switch[4]	SW[13]	PIN_T7	Toggle Switch[13]
SW[5]	PIN_AD13	Toggle Switch[5]	SW[14]	PIN_U3	Toggle Switch[14]
SW[6]	PIN_AC13	Toggle Switch[6]	SW[15]	PIN_U4	Toggle Switch[15]
SW[7]	PIN_C13	Toggle Switch[7]	SW[16]	PIN_V1	Toggle Switch[16]
SW[8]	PIN_B13	Toggle Switch[8]	SW[17]	PIN_V2	Toggle Switch[17]

表 D.1.2　机械开关引脚分配

信号名称	FPGA 引脚号	描　述	信号名称	FPGA 引脚号	描　述
KEY[0]	PIN_G26	Pushbutton[0]	KEY[2]	PIN_P23	Pushbutton[2]
KEY[1]	PIN_N23	Pushbutton[1]	KEY[3]	PIN_W26	Pushbutton[3]

表 D.1.3　LED 的引脚分配

信号名称	FPGA 引脚号	描　述	信号名称	FPGA 引脚号	描　述
LEDR[0]	PIN_AE23	LED Red[0]	LEDR[13]	PIN_AE15	LED Red[13]
LEDR[1]	PIN_AF23	LED Red[1]	LEDR[14]	PIN_AF13	LED Red[14]
LEDR[2]	PIN_AB21	LED Red[2]	LEDR[15]	PIN_AE13	LED Red[15]
LEDR[3]	PIN_AC22	LED Red[3]	LEDR[16]	PIN_AE12	LED Red[16]
LEDR[4]	PIN_AD22	LED Red[4]	LEDR[17]	PIN_AD12	LED Red[17]
LEDR[5]	PIN_AD23	LED Red[5]	LEDG[0]	PIN_AE22	LED Green[0]
LEDR[6]	PIN_AD21	LED Red[6]	LEDG[1]	PIN_AF22	LED Green[1]
LEDR[7]	PIN_AC21	LED Red[7]	LEDG[2]	PIN_W19	LED Green[2]
LEDR[8]	PIN_AA14	LED Red[8]	LEDG[3]	PIN_V18	LED Green[3]
LEDR[9]	PIN_Y13	LED Red[9]	LEDG[4]	PIN_U18	LED Green[4]
LEDR[10]	PIN_AA13	LED Red[10]	LEDG[5]	PIN_U17	LED Green[5]
LEDR[11]	PIN_AC14	LED Red[11]	LEDG[6]	PIN_AA20	LED Green[6]
LEDR[12]	PIN_AD15	LED Red[12]	LEDG[7]	PIN_Y18	LED Green[7]

表 D.1.4　时钟输入的引脚分配

信号名称	FPGA 引脚号	描　述	信号名称	FPGA 引脚号	描　述
CLOCK_27	PIN_D13	27 MHz clock input	EXT_CLOCK	PIN_P26	External (SMA) clock input
CLOCK_50	PIN_N2	50 MHz clock input			

表 D.1.5　SDRAM 的引脚分配

信号名称	FPGA 引脚号	描　述	信号名称	FPGA 引脚号	描　述
DRAM_ADDR[0]	PIN_T6	SDRAMAddress[0]	DRAM_ADDR[3]	PIN_W2	SDRAMAddress[3]
DRAM_ADDR[1]	PIN_V4	SDRAMAddress[1]	DRAM_ADDR[4]	PIN_W1	SDRAMAddress[4]
DRAM_ADDR[2]	PIN_V3	SDRAMAddress[2]	DRAM_ADDR[5]	PIN_U6	SDRAMAddress[5]

续表

信号名称	FPGA 引脚号	描　述	信号名称	FPGA 引脚号	描　述
DRAM_ADDR[6]	PIN_U7	SDRAMAddress[6]	DRAM_DQ[10]	PIN_AB1	SDRAMData[10]
DRAM_ADDR[7]	PIN_U5	SDRAMAddress[7]	DRAM_DQ[11]	PIN_AA4	SDRAMData[11]
DRAM_ADDR[8]	PIN_W4	SDRAMAddress[8]	DRAM_DQ[12]	PIN_AA3	SDRAMData[12]
DRAM_ADDR[9]	PIN_W3	SDRAMAddress[9]	DRAM_DQ[13]	PIN_AC2	SDRAMData[13]
DRAM_ADDR[10]	PIN_Y1	SDRAMAddress[10]	DRAM_DQ[14]	PIN_AC1	SDRAMData[14]
DRAM_ADDR[11]	PIN_V5	SDRAMAddress[11]	DRAM_DQ[15]	PIN_AA5	SDRAMData[15]
DRAM_DQ[0]	PIN_V6	SDRAMData[0]	DRAM_BA_0	PIN_AE2	SDRAMBankAddress[0]
DRAM_DQ[1]	PIN_AA2	SDRAMData[1]	DRAM_BA_1	PIN_AE3	SDRAMBankAddress[1]
DRAM_DQ[2]	PIN_AA1	SDRAMData[2]	DRAM_LDQM	PIN_AD2	SDRAMLow.byteDataMask
DRAM_DQ[3]	PIN_Y3	SDRAMData[3]	DRAM_UDQM	PIN_Y5	SDRAMHigh.byteDataMask
DRAM_DQ[4]	PIN_Y4	SDRAMData[4]	DRAM_RAS_N	PIN_AB4	SDRAMRowAddressStrobe
DRAM_DQ[5]	PIN_R8	SDRAMData[5]	DRAM_CAS_N	PIN_AB3	SDRAMColumnAddressStrobe
DRAM_DQ[6]	PIN_T8	SDRAMData[6]	DRAM_CKE	PIN_AA6	SDRAMClockEnable
DRAM_DQ[7]	PIN_V7	SDRAMData[7]	DRAM_CLK	PIN_AA7	SDRAMClock
DRAM_DQ[8]	PIN_W6	SDRAMData[8]	DRAM_WE_N	PIN_AD3	SDRAMWriteEnable
DRAM_DQ[9]	PIN_AB2	SDRAMData[9]	DRAM_CS_N	PIN_AC3	SDRAMChipSelect

表 D.1.6　Flash 的引脚分配

信号名称	FPGA 引脚号	描　述	信号名称	FPGA 引脚号	描　述
FL_ADDR[0]	PIN_AC18	FLASH Address[0]	FL_ADDR[17]	PIN_AC15	FLASH Address[17]
FL_ADDR[1]	PIN_AB18	FLASH Address[1]	FL_ADDR[18]	PIN_AB15	FLASH Address[18]
FL_ADDR[2]	PIN_AE19	FLASH Address[2]	FL_ADDR[19]	PIN_AA15	FLASH Address[19]
FL_ADDR[3]	PIN_AF19	FLASH Address[3]	FL_ADDR[20]	PIN_Y15	FLASH Address[20]
FL_ADDR[4]	PIN_AE18	FLASH Address[4]	FL_ADDR[21]	PIN_Y14	FLASH Address[21]
FL_ADDR[5]	PIN_AF18	FLASH Address[5]	FL_DQ[0]	PIN_AD19	FLASH Data[0]
FL_ADDR[6]	PIN_Y16	FLASH Address[6]	FL_DQ[1]	PIN_AC19	FLASH Data[1]
FL_ADDR[7]	PIN_AA16	FLASH Address[7]	FL_DQ[2]	PIN_AF20	FLASH Data[2]
FL_ADDR[8]	PIN_AD17	FLASH Address[8]	FL_DQ[3]	PIN_AE20	FLASH Data[3]
FL_ADDR[9]	PIN_AC17	FLASH Address[9]	FL_DQ[4]	PIN_AB20	FLASH Data[4]
FL_ADDR[10]	PIN_AE17	FLASH Address[10]	FL_DQ[5]	PIN_AC20	FLASH Data[5]
FL_ADDR[11]	PIN_AF17	FLASH Address[11]	FL_DQ[6]	PIN_AF21	FLASH Data[6]
FL_ADDR[12]	PIN_W16	FLASH Address[12]	FL_DQ[7]	PIN_AE21	FLASH Data[7]
FL_ADDR[13]	PIN_W15	FLASH Address[13]	FL_CE_N	PIN_V17	FLASH Chip Enable
FL_ADDR[14]	PIN_AC16	FLASH Address[14]	FL_OE_N	PIN_W17	FLASH Output Enable
FL_ADDR[15]	PIN_AD16	FLASH Address[15]	FL_RST_N	PIN_AA18	FLASH Reset
FL_ADDR[16]	PIN_AE16	FLASH Address[16]	FL_WE_N	PIN_AA17	FLASH Write Enable

表 D.1.7　SRAM 的引脚分配

信号名称	FPGA 引脚号	描　述	信号名称	FPGA 引脚号	描　述
SRAM_ADDR[0]	PIN_AE4	SRAM Address[0]	SRAM_ADDR[10]	PIN_V10	SRAM Address[10]
SRAM_ADDR[1]	PIN_AF4	SRAM Address[1]	SRAM_ADDR[11]	PIN_V9	SRAM Address[11]
SRAM_ADDR[2]	PIN_AC5	SRAM Address[2]	SRAM_ADDR[12]	PIN_AC7	SRAM Address[12]
SRAM_ADDR[3]	PIN_AC6	SRAM Address[3]	SRAM_ADDR[13]	PIN_W8	SRAM Address[13]
SRAM_ADDR[4]	PIN_AD4	SRAM Address[4]	SRAM_ADDR[14]	PIN_W10	SRAM Address[14]
SRAM_ADDR[5]	PIN_AD5	SRAM Address[5]	SRAM_ADDR[15]	PIN_Y10	SRAM Address[15]
SRAM_ADDR[6]	PIN_AE5	SRAM Address[6]	SRAM_ADDR[16]	PIN_AB8	SRAM Address[16]
SRAM_ADDR[7]	PIN_AF5	SRAM Address[7]	SRAM_ADDR[17]	PIN_AC8	SRAM Address[17]
SRAM_ADDR[8]	PIN_AD6	SRAM Address[8]	SRAM_DQ[0]	PIN_AD8	SRAM Data[0]
SRAM_ADDR[9]	PIN_AD7	SRAM Address[9]	SRAM_DQ[1]	PIN_AE6	SRAM Data[1]

续表

信号名称	FPGA 引脚号	描　述	信号名称	FPGA 引脚号	描　述
SRAM_DQ[2]	PIN_AF6	SRAM Data[2]	SRAM_DQ[12]	PIN_W11	SRAM Data[12]
SRAM_DQ[3]	PIN_AA9	SRAM Data[3]	SRAM_DQ[13]	PIN_W12	SRAM Data[13]
SRAM_DQ[4]	PIN_AA10	SRAM Data[4]	SRAM_DQ[14]	PIN_AC9	SRAM Data[14]
SRAM_DQ[5]	PIN_AB10	SRAM Data[5]	SRAM_DQ[15]	PIN_AC10	SRAM Data[15]
SRAM_DQ[6]	PIN_AA11	SRAM Data[6]	SRAM_WE_N	PIN_AE10	SRAM Write Enable
SRAM_DQ[7]	PIN_Y11	SRAM Data[7]	SRAM_OE_N	PIN_AD10	SRAM Output Enable
SRAM_DQ[8]	PIN_AE7	SRAM Data[8]	SRAM_UB_N	PIN_AF9	SRAM High.byte Data Mask
SRAM_DQ[9]	PIN_AF7	SRAM Data[9]	SRAM_LB_N	PIN_AE9	SRAM Low.byte Data Mask
SRAM_DQ[10]	PIN_AE8	SRAM Data[10]	SRAM_CE_N	PIN_AC11	SRAM Chip Enable
SRAM_DQ[11]	PIN_AF8	SRAM Data[11]			

表 D.1.8　SD card 的引脚分配

信号名称	FPGA 引脚号	描　述	信号名称	FPGA 引脚号	描　述
SD_DAT	PIN_AD24	SD Card Data[0]	SD_CLK	PIN_AD25	SD Card Clock
SD_DAT3	PIN_AC23	SD Card Data[3]	LEDG[8]	PIN_Y12	LED Green[8]
SD_CMD	PIN_Y21	SD Card Command			

表 D.1.9　七段数据管的引脚分配

信号名称	FPGA 引脚号	描　述	信号名称	FPGA 引脚号	描　述
HEX0[0]	PIN_AF10	Seven Segment Digit 0[0]	HEX4[0]	PIN_U9	Seven Segment Digit 4[0]
HEX0[1]	PIN_AB12	Seven Segment Digit 0[1]	HEX4[1]	PIN_U1	Seven Segment Digit 4[1]
HEX0[2]	PIN_AC12	Seven Segment Digit 0[2]	HEX4[2]	PIN_U2	Seven Segment Digit 4[2]
HEX0[3]	PIN_AD11	Seven Segment Digit 0[3]	HEX4[3]	PIN_T4	Seven Segment Digit 4[3]
HEX0[4]	PIN_AE11	Seven Segment Digit 0[4]	HEX4[4]	PIN_R7	Seven Segment Digit 4[4]
HEX0[5]	PIN_V14	Seven Segment Digit 0[5]	HEX4[5]	PIN_R6	Seven Segment Digit 4[5]
HEX0[6]	PIN_V13	Seven Segment Digit 0[6]	HEX4[6]	PIN_T3	Seven Segment Digit 4[6]
HEX1[0]	PIN_V20	Seven Segment Digit 1[0]	HEX5[0]	PIN_T2	Seven Segment Digit 5[0]
HEX1[1]	PIN_V21	Seven Segment Digit 1[1]	HEX5[1]	PIN_P6	Seven Segment Digit 5[1]
HEX1[2]	PIN_W21	Seven Segment Digit 1[2]	HEX5[2]	PIN_P7	Seven Segment Digit 5[2]
HEX1[3]	PIN_Y22	Seven Segment Digit 1[3]	HEX5[3]	PIN_T9	Seven Segment Digit 5[3]
HEX1[4]	PIN_AA24	Seven Segment Digit 1[4]	HEX5[4]	PIN_R5	Seven Segment Digit 5[4]
HEX1[5]	PIN_AA23	Seven Segment Digit 1[5]	HEX5[5]	PIN_R4	Seven Segment Digit 5[5]
HEX1[6]	PIN_AB24	Seven Segment Digit 1[6]	HEX5[6]	PIN_R3	Seven Segment Digit 5[6]
HEX2[0]	PIN_AB23	Seven Segment Digit 2[0]	HEX6[0]	PIN_R2	Seven Segment Digit 6[0]
HEX2[1]	PIN_V22	Seven Segment Digit 2[1]	HEX6[1]	PIN_P4	Seven Segment Digit 6[1]
HEX2[2]	PIN_AC25	Seven Segment Digit 2[2]	HEX6[2]	PIN_P3	Seven Segment Digit 6[2]
HEX2[3]	PIN_AC26	Seven Segment Digit 2[3]	HEX6[3]	PIN_M2	Seven Segment Digit 6[3]
HEX2[4]	PIN_AB26	Seven Segment Digit 2[4]	HEX6[4]	PIN_M3	Seven Segment Digit 6[4]
HEX2[5]	PIN_AB25	Seven Segment Digit 2[5]	HEX6[5]	PIN_M5	Seven Segment Digit 6[5]
HEX2[6]	PIN_Y24	Seven Segment Digit 2[6]	HEX6[6]	PIN_M4	Seven Segment Digit 6[6]
HEX3[0]	PIN_Y23	Seven Segment Digit 3[0]	HEX7[0]	PIN_L3	Seven Segment Digit 7[0]
HEX3[1]	PIN_AA25	Seven Segment Digit 3[1]	HEX7[1]	PIN_L2	Seven Segment Digit 7[1]
HEX3[2]	PIN_AA26	Seven Segment Digit 3[2]	HEX7[2]	PIN_L9	Seven Segment Digit 7[2]
HEX3[3]	PIN_Y26	Seven Segment Digit 3[3]	HEX7[3]	PIN_L6	Seven Segment Digit 7[3]
HEX3[4]	PIN_Y25	Seven Segment Digit 3[4]	HEX7[4]	PIN_L7	Seven Segment Digit 7[4]
HEX3[5]	PIN_U22	Seven Segment Digit 3[5]	HEX7[5]	PIN_P9	Seven Segment Digit 7[5]
HEX3[6]	PIN_W24	Seven Segment Digit 3[6]	HEX7[6]	PIN_N9	Seven Segment Digit 7[6]

附录E　课程设计总结报告格式参考

1．要求：

1．报告用A4纸打印，要有封面、正文，字数1000字左右。

2．封面包括班级、姓名、学号、设计题目、完成日期、同组相关人员信息。

3．正文包括设计方案选择（设计思路、设计原理、实现功能等）、程序清单（程序注释）、调试过程（调试现象分析）、调试结果（最终实现哪些功能、未实现功能）和心得体会、参考文献。

2．格式参考：封面

××××学院

（用A4纸打印，上下边距分别是2.54cm，左右边距分别是2.5cm）

数字电路与系统课程设计

（二号，黑体，居中；与下面之间用小五号空1行）

设计题目：设计自动售货机控制电路

（左侧与上一行标题对齐，二号，黑体）

（四号，空7行）

学　　院：＿＿＿＿＿＿＿＿＿＿

专　　业：＿＿＿＿＿＿＿＿＿＿

学　　生：＿＿＿＿＿＿＿＿＿＿

同 组 人：＿＿＿＿＿＿＿＿＿＿

指导教师：＿＿＿＿＿＿＿＿＿＿

完成日期：＿＿＿＿＿＿＿＿＿＿

（下横线两端分别对齐；单倍行距；四号，黑体）

目　　录

（三号，黑体，居中）

（目录采取自动生成的方式；目录中的章标题四号，黑体，居左；
节标题小四号，宋体，较上一级标题左侧空3个字符；页码小四号，宋体）

第1章　设计任务

　1.1　项目名称
　1.2　项目设计说明
　　1.2.1　设计任务和要求
　　1.2.2　进度安排

第2章　需求分析

　2.1　问题基本描述
　　　（要求分析得出整个系统流程图）
　2.2　系统设计方案
　　2.2.1　比较不同的系统设计方案
　　2.2.2　确定系统设计方案，画出系统框图
　2.3　系统模块分解
　2.4　系统各模块功能的基本要求

第3章　设计原理

　3.1　设计原理
　3.2　Quartus　II介绍

第4章　系统功能模块设计

　4.1　××模块
　　4.1.1　××模块流程图
　　4.1.2　输入/输出引脚及其功能说明
　　4.1.3　程序代码实现
　4.2　××模块
　　4.2.1　××模块流程图
　　4.2.2　输入/输出引脚及其功能说明
　　4.2.3　程序代码实现
　4.3　××模块
　　4.3.1　××模块流程图
　　4.3.2　输入/输出引脚及其功能说明
　　4.3.3　程序代码实现

第5章 调试并分析结果

5.1 输入说明
5.2 预计输出
5.3 测试结果记录（数据和波形）
5.4 测试结果分析（调试中出现的故障、原因和排除方法）

第6章 结论

（总结设计电路的特点和方案的优缺点，指出课题的核心及实用价值，提出改进意见和展望，说明最终实现了哪些功能以及未实现的功能）

心得体会

参考文献

第1章 设计任务

（正文章标题，三号，黑体，居中）

1.1 项目名称：设计自动售货机控制电路

本项目的主要内容是设计并实现____________。该电路将所学的数字电路与系统大部分知识和VHDL语言结合。

1.2 项目设计说明 （节标题，四号，黑体，居左）

本项目主要用来实现、模拟自动售货机。

1.2.1 设计任务和要求 （节标题，小四号，黑体，居左）

能用两个发光二极管分别模拟售出面值为6角和8角的邮票，购买者可以通过开关选择一种面值的邮票，灯亮时表示邮票售出；用开关分别模拟1角、5角和1元硬币投入，用发光二极管分别代表找回剩余的硬币；每次只能售出一枚邮票，当所投硬币达到或超过购买者所选面值时，售出一枚邮票，并找回剩余的硬币，回到初始状态；当所投硬币面值不足面值时，可以通过一个复位键退回所投硬币，回到初始状态（正文中汉字、标点符号用小四号，宋体；英文和数字用小四号，Times New Roman；行距固定值20；字间距标准）。

1.2.2 系统总体框图

图1.1 系统总体框图

（"图1.1"表示第1章里的第1个图；小四号，宋体，与下段正文之间空1行）

参考文献

（小四号，黑体，居中）

[1] 王志梅. Visual Basic数据库应用[M]. 北京：科学出版社，2003.
[2] 李中年. 控制电器及应用[M]. 北京：清华大学出版社，2006.（图书类示例）
[3] 孟朝霞，牛百齐. 无刷直流电动机无位置传感器控制系统. 机电工程[J]，2005年，第22卷第6期。66-71页.（期刊类示例）
[4] 胡邦南. 基于 KEELOQ 跳码技术的密码发生器设计. http://www.mcuwork.com/data/2008/1208/article_545061.htm. 2008.12.08.（网上资料示例，网上资料引用不得多于两个）

（汉字用五号，宋体；英文、数字用五号，Times New Roman）

附录F　常用集成芯片引脚排列图

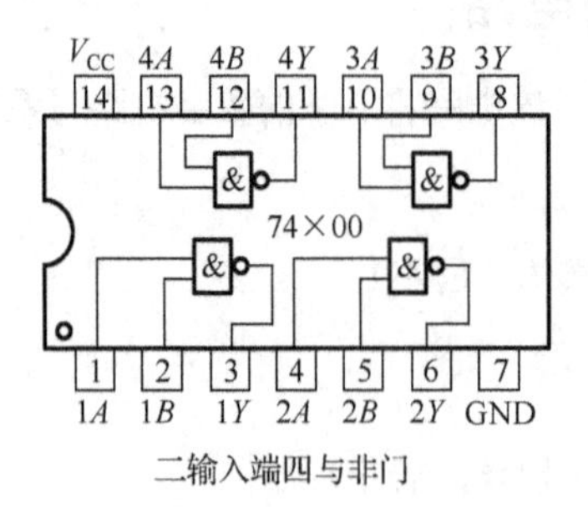

二输入端四与非门

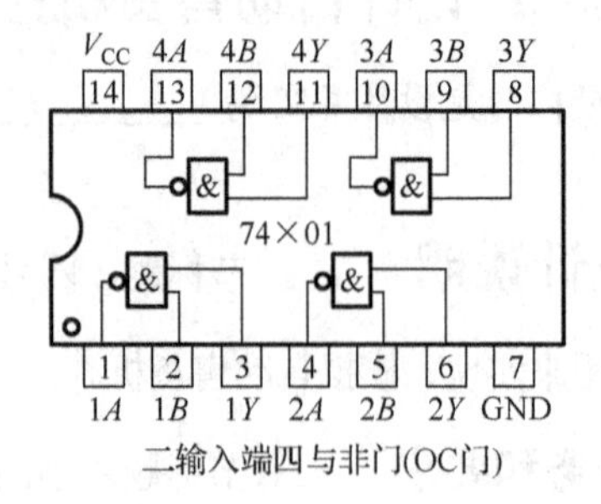

二输入端四与非门(OC门)

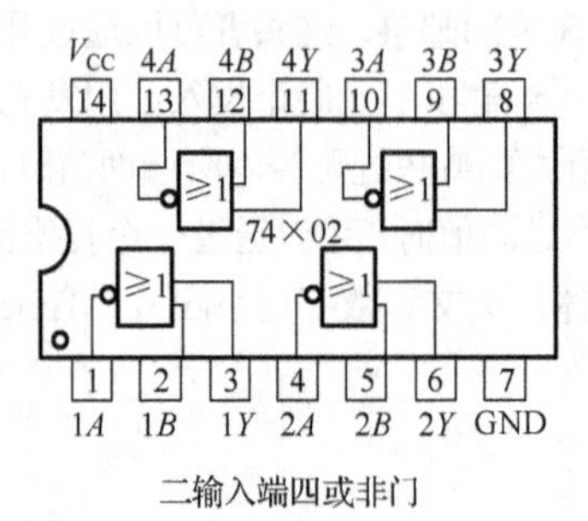

二输入端四或非门

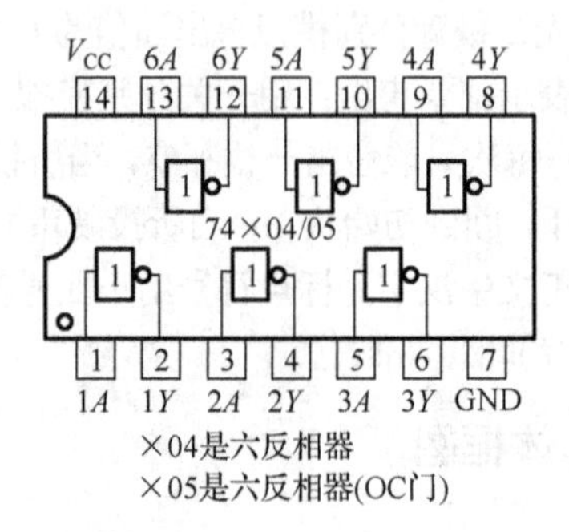

×04是六反相器
×05是六反相器(OC门)

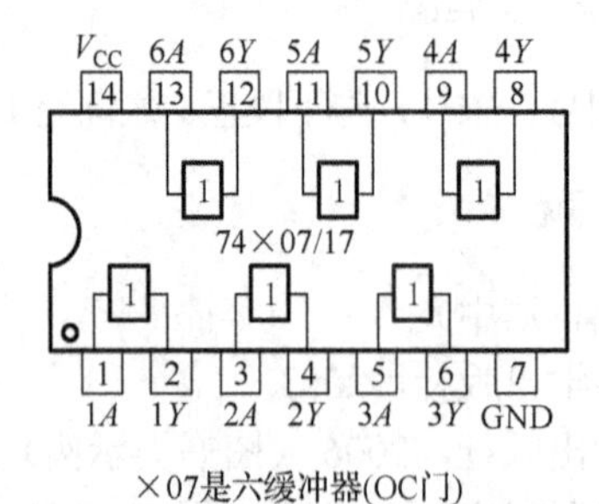

×07是六缓冲器(OC门)

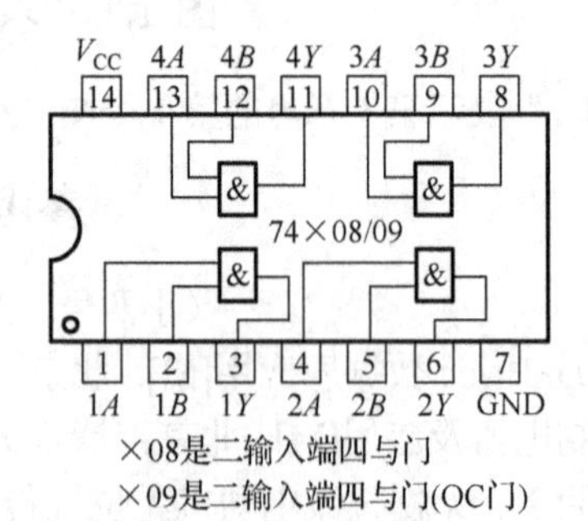

×08是二输入端四与门
×09是二输入端四与门(OC门)

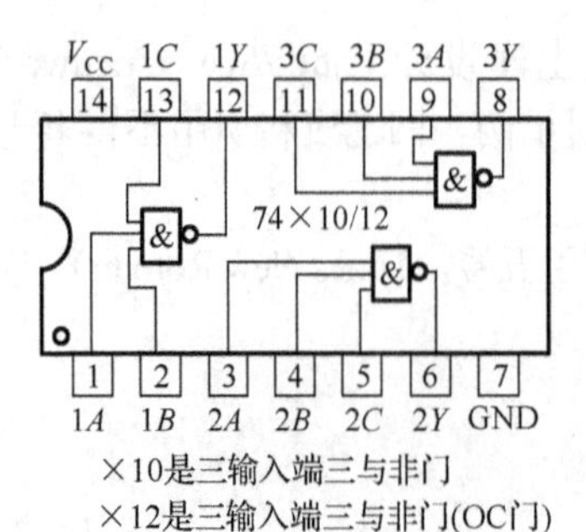

×10是三输入端三与非门
×12是三输入端三与非门(OC门)

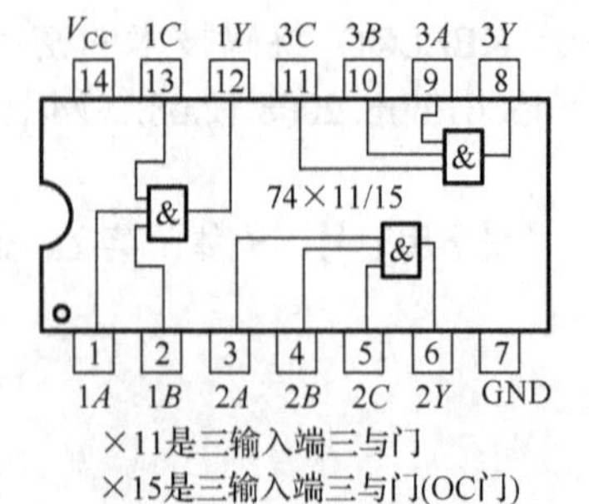

×11是三输入端三与门
×15是三输入端三与门(OC门)

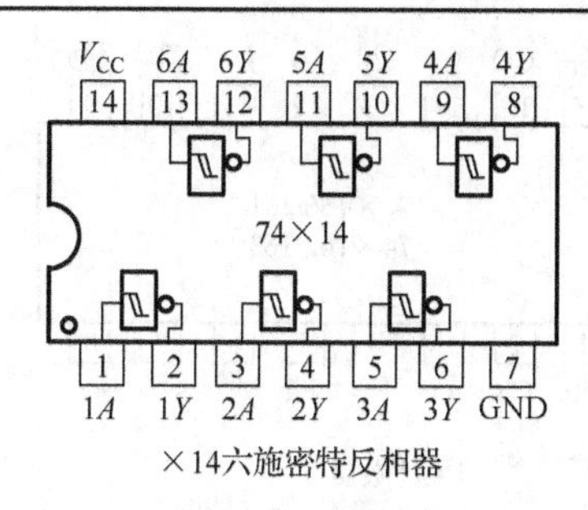

×14六施密特反相器

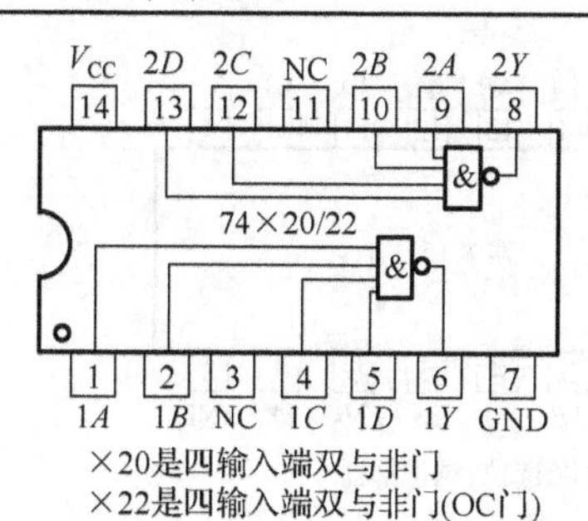

×20是四输入端双与非门
×22是四输入端双与非门(OC门)

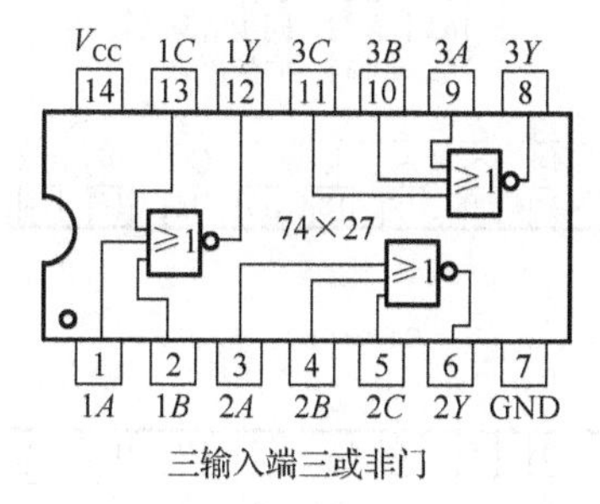

三输入端三或非门

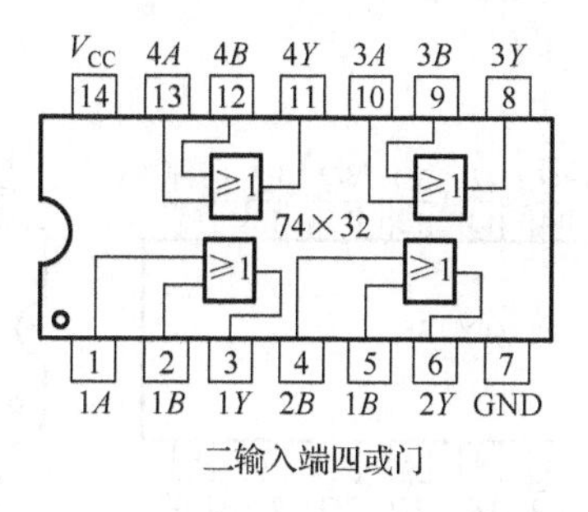

二输入端四或门

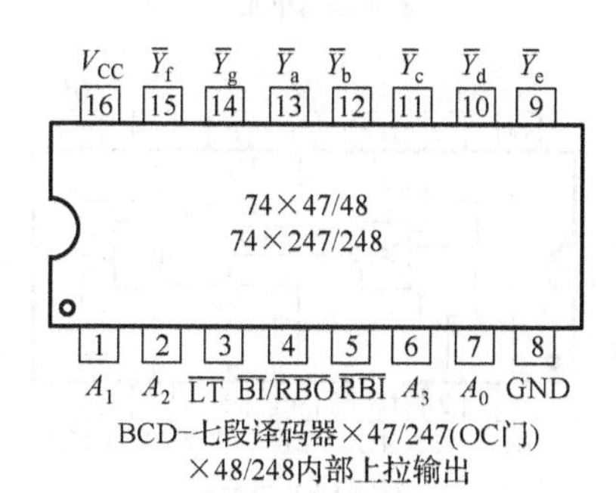

BCD-七段译码器×47/247(OC门)
×48/248内部上拉输出

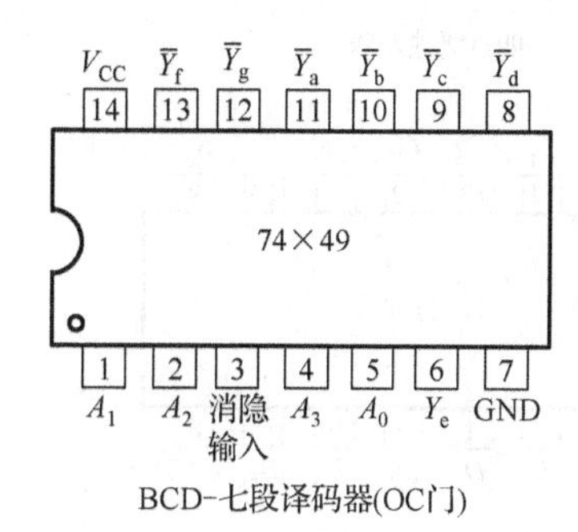

BCD-七段译码器(OC门)

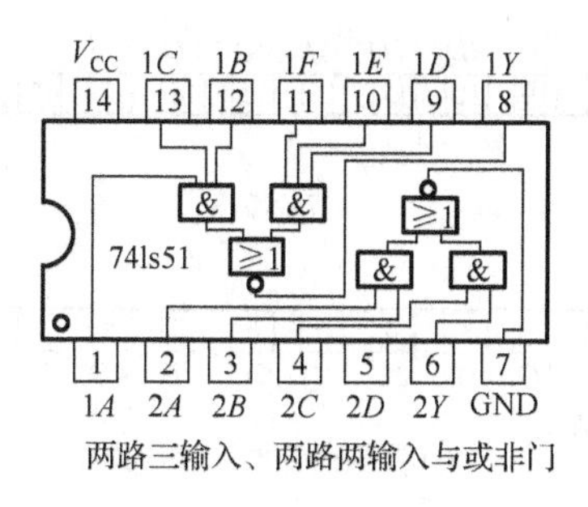

两路三输入、两路两输入与或非门

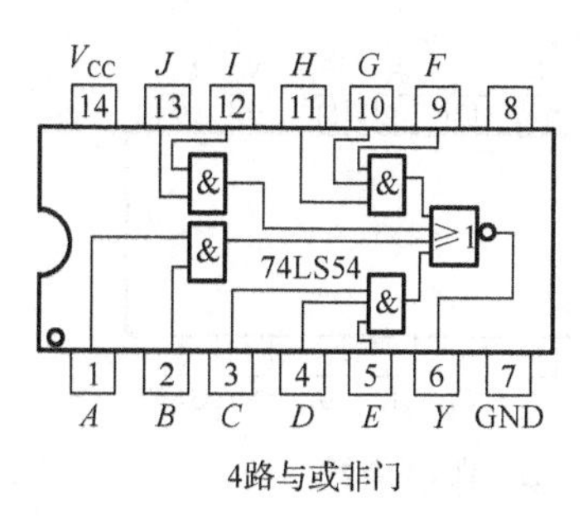

4路与或非门

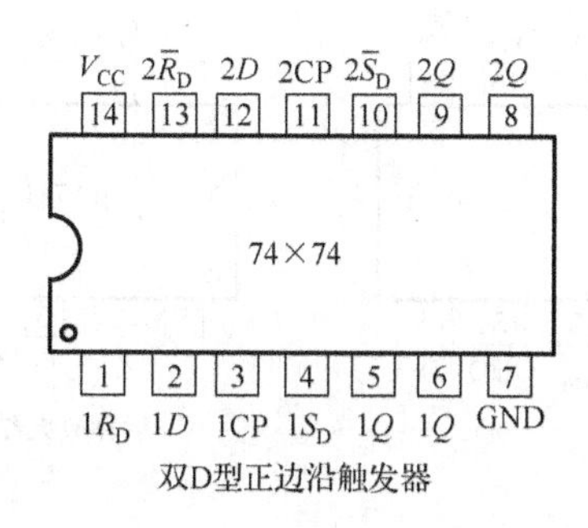

双D型正边沿触发器

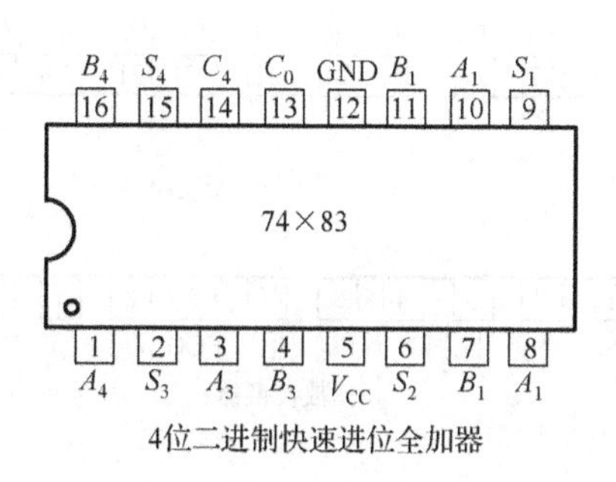

4位二进制快速进位全加器

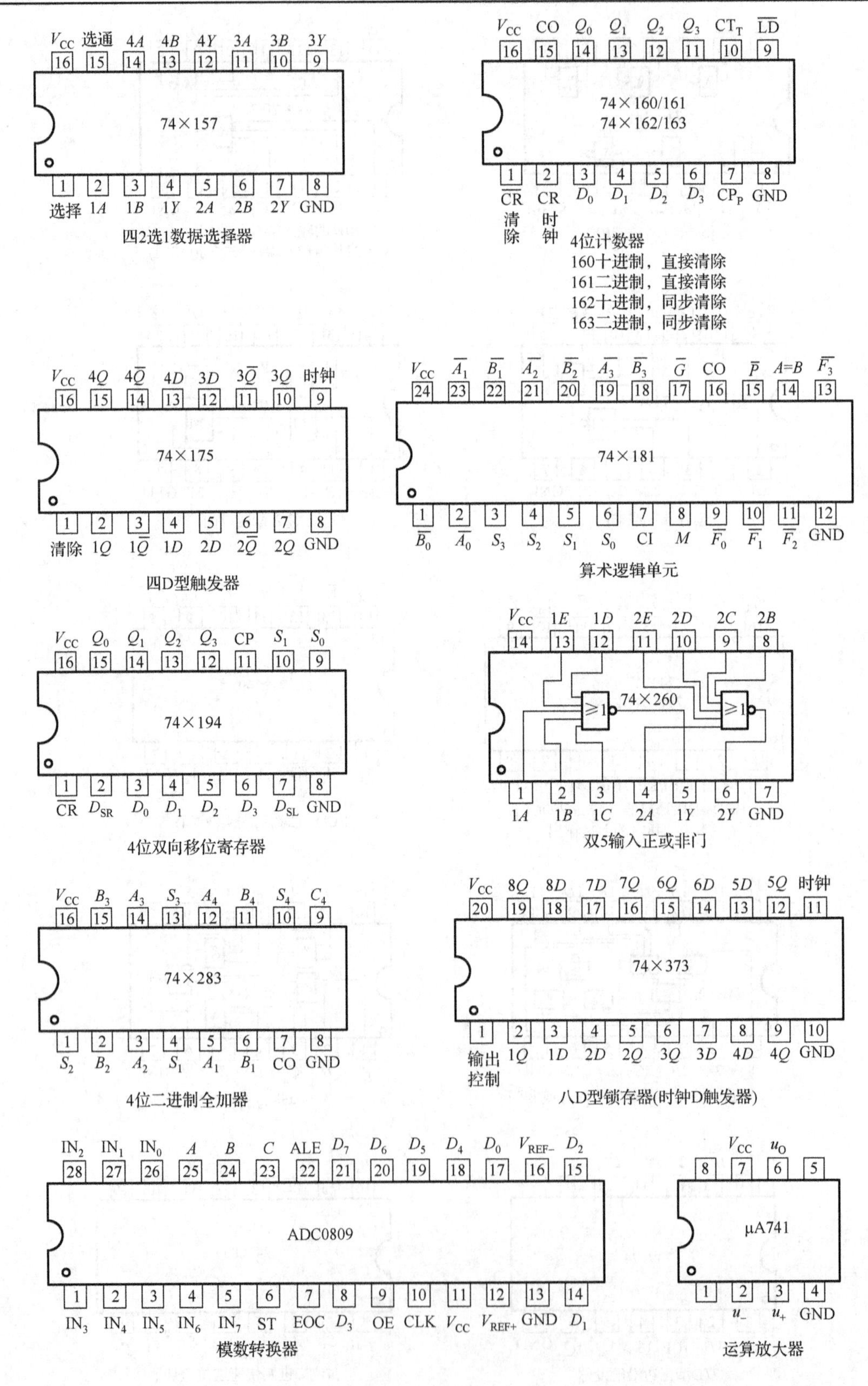

四2选1数据选择器

四D型触发器

算术逻辑单元

4位双向移位寄存器

双5输入正或非门

4位二进制全加器

八D型锁存器(时钟D触发器)

模数转换器

运算放大器

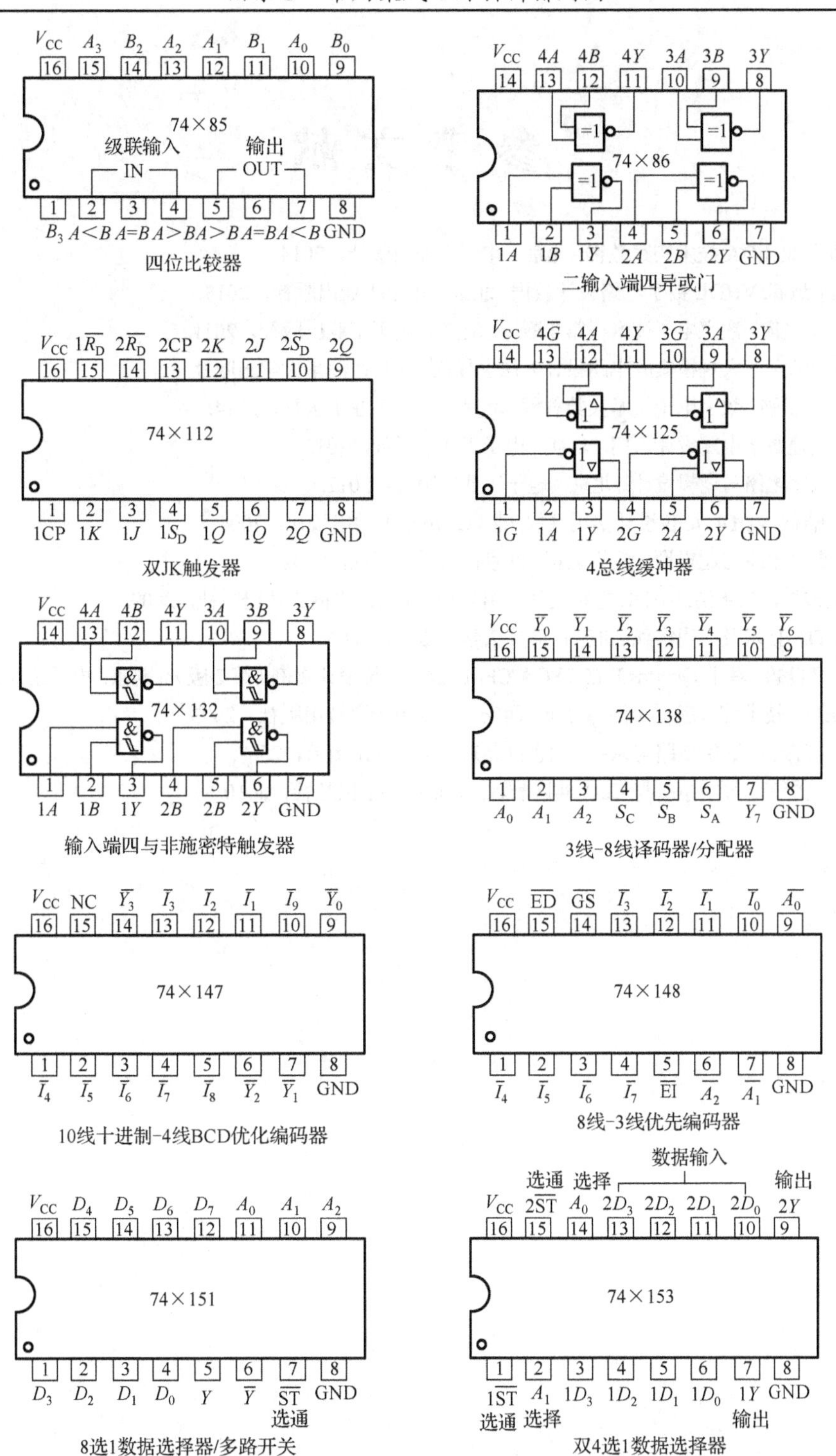
74×85
级联输入 IN
输出 OUT
四位比较器
74×86
二输入端四异或门
74×112
双JK触发器
74×125
4总线缓冲器
74×132
输入端四与非施密特触发器
74×138
3线-8线译码器/分配器
74×147
10线十进制-4线BCD优化编码器
74×148
8线-3线优先编码器
74×151
8选1数据选择器/多路开关
74×153
数据输入
选通 选择
输出
双4选1数据选择器

参 考 文 献

[1] 李芸，黄继业. EDA 技术实践教程. 北京：电子工业出版社，2014.

[2] VolneiA.Pedroni. VHDL 数字电路设计教程. 北京：电子工业出版社，2013.

[3] 高吉祥，丁文霞. 数字电子技术（第 3 版）. 北京：电子工业出版社，2011.

[4] 杨之廉，申明. 超大规模集成电路设计方法学导论. 北京：清华大学出版社.

[5] 白雪梅，郝子强. 数字电子技术实验教程. 北京：电子工业出版社，2014.

[6] 黄智伟. 高速数字电路设计入门. 北京：电子工业出版社，2012.

[7] 徐秀平. 数字电路与逻辑设计. 北京：电子工业出版社，2012.

[8] 齐洪喜，陆颖. VHDL 语言设计实用教程. 北京：清华大学出版社，2004.

[9] 李焕英. 数字电路与逻辑设计实训教程. 北京：科学出版社，2004.

[10] 李云，侯传教，冯永浩. VHDL 电路设计实用教程. 北京：机械工业出版社，2009.

[11] 高有堂. EDA 技术及应用实践. 北京：清华大学出版社，2006.

[12] 周润景，苏良碧. 基于 Quartus II 的 FPGA/CPLD 数字系统设计实例（第 2 版）. 北京：电子工业出版社，2013.

[13] 谭会生. EDA 技术综合应用实例与分析. 西安：西安电子科技出版社，2003.

[14] 唐志宏，韩振振. 数字电路与系统. 北京：北京邮电大学出版社，2008.

[16] 唐小华，杨怿菲. 数字电路与 EDA 实践教程. 北京：科学出版社，2010.